中等职业学校立体化精品教材·计算机系列

Zhongdeng Zhiye Xuexiao Litihua Jingpin Jiaocai · Jisuanji Xilie

# 计算机组装与维护（第2版）

郑平 王强 编著

人民邮电出版社

北京

图书在版编目（CIP）数据

计算机组装与维护 / 郑平，王强编著. -- 2版. -- 北京 : 人民邮电出版社，2011.8（2016.7重印）
中等职业学校立体化精品教材. 计算机系列
ISBN 978-7-115-24894-7

Ⅰ. ①计… Ⅱ. ①郑… ②王… Ⅲ. ①电子计算机—组装—中等专业学校—教材②电子计算机—维护—中等专业学校—教材 Ⅳ. ①TP30

中国版本图书馆CIP数据核字(2011)第044770号

## 内 容 提 要

本书以个人计算机的组装和维护为主线，通过11个项目，主要介绍计算机系统的基本知识、计算机配件的选购、计算机的组装、BIOS的设置、软件环境的配置、常用外设的选购、性能测试与优化、系统备份与数据恢复、上网与上网安全、计算机常见硬件故障诊断与排除、计算机常见软件故障诊断与排除等内容。

本书适合作为中等职业学校“计算机组装与维护”课程的教材，也可作为广大计算机爱好者的自学参考书。

中等职业学校立体化精品教材 • 计算机系列

计算机组装与维护（第2版）

◆ 编　著　郑　平　王　强
　责任编辑　王　平
◆ 人民邮电出版社出版发行　北京市丰台区成寿寺路11号
　邮编　100164　电子邮件　315@ptpress.com.cn
　网址　http://www.ptpress.com.cn
　北京艺辉印刷有限公司印刷
◆ 开本：787×1092　1/16
　印张：15.5　2011年8月第2版
　字数：387千字　2016年7月北京第11次印刷

ISBN 978-7-115-24894-7

定价：28.00元

读者服务热线：(010)81055256　印装质量热线：(010)81055316
反盗版热线：(010)81055315

# 前言

随着计算机硬件和软件技术的发展，个人计算机逐渐走入千家万户，成为人们日常生活和办公的好帮手。越来越多的用户需要掌握较为全面的计算机组装和维护技能，其中对计算机有着浓厚兴趣的学生占有相当大的比例。

本书依然保持第 1 版的写作风格，以项目为基本写作单元，第 2 版内容中结合当前主流的硬件和软件，介绍了计算机组装与维护的基本技能。全书在内容安排上力求做到深浅适度、详略得当，从最基础的知识起步，用大量的案例讲解计算机组装与维护的基本方法和技巧；叙述上力求简明扼要、通俗易懂，既方便教师讲授，又便于学生理解掌握。

计算机行业的知识更新速度快，书本上的知识常常滞后于现实生活中的技术。因此，本书重在向学生传授计算机组装与维护的基本知识和技能，同时教给学生获取最新知识的方法和途径，如经常访问相关网站查看有关计算机的信息，多去销售计算机的市场获取最新硬件信息等。

本书共 11 个项目，主要内容如下。

- ❖ 项目一：认识计算机系统。介绍计算机及计算机系统的相关知识。
- ❖ 项目二：选购计算机。介绍常用计算机配件的相关知识及选购方法。
- ❖ 项目三：组装计算机。介绍组装计算机的一般过程和技巧。
- ❖ 项目四：设置 BIOS。介绍 BIOS 的设置方法。
- ❖ 项目五：配置软件环境。介绍计算机操作系统及常用软件的安装方法。
- ❖ 项目六：常用外设的选购和安装。介绍计算机外围设备的相关知识及选购方法。
- ❖ 项目七：系统性能测试与优化。介绍测试计算机性能及优化计算机运行环境的方法。
- ❖ 项目八：系统备份与数据恢复。介绍对计算机进行系统备份和数据恢复的方法。
- ❖ 项目九：计算机上网及安全设置。介绍使用计算机上网的方法以及相关的安全措施。
- ❖ 项目十：常见硬件故障的诊断及排除。介绍计算机常见硬件故障的诊断和排除方法。
- ❖ 项目十一：常见软件故障的诊断及排除。介绍计算机常见软件故障的诊断和排除方法。

“项目”是本书的结构单元和教学单元，每个项目都包含一个相对独立的教学主题和重点，并通过多个“任务”来具体阐释，而每一个任务又通过若干个操作来具体细化。每一个项目中包含以下经过特殊设计的结构要素。

- ❖ 学习目标：介绍学习该项目要达到的主要目标。
- ❖ 问题思考：提出相应的问题，引导学生结合前面介绍的知识进行思考。
- ❖ 重要提示：重点标识出学生需要掌握和领会的重要知识点。
- ❖ 操作步骤：详细介绍操作的具体步骤，并及时提醒学生应注意的问题。
- ❖ 小结：在每个项目后对本项目中的重要知识点进行简要总结。
- ❖ 习题：在每个项目后准备了一组习题以对本项目的学习进行复习和实践。

对于本书，建议总的讲课时间为 72 课时，教师一般可用 48 课时来讲解书上的内容，再配以 24 课时的实训时间，即可较好地完成教学任务，教师可根据实际需要进行调整。

本书适合作为中等职业学校计算机专业学生的教材，也可作为广大计算机爱好者学习计算机组装与维护知识的参考用书。

本书由郑平、王强编著，参加本书编写工作的还有沈精虎、黄业清、宋一兵、谭雪松、向先波、冯辉、郭英文、计晓明、董彩霞、滕玲。由于编者水平有限，书中难免存在疏漏之处，敬请各位读者指正。

编者

2011 年 2 月

# 目　录

# 项目一　认识计算机系统

计算机（Computer，电子计算机）俗称“电脑”，是一种能按照事先存储的程序，自动、高速地进行大量数值计算和各种信息处理的现代化电子智能装备。常用的计算机也叫做“微机”。在现代社会，计算机无处不在，它为我们打造了一个有趣而神奇的世界。

**学习目标**

★　了解计算机的特点和应用。

★　了解计算机的发展历史和发展方向。

★　掌握计算机硬件、软件的基本知识以及两者之间的关系。

★　了解计算机的基本组成。

## 任务一　初步了解计算机

在计算机出现后短短的半个多世纪里，计算机技术得到了飞速发展，并渗透到社会的各个领域之中。计算机开始逐步进入家庭，成为一个国家现代化的重要标志之一。

让我们首先来了解计算机发展过程中具有里程碑意义的一些事件。

❖ 1822 年，英国数学家巴贝奇（C.Babbage）设计了差分机和分析机，能进行数学表计算，还可以根据设计者的安排自动完成整个运算过程。其设计理论非常超前，类似于一百多年后的电子计算机，特别是利用卡片输入程序和数据的设计被后人所采用。图 1-1 中的左图是巴贝奇，右图是他发明的差分机。

图1-1　巴贝奇和他发明的差分机

❖ 英国数学家阿达·奥古斯塔（Ada.Augusta）为分析机编写了世界上的第一组程序。图1-2 左图为阿达·奥古斯塔。1847 年，英国数学家布尔（G.Boole）发表了名为《逻辑的数学分析》的著作，为现代计算机的发展奠定了逻辑理论基础。图 1-2 右图为布尔。

图1-2 英国数学家阿达·奥古斯塔和布尔

❖ 1953 年，IBM 正式对外发布自己的第一台电子计算机 IBM 701（见图 1-3），并邀请了冯·诺依曼和奥本海默等人出席揭幕仪式。图 1-4 为贝尔实验室使用 800 只晶体管组装的世界上第一台晶体管计算机 TRADIC。

图1-3 第一台电子计算机 IBM 701

图1-4 一台晶体管计算机 TRADIC

## 操作一 了解计算机的特点

现实社会中，计算机无处不在，并且正在逐渐改变着人们的生活和工作方式，这些都与计算机自身的特点分不开。

（1） 高速、精确的运算能力

图 1-5 所示的 IBM“深蓝”计算机，在对手每走一步棋的时间里能思考 2 亿步棋。因此，计算机可以用于处理计算量大、计算复杂的工作。

（2） 准确的逻辑判断能力

1997 年，IBM“深蓝”计算机在与世界象棋大师卡斯帕罗夫的对弈中取得胜利，电脑首次战胜人脑，这标志着人类的计算技术在人工智能方面取得了突破性进展。

（3）　强大的存储能力

计算机能存储大量数字、文字、图像、声音等各种信息，而且记忆能力大得惊人。图 1-6 所示为存储量极大的联想亿万次计算机，这台计算机可以存下 2 600 万部长篇小说，按照这样的规模，它能存下国家图书馆中所有的藏书和文献资料。

图1-5　IBM“深蓝”计算机

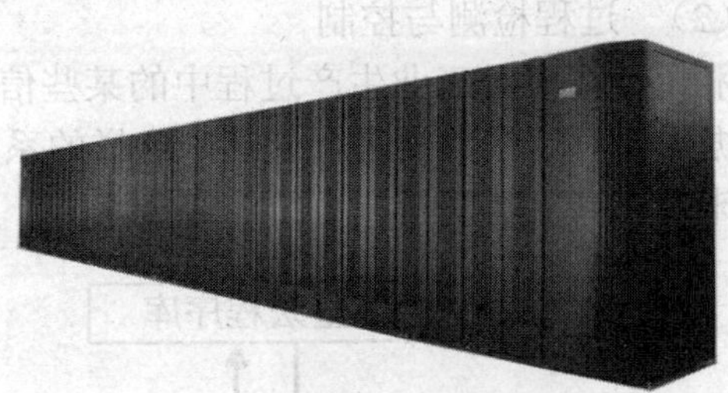

图1-6　联想亿万次计算机

（4）　具有自动化功能和判断能力

计算机可以先“记”下预先编制好的一组指令（称为程序），然后自动地逐条取出并执行这些指令，工作过程完全自动化，无须人的干预。例如，清洁机器人（见图 1-7）会自动清洁地板，主人通过远程控制功能打个电话给机器人，它就能够在家里完成清洁工作。

（5）　网络功能

可以将几十台、几百台甚至更多的计算机连成一个网络，还可以将一个个城市、一个个国家的计算机连到一个计算机网上。目前规模最大、应用范围最广的互联网（Internet），连接了全世界 150 多个国家和地区的成千上万台计算机。

例如，在集团总部与其子公司建立可靠的广域网络连接后，如图 1-8 所示。总部可以及时了解子公司的销售情况，极大地增强了物流配送的有效性和及时性。在该网络的基础上，可以陆续开展财务联网管理、呼叫中心、视频会议系统、网络电话等新的业务。

图1-7　三星清洁机器人 VC-RS60

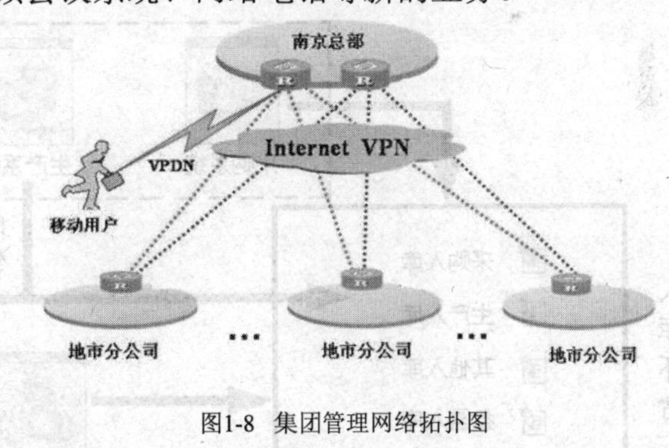


图1-8　集团管理网络拓扑图

## 操作二　了解计算机的应用

基于计算机的特点，使其在多方领域得到广泛的应用，主要体现在以下几个方面。

（1）　科学计算

由于计算机具有高运算速度和精度以及逻辑判断能力，得以在高能物理、工程设计、地震预测、气象预报、航天技术等领域得到广泛应用。

例如，在气象预报中，气象卫星从太空不同的位置对地球表面进行拍摄，大量的观测数据通过卫星传回到地面工作站。这些数据经过计算机计算处理后可以得到比较准确的气象信息，气象工作者根据这些信息，用如图 1-9 所示的气象标识为我们预报天气。

图1-9 气象标识

（2） 过程检测与控制

利用计算机对工业生产过程中的某些信号自动进行检测，并把检测到的数据存入计算机，再根据需要对这些数据进行处理，这样的系统称为计算机检测系统。图 1-10 所示为典型的数控机床的计算机辅助检测系统的组成。

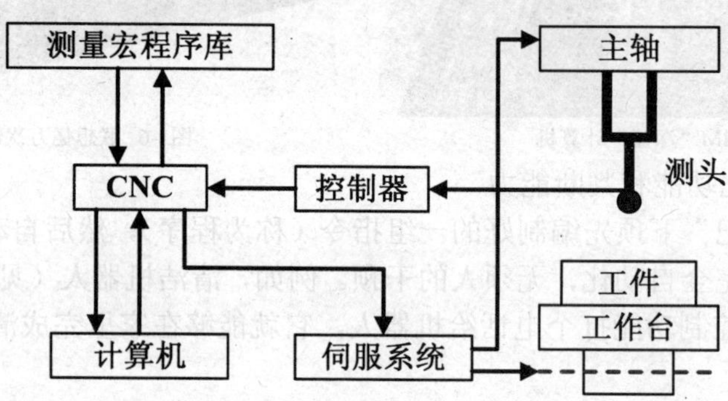


图1-10 计算机辅助在线检测系统组成

（3） 信息管理

信息管理是目前计算机应用最广泛的一个领域。利用计算机来加工、管理与操作任何形式的数据资料，如企业管理、物资管理、报表统计、账目计算、信息情报检索等，如图 1-11 所示。

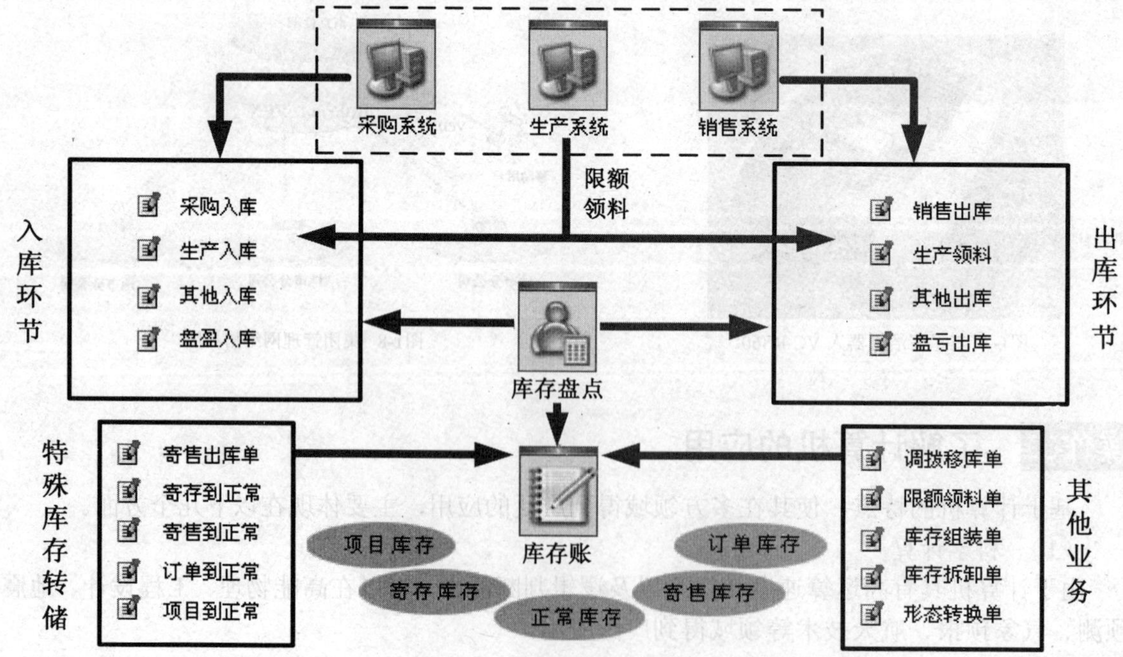


图1-11 某公司库存管理系统

（4） 计算机辅助系统

❖ 计算机辅助设计（CAD）：利用计算机来帮助设计人员进行工程设计。图 1-12 所示为由计算机辅助设计的三维模型。

❖ 计算机辅助制造（CAM）：利用计算机进行生产设备的管理、控制与操作，从而提高产品质量、降低生产成本。图 1-13 所示为由计算机控制刀具路径进行生产的实例。

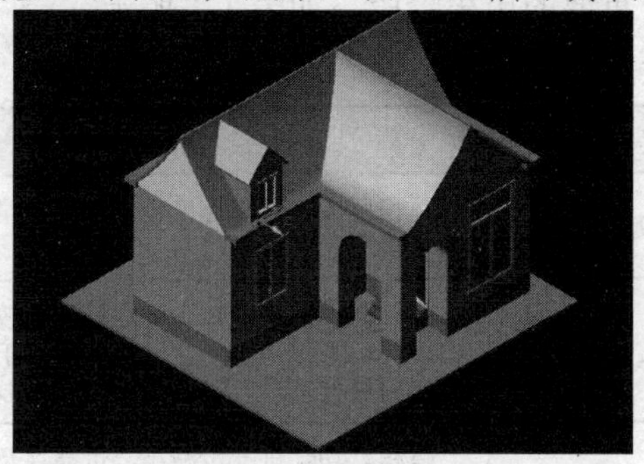

图1-12　计算机辅助设计

图1-13　计算机辅助制造

❖ 计算机辅助测试（CAT）：利用计算机进行复杂而大量的测试工作。图 1-14 所示的发电机组智能测试系统，可自动完成对发电机组所有电参数的专项测试，同时生成图表、曲线及检测报告。

❖ 计算机辅助教学（CAI）：利用计算机帮助教师讲授和学生学习的自动化系统。图 1-15 所示为计算机辅助教学的基本过程。

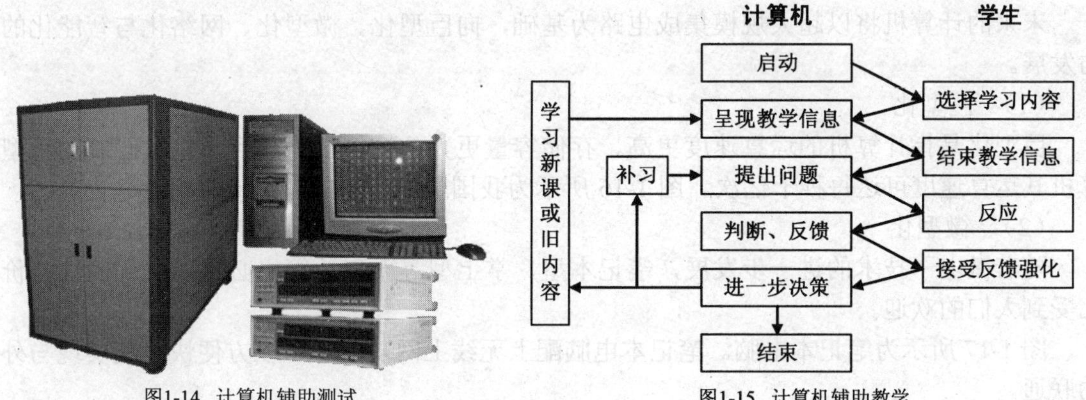


图1-14　计算机辅助测试　　图1-15　计算机辅助教学

最近 10 年来，计算机更是给人们的生活带来了奇妙的变化，主要表现在以下几个方面。

❖ 让地球成为了真正的地球村。QQ、MSN 是大家再熟悉不过的了，通过它们可以和世界上任何地方的人视频聊天，而无须支付高额的国际长途电话费；Web 站点上的新闻能让用户足不出户却知晓天下大事；E-mail 让用户不需要去邮局寄信，就可以将邮件发送给对方。

❖ 生产的高度自动化。数控车床、数控机床和工业机器人让生产效率成倍提高，而成本却成倍下降。

❖ 银行在全国甚至全世界范围内通存通取，出去旅游只需要带一张信用卡，而不再需要提心吊胆地携带大量现金。

请同学们想一想，计算机还有哪些方面的应用。

## 操作三 了解计算机的发展

### 1. 计算机的发展过程

计算机的技术越来越完善，功能越来越强，应用范围越来越广，已成为人类处理信息必不可少的工具。它在发展过程中主要经过了 4 个重要的历史阶段，如表 1-1 所示。

表 1-1　　计算机的发展阶段

| | 起止年代 | 主要元件 | 运算速度（次/秒） | 特点与应用领域 |
|---|---|---|---|---|
| 第一代 | 20 世纪 40 年代末至 50 年代末 | 电子管 | 5 千～1 万 | 体积巨大，运算速度较低，耗电量大，存储容量小。主要进行科学计算 |
| 第二代 | 20 世纪 50 年代末至 60 年代末 | 晶体管 | 几万～几十万 | 体积减小，耗电较少，运算速度较高，价格下降，不仅用于科学计算，还用于数据处理和事务处理，并逐渐用于工业控制 |
| 第三代 | 20 世纪 60 年代中期至 70 年代 | 中、小规模集成电路 | 几十万～几百万 | 体积、功耗进一步减小，可靠性及速度进一步提高。进一步拓展到文字处理、企业管理、自动控制、城市交通管理等应用领域 |
| 第四代 | 20 世纪 70 年代初至今 | 大规模和超大规模集成电路 | 几千万～几千亿 | 性能大幅度提高，价格大幅度下降，在办公自动化、数据库管理、图像识别、语音识别、专家系统等领域中大显身手 |

### 2. 计算机的发展方向

未来的计算机将以超大规模集成电路为基础，向巨型化、微型化、网络化与智能化的方向发展。

（1） 巨型化

巨型化是指计算机的运算速度更高、存储容量更大、功能更强。目前正在研制的巨型计算机其运算速度可达每秒千亿次。图 1-16 所示为我国最新研制的超级计算机“曙光”。

（2） 微型化

随着微电子技术的进一步发展，笔记本型、掌上型等微型计算机必将以更优的性能价格比受到人们的欢迎。

图 1-17 所示为笔记本电脑。笔记本电脑配上无线上网功能，可以方便快捷地实现与外界的联通。

图1-16 曙光最新超级计算机 4000A

图1-17 笔记本电脑

图 1-18 所示为掌上电脑，它实际上是具备电脑功能的智能手机，除有手机的功能外，还

具备手写联想快速输入，支持多个邮箱的设置，并支持 Office 文档（Word、Excel、PPT）及 PDF、RAR、ZIP 等十多种格式邮件附件的浏览和收发。另外，还有 IE 无线上网、无线 MSN 与 QQ、同声发音的英语词典、MP4、MP3、手机电视等多媒体影音功能。

（3）网络化

随着家用计算机的普及，众多用户希望能共享信息资源和传递即时信息，计算机网络技术的发展很好地解决了这一问题。当前互联网在人们日常生活和工作中越来越重要。

（4）智能化

计算机人工智能的研究是建立在现代科学基础之上的，智能化是计算机发展的一个重要方向。新一代计算机，将可以模拟人的感觉行为和思维过程的机理，进行“看”、“听”、“说”、“想”和“做”，具有逻辑推理、学习与证明的能力。

图 1-19 所示的机器人名叫“闹（Nao）”，其身高 58cm，有数字摄影机、语言辨识系统、WiFi 无线上网等配备。Nao 会观察他人肢体语言和脸部表情来判断对方心情如何，以此决定自己的心情，会依恋与它互动帮它学习的人。它能表达生气、恐惧、伤感、喜悦、兴奋、自豪等情绪，如果人类没有安抚它或者面对自己无法应对的情境时它会表现出不安的情绪。它有“大脑”，能记得经历过的喜怒哀乐。

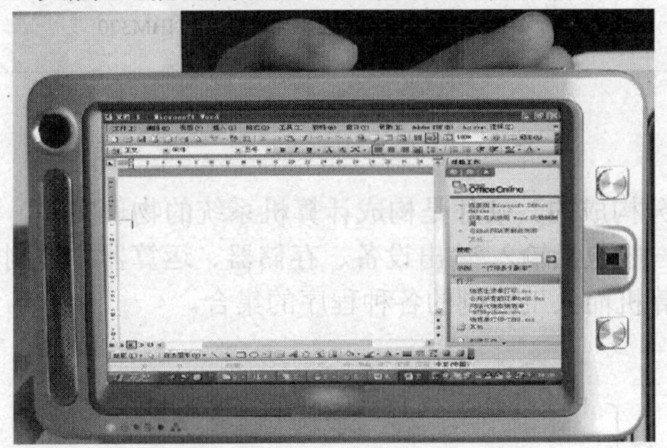

图1-18　掌上电脑

图1-19　有情绪的智能机器人

## 计算机的发展历程

1946 年，在美国宾夕法尼亚大学研制成功世界上第一台程序控制的电子计算机 ENIAC，如图 1-20 所示。它被用于新式武器弹道问题中许多复杂的计算工作。

ENIAC 是一个庞然大物，由 18 000 个电子管、1 500 多个继电器和其他配件构成，占地 170m²，重达 30 000kg；耗电 150kW，每秒钟能运行 5 000 次加法。这台计算机的使用条件也很苛刻，要求恒温、恒湿，为此还配备了一台 30 吨重的冷却设备。尽管如此，过去需要 100 多名工程师花费一年时间才能计算出来的问题，ENIAC 只需两小时便能求出答案。

图1-20　电子管电子计算机 ENIAC

1954 年，美国贝尔实验室研制成功第一台使用晶体管线路的计算机，取名“催迪克”（TRADIC），装有 800 个晶体管，这是第二代电子计算机。1958 年，美国的 IBM 公司制成了第一台全部使用晶体管的计算机 RCA501 型。由于第二代计算机采用晶体管逻辑元件及快速磁芯存储器，计算速度从每秒几千次提高到几十万次，主存储器的存储量，从几千字节提高到 10 万字节以上。1959 年，IBM 公司又生产出全部晶体管化的电子计算机 IBM7090，如图 1-21 所示。1958 ~ 1964 年，晶体管电子计算机经历了大范围的发展过程。从印制电路板到单元电路和随机存储器，从运算理论到程序设计语言，不断地革新使晶体管电子计算机日臻完善。1961 年，世界上最大的晶体管电子计算机 ATLAS 安装完毕。1964 年，中国制成了第一台全晶体管电子计算机 441－B 型。

1958 年美国工程师 Jack Kilby 发明了集成电路（IC），将 3 种电子元件结合到一片小小的硅片上。更多的元件集成到单一的半导体芯片上，计算机变得体积更小、功耗更低、速度更快。典型的机型是 IBM360、IBM370 系列，如图 1-22 所示。

图1-21 IBM7090 型全晶体管大型机

图1-22 集成电路的通用计算机系列 IBM370

## 操作四 了解计算机系统

所有计算机都是由硬件和软件两大部分构成的。硬件是构成计算机系统的物理实体，即看得见摸得着的东西。一台完整的计算机一般包括输入/输出设备、存储器、运算器、控制器等。软件是那些为了运行、管理和维护计算机而人工编制的各种程序的集合。

计算机系统的组成如图 1-23 所示。

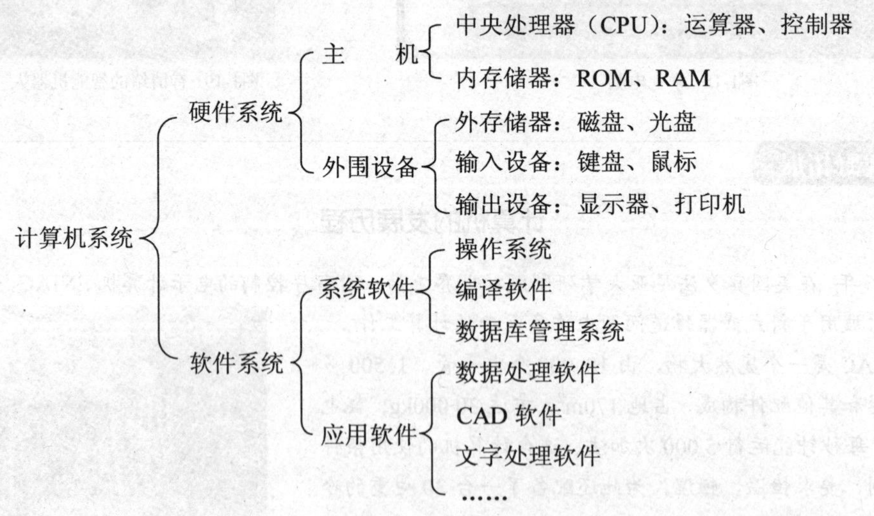


图1-23 计算机的组成

计算机的硬件和软件是相辅相成的，它们共同构成完整的计算机系统，缺一不可。没有软件，计算机则没有任何实际作用；同样，没有硬件，软件也就无用武之地。只有让它们相互配合，计算机才能正常运行。

# 任务二　认识计算机硬件

图 1-24 所示为一套完整的计算机基本硬件设备。同学们能准确地指出各部分的名称并说出主机里都有哪些主要部件吗？清楚每个部分的功能吗？要想回答以上问题，就让我们开始计算机硬件的学习吧。

图1-24　计算机的基本硬件设备

## 操作一　认识计算机的硬件体系

无论是微型计算机还是大型计算机，都是以“冯·诺依曼”的体系结构为基础的。冯·诺依曼体系结构是被称为计算机之父的冯·诺依曼所设计的体系结构。冯·诺依曼体系结构规定计算机系统主要由运算器、控制器、存储器、输入设备和输出设备 5 部分组成。

各种各样的信息通过输入设备进入计算机的存储器，然后送到运算器，运算完毕把结果送到存储器存储，最后通过输出设备显示出来，整个过程由控制器进行控制。计算机的整个工作过程及基本硬件结构如图 1-25 所示。

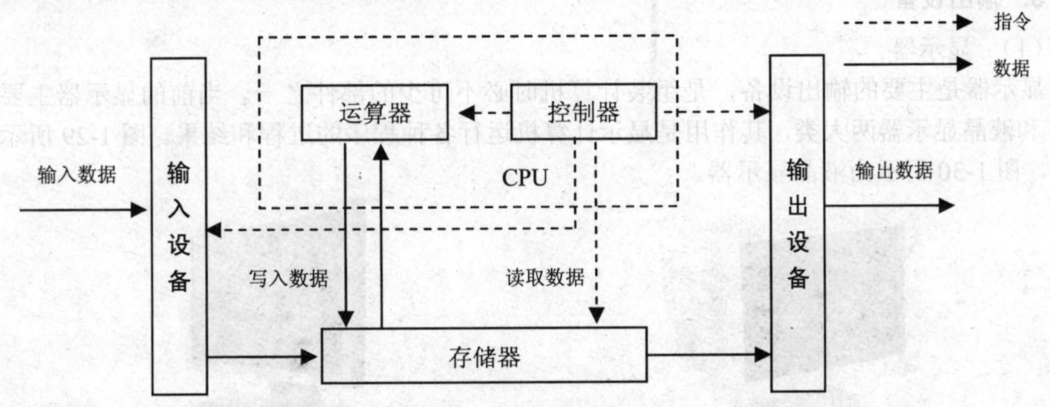


图1-25　冯·诺依曼计算机结构模型

## 操作二　认识计算机的基本硬件

计算机的基本硬件设备包括主机部件、输入设备和输出设备 3 大部分。主机部件又包括主板、CPU、内存条等计算机的核心部件。输入设备是指将数据输入给计算机的设备，基本的输入设备有键盘、鼠标。输出设备是指将计算机的处理结果以适当的形式输出的设备，最常用的输出设备有显示器、音箱、打印机等。

**1. 主机部件**

主机的所有部件都安装在主机箱内，其中包括主机板、CPU、内存条、硬盘、光驱、软驱、显示卡、声卡、网卡等。

如图 1-26 所示，主机从外观上来看是一个方形的盒子，在计算机的运行过程中起着重要的作用。如果没有主机箱，计算机的 CPU、内存、显卡等设备就会裸露在空气中，这样不仅不安全，而且空气中的灰尘会影响各个设备的正常工作。

图1-26 主机

**2. 输入设备**

（1） 键盘

键盘是主要的输入设备，用于输入控制计算机运行的各种命令或编辑文字等，如图 1-27 所示。

（2） 鼠标

在 Windows 操作系统下，鼠标（见图 1-28）已经成为不可缺少的输入设备，其作用是快速而准确地定位，或通过单击、双击、右击鼠标来执行各种操作命令。

图1-27 键盘

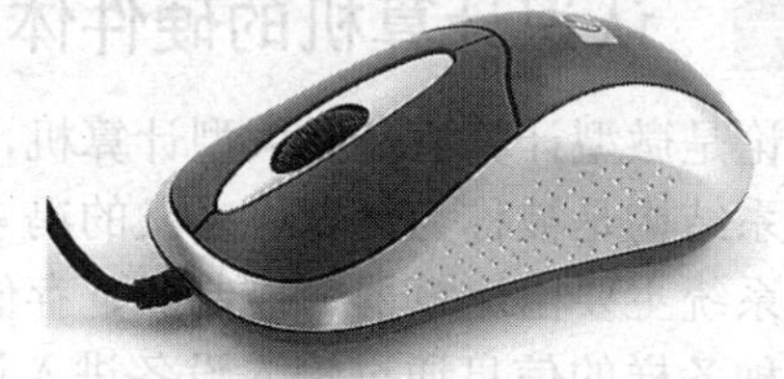

图1-28 鼠标

**3. 输出设备**

（1） 显示器

显示器是主要的输出设备，是组装计算机时必不可少的部件之一。当前的显示器主要有 CRT 和液晶显示器两大类，其作用是显示计算机运行各种程序的过程和结果。图 1-29 所示为 CRT，图 1-30 所示为液晶显示器。

图1-29 CRT

图1-30 液晶显示器

（2） 音箱

在多媒体计算机中，必须配置声卡和音箱，用于播放音乐或发声。音箱是观看视频、播放音乐不可缺少的输出硬件设备，如图 1-31 所示。

（3） 打印机

打印机是计算机的常用输出设备之一，我们经常需要将计算机处理的结果按照要求打印出来，如图 1-32 所示。

图1-31　多媒体音箱

图1-32　打印机

## 操作三　认识计算机主机箱内的部件

计算机主机的核心部件都安装在主机箱内，主要包括主机板、CPU、内存条、硬盘、光驱各种板卡等。这些部件是组成计算机所必须的硬件设备，如图 1-33 所示。

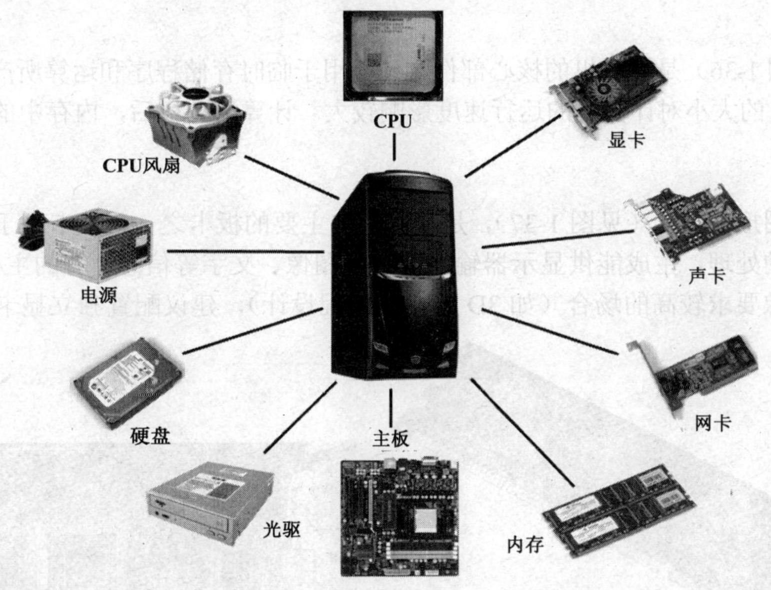


图1-33　主机内部组成

现对各种部件及其功能说明如下。

### 1. CPU

CPU（Central Processing Unit，中央处理单元）是计算机的核心部件，由控制器和运算器组成。它是计算机的运算中心，类似于人的大脑，用于计算数据和进行逻辑判断以及控制计算机的运行（见图 1-34）。

### 2. 主板

如果把 CPU 比做计算机的“大脑”，那么主板（见图 1-35）便是计算机的“躯干”。主板将 CPU、内存条、显卡、鼠标、键盘等部件连接在一起，为计算机各部件提供数据交换的通道。主板对所有部件的工作起统一协调作用，因此主板的稳定性是系统发挥最优性能的前提。

图1-34　CPU

图1-35　主板

### 3. 内存

内存（见图 1-36）是计算机的核心部件之一，用于临时存储程序和运算所产生的数据，其存取速度和容量的大小对计算机的运行速度影响较大。计算机关机后，内存中的数据会丢失。

### 4. 显卡

显卡也称图形加速卡（见图 1-37），是计算机中主要的板卡之一。显卡用于把主板传来的数据做进一步的处理，生成能供显示器输出的图形图像、文字等信息。有的主板集成了显卡，但在对图形图像要求较高的场合（如 3D 游戏、工程设计），建议配置独立显卡。

图1-36　内存条

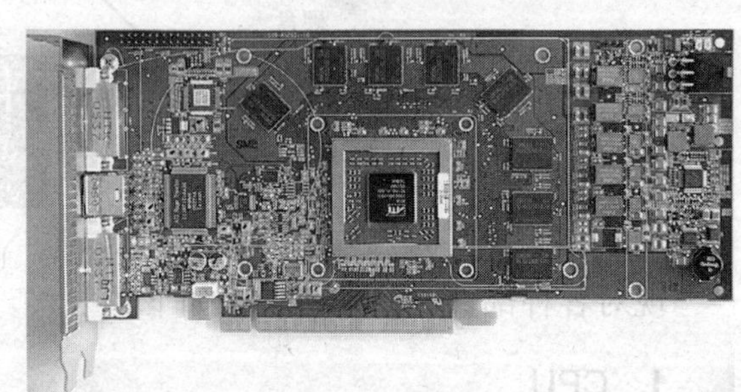
图1-37　显卡

### 5. 声卡

声卡（见图 1-38）用于处理计算机中的声音信号，并将处理结果传输到音箱中播放。现在的主板几乎都已经集成了声卡，只是在对声音效果要求极高的情况下才需要配置独立的声卡。

### 6. 硬盘

硬盘（见图 1-39）是重要的外部存储器，其存储信息量大，安全系数也比较高。计算机关机后，硬盘中的数据不会丢失，是长期存储数据的首选设备。

图1-38　声卡

图1-39　硬盘

**7. 光存储设备**

光驱（见图 1-40）是安装操作系统、应用程序、驱动程序和计算机游戏软件等必不可少的外部存储设备。其特点是容量大，抗干扰性强，存储的信息不易丢失。

**8. 电源**

电源（见图 1-41）是为计算机提供电力的设备。电源有多个不同电压和形式的输出接口，分别接到主板、硬盘和光存储设备等部件上，为其提供电能。

图1-40　光驱

图1-41　电源

## 操作四　认识计算机的外围设备

前面介绍的计算机部件已经可以组装成一台计算机了，但是要扩展计算机的应用范围，还需要为计算机安装一些外围设备。

**1. 网络设备**

网卡、交换机、集线器、路由器等可以使世界各地的计算机通过 Internet 连接起来。

（1）　网卡

网络适配器是网络系统中的一种关键硬件，俗称网卡（见图 1-42）。在局域网中，网卡对于计算机之间信号的输入与输出，起着重要的作用。

（2）　集线器

集线器（见图 1-43）的功能是分配带宽，将局域网内各自独立的计算机连接在一起并能互相通信。

图1-42 无线网卡

图1-43 集线器

（3） 交换机

交换机（见图 1-44）使用硬件来完成数据过滤和转发过程的任务。其速度比集线器的速度要快，这是由于集线器不知道目标地址在何处，只能将数据发送到所有的端口；交换机中有一张路由表，如果知道目标地址在何处，就把数据发送到指定地点，只有在不知道目标地址在何处的情况下，才将数据发送到所有的端口。

（4） 路由器

这是一种连接多个网络或网段的网络设备，它能对不同网络或网段之间的数据信息进行“翻译”，以使它们能够相互“读”懂对方的数据，从而构成一个更大的网络。图 1-45 所示为一种无线路由器。

图1-44 交换机

图1-45 无线路由器

**2. 可移动存储设备**

可移动存储设备包括 USB 闪存盘（俗称 U 盘）和移动硬盘。这类设备使用方便，即插即用，容量存储也能满足人们的需求，现在已成为计算机中必不可少的附属配件。图 1-46 所示为 U 盘，图 1-47 所示为移动硬盘。

图1-46 U盘

图1-47 移动硬盘

### 3. 数码设备

数码设备包括数码相机、扫描仪等设备。尽管在配置计算机时它们属于可选设备，但是在信息化时代却有着广泛的应用。图 1-48 所示为数码相机，图 1-49 所示为扫描仪。

图1-48　数码相机

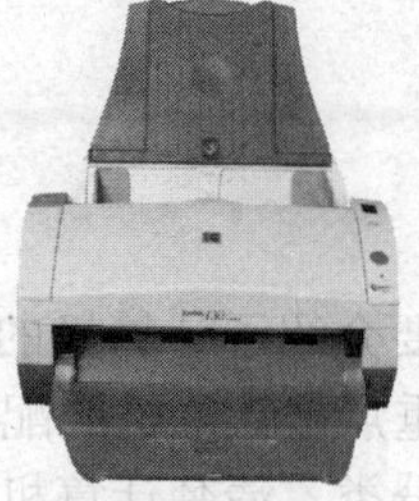
图1-49　扫描仪

**课堂练习**

（1）显示器可分为____和____显示器两种。

（2）判断：内存中的数据在关机以后不会丢失。（　　）

（3）判断：硬盘中的数据在关机以后不会丢失。（　　）

# 任务三　认识计算机软件

计算机之所以能够发挥其强大的功能，除了硬件系统外，还与软件系统密切相关。按照功能的不同，软件系统又分为系统软件和应用软件两大类。

### 1. 系统软件

系统软件是指与计算机的硬件紧密地结合在一起，使计算机系统的各个部件、相关的程序和数据协调高效地工作的软件。如操作系统软件、数据库管理系统软件、高级语言编译程序，以及多种工具软件等。图 1-50 所示为 Windows XP 操作系统启动时的界面。

### 2. 应用软件

应用软件是指为特定的应用目的而开发的软件，如文字处理软件、游戏软件和教学软件等。使用计算机的目的之一就是要提高工作效率，增加经济效益，这就需要开发大量适合专业领域使用的应用软件。图 1-51 所示为 QQ 游戏登录界面。

图1-50　Windows XP 系统启动界面

图1-51　QQ 游戏登录界面

（1）计算机软件分为哪几类？各有什么作用？
（2）列举你所熟悉的计算机软件，它们都有什么用途？

# 小结

本项目主要介绍了计算机的发展历史，计算机的硬件、软件组成以及硬件软件之间的关系。本项目的重点是计算机的配件。在学完本项目后，要求同学们能理解硬件和软件的概念，了解计算机的分类，清楚计算机的各个配件及其作用。

# 习题

1. 计算机的发展经历了哪几个阶段？
2. 打开一台计算机的主机箱，识别里面的各部件。
3. 在冯·诺依曼模型中，计算机由哪些主要部分组成？
4. 内存和硬盘都属于存储设备，它们的作用相同吗？请进行比较。

# 项目二　选购计算机

选购计算机的关键是应该满足用户的使用需求，在这个前提下，根据计算机性能的优劣、价格的高低、商家服务质量的好坏等具体问题来最终决定计算机的配置方案。

**学习目标**

- ★　掌握个人计算机的配件选购。
- ★　了解计算机主流配置。
- ★　了解成品机的选购方案。
- ★　了解质量认证体系的依据与程序。

## 任务一　组装计算机的配件选购

图 2-1 所示为一台组装完成后的个人计算机（PC），其中包含的各个配件都具有特定的功能和技术特性。随着计算机硬件技术的发展，计算机配件的种类也越来越多，我们应该怎样选购这些配件来组装计算机呢？

图2-1　组装机

个人购置配件组装计算机（即计算机 DIY）的观念最早由欧美等 IT 产业发达国家传到中国。当前，组装一台具备基本网络功能的多媒体计算机包括的配件如图 2-2～图 2-15 所示。

图2-2　CPU

图2-3　主板

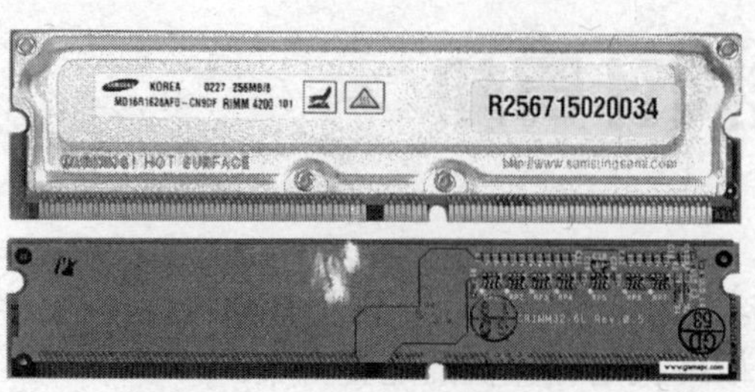

图2-4　内存

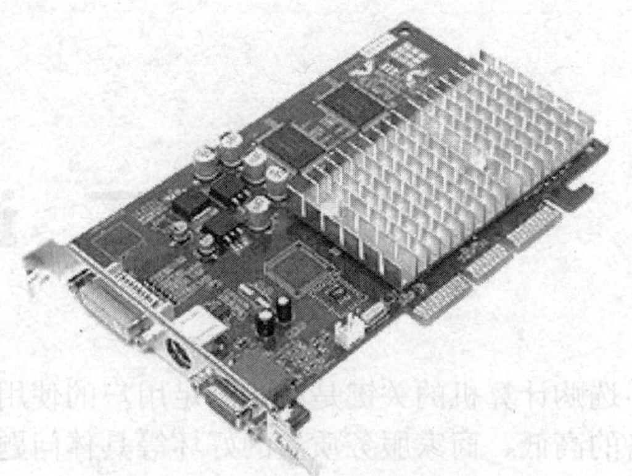
图2-5　显卡（集成或独立）

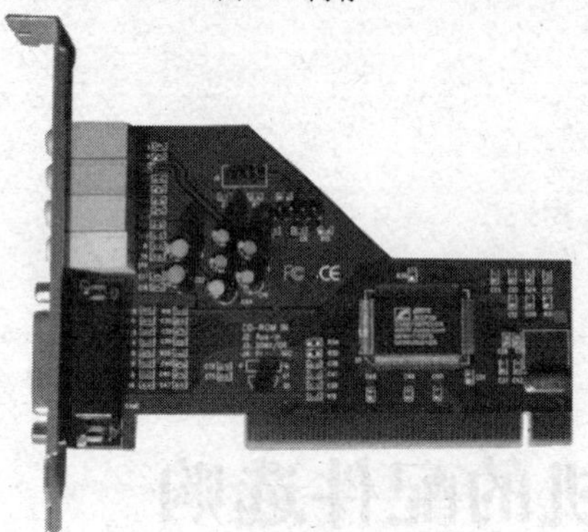
图2-6　声卡（集成或独立）

图2-7　网卡（集成或独立）

图2-8　硬盘

图2-9　光驱

图2-10　机箱

图2-11　电源

图2-12　显示器

图2-13　鼠标

图2-14　键盘

图2-15　音箱

## 操作一　选购 CPU

CPU 是计算机系统中最重要的配件，在选购计算机时，一般要先确定 CPU，由此再来确定其他配件的选购方案。

### 1. CPU 的主要参数

目前的 CPU 厂商主要有 Intel 和 AMD，这两大厂商都有各自的技术优势和产品针对群体，而 CPU 的具体参数也因厂商不同而有所差异。

（1）主频

主频也叫时钟频率，用来表示 CPU 运算时的工作频率。主频并不直接代表 CPU 的运算速度，它与 CPU 上所集成的一级高速缓存、二级高速缓存等共同决定 CPU 的运算速度，提高主频对提高 CPU 的运算速度具有至关重要的作用。

主频=外频×倍频

（2）外频

外频是 CPU 的基准频率，单位是 MHz。CPU 的外频越高，CPU 与系统内存交换数据的速度越快，对提高系统的整体运行速度越有利。

（3）倍频

倍频是 CPU 的核心工作频率与外频之间的比值，它可使系统总线工作在相对较低的频率上，而 CPU 速度可以通过倍频来无限提升。倍频一般以 0.5 为一个间隔单位，理论上可以从 1.5 一直到无限大。

（4）前端总线频率

前端总线（FSB）频率（即总线频率）直接影响 CPU 与内存之间数据交换的速度。前端总线频率越大，代表 CPU 与内存之间的数据传输量越大，也就更能充分发挥出 CPU 的性能。

（5）缓存

缓存是指可以进行高速数据交换的存储器，它先于内存与 CPU 交换数据，因此速度很快。当前影响 CPU 性能的缓存主要有二级缓存和三级缓存。

二级缓存是决定 CPU 性能的关键因素之一，在 CPU 核心不变的情况下，增加二级缓存的容量能使 CPU 的性能得到大幅度的提高，而同一核心 CPU 高低端的不同层次，一般都是通过二级缓存的大小来区别。

三级缓存是为读取二级缓存后未命中的数据设计的一种缓存，普遍应用于高端 CPU 中。在拥有三级缓存的 CPU 中，只有约 5%的数据需要从内存中调用，从而进一步提高了 CPU 的运算效率。

（6） 制程工艺

制程工艺是指在硅材料上生产 CPU 时内部各元器件的连接线宽度，用 nm（纳米）表示，数值越小表示制程工艺越先进。制程工艺还直接影响 CPU 的功耗和发热量，目前主流 CPU 的制程工艺为 45nm，Intel 公司已开发出制程工艺为 32nm 的 CPU。

**了解 CPU 的新技术**

1971 年，Intel 公司推出了世界上第一款编号为 4004 的 PCCPU，在随后近 40 年的发展和演变中，CPU 产品在外观和技术等许多方面都发生了飞跃性的变革。

（1）双核和多核技术

目前主流的双核（或多核）技术由 Intel 公司提出，但是最先被 AMD 公司应用于 PC 上。该技术主要针对大量纯数据处理的用户，其性能在同主频单核 CPU 的基础上可提升 15%～20%。但是对于有大量娱乐需求的用户来说并没有明显的性能优势。

（2）32 位技术和 64 位技术

简单地说，32 位和 64 位是计算机芯片处理数据单元的大小区别。但从技术层面上来讲，64 位 CPU 的性能优势不是绝对的，只有安装与之匹配的操作系统和应用软件才能发挥出 64 位 CPU 的性能优势。

（3）超线程技术和虚拟化技术

超线程技术是由 Intel 公司推出的，该技术不但需要 CPU 的支持，同时需要主板匹配才可实现。该技术在理论上将单核 CPU 虚拟成双核处理器，降低 CPU 的闲置时间，但在实际使用中却无法与双核 CPU 相比拟。

而虚拟化技术与超线程技术在其功能上如出一辙，不同的是虚拟化技术是将单个 CPU 虚拟成多个处理器进行工作。

### 2. CPU 的主要参数

目前的计算机市场上，Intel 和 AMD 两个品牌不相上下。一般来说，Intel 公司的 CPU 主频较高，处理数值计算的能力较强；AMD 公司的 CPU 在处理图形和图像上有优势。

（1） Intel CPU 系列

目前市场上 Intel 公司的 CPU 主要有以下 5 个系列。

- ❖ Celeron 双核系列。
- ❖ Pentium 双核系列。
- ❖ Core 2 双核系列。
- ❖ Core 2 4 核系列。
- ❖ Core i 系列。

前 4 个系列中常见 CPU 的主要性能参数如表 2-1 所示。

表 2-1　Intel 常见 CPU 的主要性能参数

| CPU 系列 | 型号 | 制作工艺 | 主频 | FSB 总线频率 | 二级缓存 |
|---|---|---|---|---|---|
| Celeron 双核系列 | Celeron E1200 | 65nm | 1 600 MHz | 800 MHz | 512 KB |
| | Celeron E1400 | 65nm | 2 000 MHz | 800 MHz | 512 KB |
| Pentium 双核系列 | Pentium E2160 | 65nm | 1 800 MHz | 800 MHz | 1 MB |
| | Pentium E5200 | 45nm | 2 500 MHz | 800 MHz | 2 MB |
| Core 2 双核系列 | Core 2 Duo E7200 | 45nm | 2 530 MHz | 1 066 MHz | 3 MB |
| | Core 2 Duo E8600 | 45nm | 3 330 MHz | 1 333 MHz | 6 MB |
| Core 2 4 核系列 | Core 2 QUAD Q8200 | 45nm | 2 330 MHz | 1 333 MHz | 4 MB |
| | Core 2 QUAD Q9300 | 45nm | 2 500 MHz | 1 333 MHz | 6 MB |

Core i 系列 CPU 的主要性能参数如表 2-2 所示。

表 2-2　Core i 系列 CPU 的主要性能参数

| 型号 | 制作工艺 | 主频 | QPI 总线频率 | 二级缓存 | 三级缓存 |
|---|---|---|---|---|---|
| Core i3 530 | 32 nm+45nm | 2.93 GHz | N/A | 512 KB | 4 MB |
| Core i3 540 | 32 nm | 3.06 GHz | N/A | 512 KB | 4 MB |
| Core i5 650 | 32 nm+45nm | 3.2 GHz | N/A | 512KB | 4 MB |
| Core i5 750 | 45nm | 2.66 GHz | N/A | 1 MB | 8 MB |
| Core i7 860 | 45nm | 2.8 GHz | N/A | 1MB | 8 MB |
| Core i7 920 | 45nm | 2. 66GHz | 4.8 GT/s | 1M B | 8 MB |
| Core i7　965 | 45nm | 3 .2GHz | 6.4 GT/s | 1M B | 8 MB |
| Core i7　975 | 45nm | 3.3GHz | 6.4 GT/s | 1M B | 8 MB |
| Core i7　970 | 32nm | 3. 2GHz | 6.4 GT/s | 1M B | 8MB |

## QPI 与 FSB

FSB 与 QPI 都是前端数据总线，QPI 的传输速率比 FSB 的传输速率快一倍。Intel 推出 i7 系列 CPU 时，采用 QPI（Quick Path Interconnect）总线技术，取代了使用多年的 FSB 总线技术。

FSB 的传输速率单位 MHz 是人们习惯上的称呼，是对时钟频率单位的挪用。实际上其单位应该是 MT/s。一开始的时候总线频率是与数据传输速率一致的，比如 33MHz 的总线数据传输速率，其总线时钟频率是 33MHz。后来从 Pentium Pro 开始，FSB 采用“quad pumped”技术，在每个总线时钟周期内传送 4 次数据，总线的数据传输速率等于总线时钟频率的 4 倍。如 333MHz 的时钟频率的总线，其数据传输速率为 1 333MT/s，即 1.333GT/s，但是习惯上仍称为 1 333MHz。

QPI 总线采用的是 2:1 比率，就是实际的数据传输速率两倍于实际的总线时钟速率。其单位 GT/s 是 QPI 总线实际的数据传输速率而不是时钟频率。例如，6.4GT/s 的总线数据传输，其实际的总线时钟频率是 3.2GHz。

（2） AMD CPU 系列

目前，市场上 AMD 公司的 CPU 主要有以下 6 个系列。

❖ 闪龙系列。
❖ 速龙单核系列。
❖ 速龙双核系列。
❖ 羿龙 3 核系列。
❖ 羿龙 4 核系列。
❖ 羿龙 Ⅱ4 核系列。
❖ 羿龙 Ⅱ6 核系列。

下面列举 AMD 各个系列中几款常见 CPU 的主要性能参数，如表 2-3 所示。

表 2-3 AMD 常见 CPU 的主要性能参数

| CPU 系列 | 型号 | 制作工艺 | 主频 | 总线频率 | 二级缓存 | 三级缓存 |
|---|---|---|---|---|---|---|
| 闪龙单核 | 闪龙 3000+ | 90nm | 1 600 MHz | 800 MHz | 256 KB | 无 |
| 闪龙双核 | 闪龙 X2 2100+ | 65nm | 1 800 MHz | 800 MHz | 512 KB | 无 |
| 速龙单核系列 | Athlon64 3000+ | 90nm | 1 800 MHz | 1 000 MHz | 512 KB | 无 |
| | Athlon64 3500+ | 90nm | 2 200 MHz | 1 000 MHz | 512 KB | 无 |
| 速龙双核系列 | Athlon64 X2 5200+ | 65nm | 2 700 MHz | 1 000 MHz | 2×512KB | 无 |
| | Athlon64 X2 7750 | 65nm | 2 700 MHz | 1 800 MHz | 2×512KB | 2 MB |
| 羿龙 3 核系列 | Phenom X3 8450 | 65nm | 2 100 MHz | 1 800 MHz | 3×512KB | 2 MB |
| | Phenom X3 8750 | 65nm | 2 400 MHz | 1 800 MHz | 3×512KB | 2 MB |
| 羿龙 4 核系列 | Phenom X4 9550 | 65nm | 2 200 MHz | 2 000 MHz | 4×512KB | 2 MB |
| | Phenom X4 9850 | 65nm | 2 500 MHz | 2 000 MHz | 4×512KB | 2 MB |
| 羿龙 Ⅱ4 核系列 | Phenom Ⅱ X4 920 | 45nm | 2 800 MHz | 3 600 MHz | 4×512KB | 6 MB |
| | Phenom Ⅱ X4 940 | 45nm | 3 000 MHz | 3 600 MHz | 4×512KB | 6 MB |
| 羿龙 Ⅱ6 核系列 | Phenom Ⅱ X61035T | 45nm | 2 600 MHz | 4 000 MHz | 6×512KB | 6 MB |
| | Phenom Ⅱ X61055T | 45nm | 2 800 MHz | 4 000 MHz | 6×512KB | 6 MB |

### 3. CPU 的选购原则

CPU 无疑是衡量一台计算机档次的标志。在购买或组装一台计算机之前，首先要确定的就是选择什么样的 CPU。CPU 的选购原则如下。

（1） 确定 CPU 系列

主要应根据计算机的用途来确定所选购 CPU 的系列。

❖ 对于文件办公用户，可选择 Intel 的 Celeron 系列、AMD 的闪龙系列和速龙单核系列的 CPU。

❖ 对于个人或家庭娱乐用户，可选择 Intel 的 Pentium 双核系列、AMD 的速龙双核系列的 CPU。

❖ 对于图形图像处理用户和 3D 游戏爱好者，可选择 Intel 的 Core i 系列、AMD 的羿龙 4 核系列或者更高性能的 CPU。

（2） 注意 CPU 主频与缓存的取舍

对于同一个系列的 CPU，其性能的高低主要通过主频和缓存来区别，从对 CPU 性能影响程度来看，缓存要大于主频。所以在选购 CPU 时，在价格相差不大的情况下，应优先考虑缓存更大的 CPU。

（3） 盒装 CPU 与散装 CPU 的确定

相同型号的盒装 CPU 与散装 CPU 在性能指标、生产工艺上完全一样，是同一生产线上生产出来的产品。由于产品发行渠道不同等因素，盒装 CPU 较散装 CPU 更有质量保证，而且盒装一般都配装了风扇，当然价格也要比散装的贵一些。

（4） 注意 CPU 的质保时间

不同厂商、不同型号的 CPU 可能质保时间不同，有的质保 1 年，有的质保 3 年。在类似的产品中，建议选择质保时间长的 CPU，并一定要求商家注明质保期限作为凭证。

下面介绍两款目前性能最强的 6 核 CPU。

图 2-16 所示为 Intel Core i7 980X CPU，其采用 6 核心 12 线程，主频速度 3.33GHz，睿频加速最高可达 3.6 GHz，二级缓存 1.5MB，三级缓存 12MB，制程工艺为 32nm，总线频率为 6.4GT/s。

图 2-17 所示为 AMD 于 2010 年 4 月推出的羿龙 II X6 1090T 6 核处理器，主频速度 3.2GHz，二级缓存 3MB，三级缓存 6MB。

图2-16 Intel Core i7 980X

图2-17 AMD 羿龙 II X6 1090T

**4. 辨别 CPU 的真伪**

由于 CPU 的外观在不断变化，其造假水平也在不断地提高。如何在选购时辨别出 CPU 的真伪，避免买到伪劣产品呢？下面就介绍几种辨别真伪的方法。

（1） 看包装

盒装正品 AMD CPU 如图 2-18 所示。在包装盒内提供了原装散热风扇，并且提供完善的质保和售后服务。

散装正品 CPU 上面贴有经销商的质保标签。这类产品一般由经销商提供质保，如图 2-19 所示。

（2） 看 CPU 编号

Intel 公司的 CPU 编号比较直观，容易辨别，可以轻易看出一个 CPU 的基本性能参数。图 2-20 所示为 Intel Pentium D 915 CPU 标识放大的实物图。一般在 CPU 的背面都会有如下参数标识。

图2-18 盒装 AMD CPU

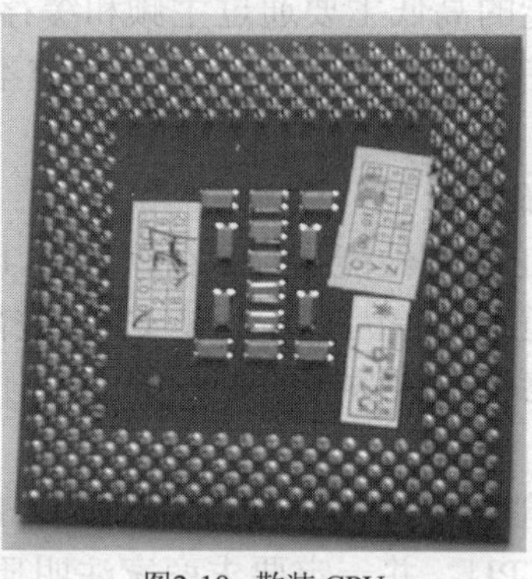

图2-19 散装 CPU

图2-20 CPU 编号

❖ 生产厂商和品牌。这里表示这块 CPU 为 Intel 生产的 Pentium D 双核处理器。

❖ CPU 的频率、二级缓存和前端总线频率。这里表示核心处理器的频率是 2.8 GHz，二级缓存为 4MB，前端总线频率为 800MHz。

❖ CPU 的产地等信息。核心编号 SL9DA，表示该 CPU 是由马来西亚生产的。

（3） 用系统属性查看 CPU 编号

下面介绍在操作系统中查看一台计算机 CPU 编号的方法。

① 在 Windows XP 操作系统桌面上用鼠标右键单击【我的电脑】图标。

② 在弹出的快捷菜单中选择【属性】命令。

③ 在弹出的【系统属性】对话框的【常规】选项卡中显示了 CPU 的型号、主频和内存的大小，如图 2-21 所示。可以看出，该计算机中的 CPU 型号是 AMD Athlon64 3000+，主频为 1.81GHz，内存为 1 GB。

图2-21 【系统属性】对话框

（4） 用优化大师软件查看 CPU 型号

下面介绍用优化大师软件查看一台计算机的 CPU 型号的方法。

① 启动优化大师。

② 在主窗口左边单击【系统检测】/【处理器与主板】选项，右边的界面就会显示 CPU 参数，如图 2-22 所示。

③ 通过对比这些参数，就能辨别 CPU 的真伪了。

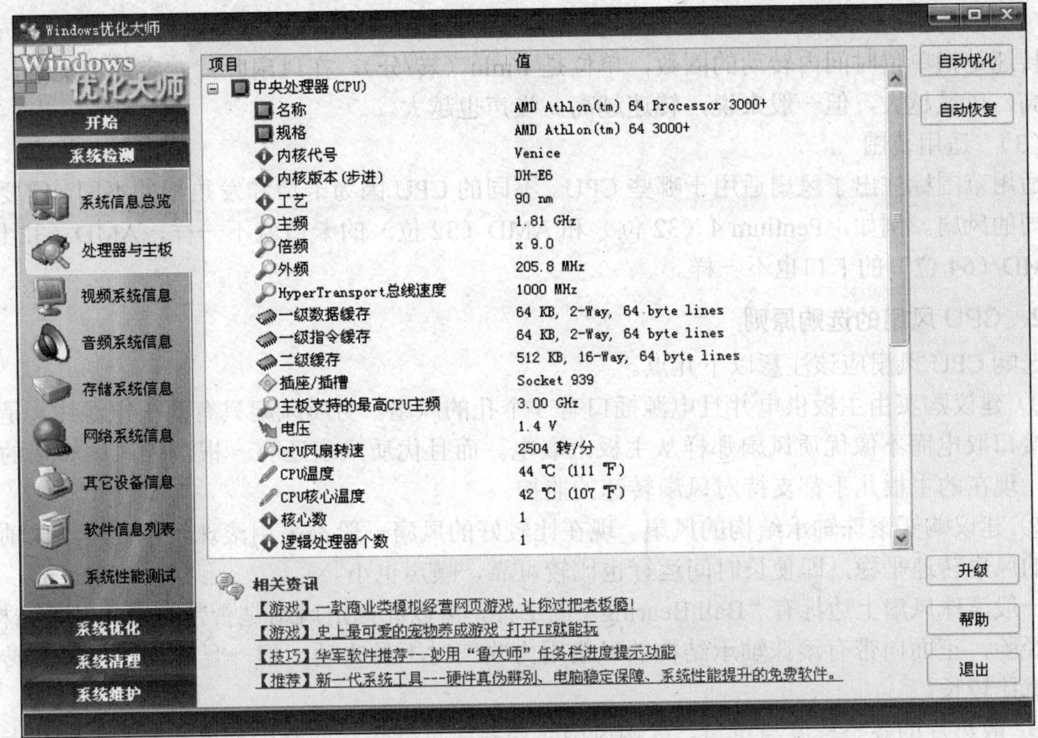


图2-22　优化大师显示的CPU参数

（1）当前PC市场上的两大CPU品牌是什么？

（2）CPU有哪些主要的性能参数？请列举5个。

（3）请找一台计算机，用优化大师软件查看这台计算机所使用的CPU的型号、核心、制造工艺、主频、外频、一级缓存、二级缓存、插座/插槽和CPU电压。

## 操作二　选购风扇

CPU风扇（见图2-23）为CPU提供散热功能，它好比是为CPU安装的"空调"。CPU风扇的选择和安装会大大影响整个主机的性能。如果选择了与CPU不匹配的风扇，或者使用了错误的安装方法，轻则会大大降低整个主机的性能，重则会烧毁CPU。

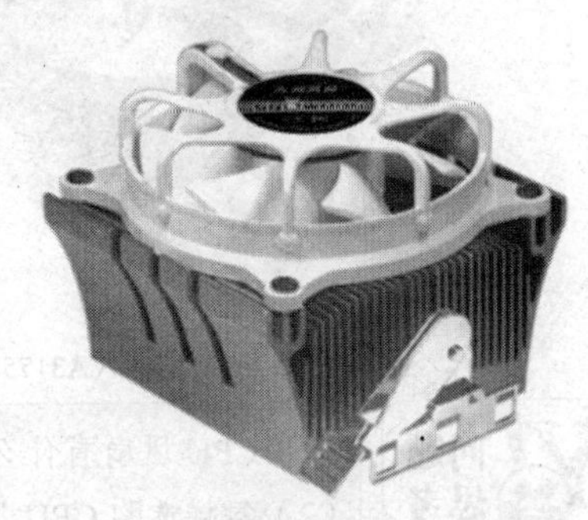

图2-23　CPU风扇

### 1. CPU风扇的主要参数

目前CPU风扇市场上的主流品牌有Tt、AVC、九州风神、CoolMaster、富士康、急冻王、散热博士等。CPU风扇的主要参数如下。

（1）　散热片类型

散热片由材料的不同可分为纯铜（如Tt牌火山系列10ACPU风扇）、镶铜和纯铝散热片。另外，不同档次的风扇也有"滚珠"与"含油"风扇之分，如九州风神就以Ae与Fs区分"滚珠"与"含油"风扇的区别。

（2） 转速

转速是指单位时间内转动的圈数，单位是 r/min（转/分）。在风扇叶片一定的情况下，转速越高，风量越大，但一般来说，转速越高，噪声也越大。

（3） 适用范围

适用范围标注出了风扇适用于哪些 CPU。不同的 CPU 因为卡口和发热量的不同，需要配以不同的风扇。例如，Pentium 4（32 位）和 AMD（32 位）的卡口就不一样，AMD（32 位）和 AMD（64 位）的卡口也不一样。

**2. CPU 风扇的选购原则**

选购 CPU 风扇应该注意以下几点。

① 建议购买由主板供电并且电源插口有 3 个孔的风扇。劣质风扇只有两根电源线，是从电源接口取电而不像优质风扇那样从主板上取电。而且优质风扇还有一根测控风扇转速的信号线，现在的主板几乎都支持对风扇转速的监控。

② 建议购买滚珠轴承结构的风扇。现在比较好的风扇一般都采用滚珠轴承，用滚珠轴承结构的风扇转速平稳，即使长时间运行也比较可靠，噪声也小。

一般滚珠风扇上边标有“Ball Bearing”的字样，可以此判定风扇是否带有滚珠轴承结构。根据经验，正面向带有滚珠轴承结构的风扇用力吹气时不易吹动，但一旦吹动，风扇的转动时间就比较长。

③ 散热片的齐整程度与重量。选购风扇时还要注意散热片的齐整程度与重量，以及卡子的弹性强弱，太强太弱都不好。

④ 建议使用原装 CPU 风扇或者购买价格稍高的风扇。

下面推荐两款风扇。

图 2-24 所示为 Tt 凤凰 S400（A3175）散热器，材质为铜+铝，风扇转速为 1 300 r/min，使用寿命 50 000 h。图 2-25 所示为九州风神贝塔 400 plus 散热器，材质为铜+铝，风扇转速为 800±150～2800±10% r/min，使用寿命 3 年。

图2-24 Tt 凤凰 S400（A3175）

图2-25 九州风神贝塔 400 plus

（1）CPU 风扇有什么作用？

（2）怎样选购 CPU 风扇？

## 操作三 选购内存

内存是计算机不可缺少的主要部件之一，是计算机中承担 CPU 与硬盘之间数据互换的硬件设备，即信息交换的展开空间。

### 1. 内存的分类

内存的主流品牌有金士顿、KINGMAX、海盗船、金邦科技、ADATA、威刚、宇瞻、超胜、黑金刚、三星、现代、蓝魔、胜创、创见等。这些内存采用的工艺略有不同，性能上也多少有些差异。目前市场上常见的内存主要有 3 种。

（1） DDR 内存

DDR（Double Data Rate）全称为双倍速率同步动态随机存取存储器，其外形如图 2-26 所示，它采用的是 184PIN 引脚，金手指中有一个缺口。DDR 内存现在已经停产，正逐渐被淘汰。

图2-26　DDR 内存

（2） DDR2 内存

DDR2（Double Data Rate 2）全称为第二代同步双倍速率动态随机存取存储器，其数据存取速度为 DDR 的两倍。DDR2 内存采用 240PIN 的金手指，其缺口位置也与 DDR 内存有所不同，如图 2-27 所示。

图2-27　DDR2 内存

（3） DDR3 内存

DDR3 内存与 DDR2 一样，它使用预读取技术提升外部频率并降低存储单元运行频率，但是 DDR3 的预读取位数是 8 位，比 DDR2 的 4 位预读取位数高一倍，因此具有更快的数据读取能力，其外观如图 2-28 所示。随着技术的成熟和价格的下降，DDR3 内存已逐渐取代 DDR2 内存成为主流。

图2-28　DDR3 内存

### 2. 内存的主要参数

由于内存对整个计算机系统的运行效率有较大影响，在购买内存前，应该对内存的主要技术参数进行了解。

（1） 内存容量

内存容量表示内存可以存放的数据大小，与硬盘容量计算方式一致，其单位有 B、KB、MB、GB 等（1KB=1 024B、1MB=1 024KB、1GB=1 024MB），目前，市面上常见的内存容量规格为单条 512MB、1GB 或 2GB。

（2） 工作电压

内存能稳定工作时的电压叫做内存工作电压。DDR SDRAM 内存的工作电压为 2.5V 左右。DDR2 SDRAM 内存的工作电压一般在 1.8V 左右。DDR3 SDRAM 内存的工作电压一般在 1.5V 左右。

（3） 内存频率

内存频率用来衡量内存的数据读取速度，单位为 MHz，数值越大代表数据的读取速度越快。内存的类型不同，所达到的最大内存频率也不同，3 种内存的常见内存频率如下。

❖ DDR 内存的内存频率有 333MHz 和 400MHz 两种。

❖ DDR2 内存的内存频率有 533MHz、667MHz、800MHz、1 066MHz 等，

❖ DDR3 内存的内存频率有 800MHz、1 066MHz、1 333MHz、1 600MHz 和 2 000MHz 等。

**3. 内存的选购原则**

购买内存有以下几项原则。

（1） 确定内存容量和个数

从理论上讲，内存的容量越大越好，但是还必须根据实际需要来选择，在满足需要的前提下，留有一定的富余容量。对于一般应用，选择 1GB 的内存便可满足需求。在支持双通道或三通道内存的主板上，可增加内存个数来扩展内存。

（2） 确定内存类型

目前市场的内存主要有 DDR2 和 DDR3 两种，要选择哪种类型的内存，应根据主板支持的内存类型和支持的内存最大容量，以及对内存的存取速度要求来确定。

（3） 确定内存工作频率

内存的工作频率直接影响内存中数据的存取速度，频率越高数据存取速度越快，所以内存的工作频率应越大越好。但在确定所选购内存的工作频率时，应根据主板对内存工作频率的支持情况和价格来定。

（4） 注重内存的质量和售后

内存也有散装和盒装之分，散装内存由于运输、进货渠道、保存环境等因素，容易出现损坏，在选购内存时应尽量选择盒装的内存。

内存的品牌较多，选择时应尽量选择大品牌的内存，如金士顿、威刚等，这类内存质量有保证，售后服务也较好。另外，要询问内存的质保时间，内存的质保时间通常有 3 年、5 年、终身质保，选购时应尽量选择质保时间较长的内存。

**4. 辨别内存的真伪**

购买内存时，可以从以下几个方面来辨别内存的真伪。

❖ 尽量到直接代理商处购买。

❖ 防伪查询。现在大多数品牌的内存都有短信真伪查询和官方网站真伪查询（如金士顿）等防伪服务，可通过查询来确定真伪。

❖ 看说明书。真品的说明书，其文字、图示清晰明朗，而伪品说明书，其文字和图示明显昏暗无光泽。伪品说明书中没有最为关键的产品官方网站的网址以及查询方法的介绍。

下面介绍两款当前主流的品牌内存。

图 2-29 所示为威刚 2GB DDR3 1333（万紫千红）内存条，内存电压 1.5～1.75V。图 2-30 所示为金士顿 2GB DDR3 1333，内存电压 1.8V。

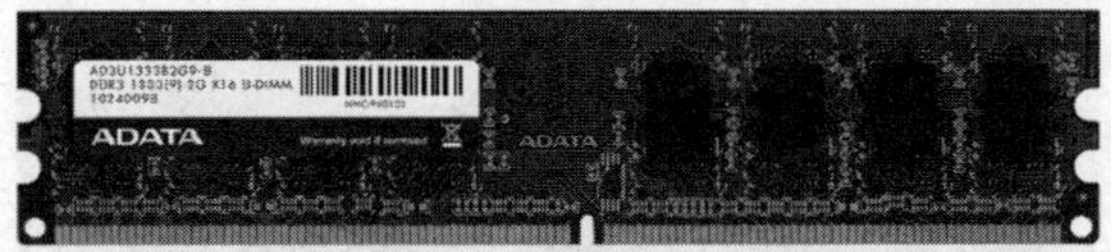

图2-29　威刚 2GB DDR3 1333（万紫千红）

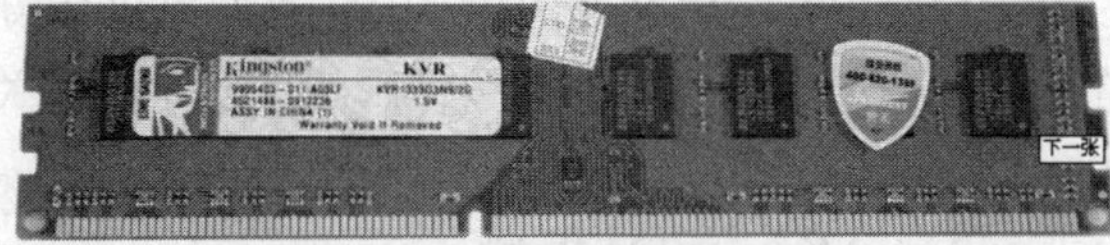

图2-30　金士顿 2GB DDR3 1333

（1）内存的主要性能参数有哪些？
（2）如何辨别内存的真伪？

## 操作四　选购主板

计算机主机中的部件是通过主板来连接的，主板给各个部件提供了一个正常工作的平台，它是计算机系统的核心组成部分。主板的外形如图 2-31 所示。

图2-31　主板

### 1. 主板的分类

目前市场上主板的品牌相当多，主流品牌有华硕（ASUS）、技嘉（Gigabyte）、微星（MSI）、精英（ESC）、七彩虹（Colorful）、映泰（Biostar）、华擎（Asrock）、英特尔（Intel）、磐正（EPOX）、昂达（ONDA）等。主板根据做工以及对扩展性要求不同，可以有不同的形状、大小和布局，目前市场上主板的板型结构主要有以下两种类型。

（1）　ATX 板型

ATX 结构由 Intel 公司制订，是目前市场上最常见的主板结构，如图 2-32 所示。在 ATX 结构的主板中，CPU 插座位于主板右方，总线扩展槽位于 CPU 的左侧，PCI 插槽数量为 4～6 个，内存插槽位于主板的右下方，I/O 端口都集成在主板上，不需要电缆线转接。

图2-32　ATX 结构主板

除此之外，ATX 结构的电源插头也采用新的规格，支持 3V/5V/12V 电源，还支持软件关机、指令开机等功能。

（2） Micro ATX 板型

Micro ATX 可简写为 MATX，它保持了 ATX 标准主板背板上的外设接口位置，与 ATX 兼容，如图 2-33 所示。Micro ATX 主板把扩展插槽减少为 3～4 个，内存插槽为 2～3 个，从横向减小了主板宽度，比 ATX 标准主板结构更为紧凑。目前很多品牌机主板使用了 Micro ATX 标准，在 DIY 市场上 Micro ATX 主板也较多。

图2-33 MATX 结构主板

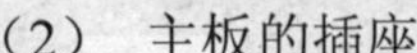

### 2. 主板的主要结构

（1） 主板的接口

主板的接口一般有 IDE 接口和 SATA 接口。

（2） 主板的插座

主板上的插座主要是 CPU 插座和电源插座、前置面板插座和主板扬声器插座。

（3） 主板的插槽

主板上的插槽类型比较多，一般常用的有 AGP 插槽、内存插槽、PCI 插槽以及 PCI-Express 插槽。图 2-34 所示为主板上的插槽。

（4） 主板的芯片组

如图 2-35 所示，主板的芯片组是由北桥芯片和南桥芯片组成的。CPU 通过主板芯片组对主板上的各个部件进行控制。目前按照芯片组的不同，可以分为以下一些比较有代表性的类型。

❖ Intel 系列：Intel P43、Intel P45、Intel P55、Intel H55、Intel H57、Intel H67。
❖ AMD 系列：AMD780G、AMD880G、AMD790GX、AMD770、AMD870。
❖ nVIDIA 系列：nForce 520、nForce 6100-430、GeForce 6150B、GeForce 6150SE。
❖ VIA 系列：K8M890、K8T890、K8T800、P4M800。
❖ ATI 系列：RS350、RS480、RS600。

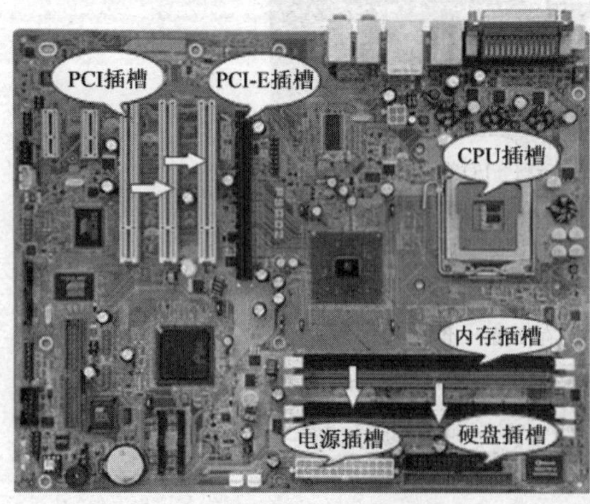

图2-34 主板插槽

图2-35 北桥芯片和南桥芯片

（5） 主板的外部接口

主板安装在机箱中以后，外部接口一般位于机箱的背面。常见的外部接口有PS/2接口、USB接口、串行接口、并行接口、集成网卡接口和集成声卡接口，如图2-36所示。

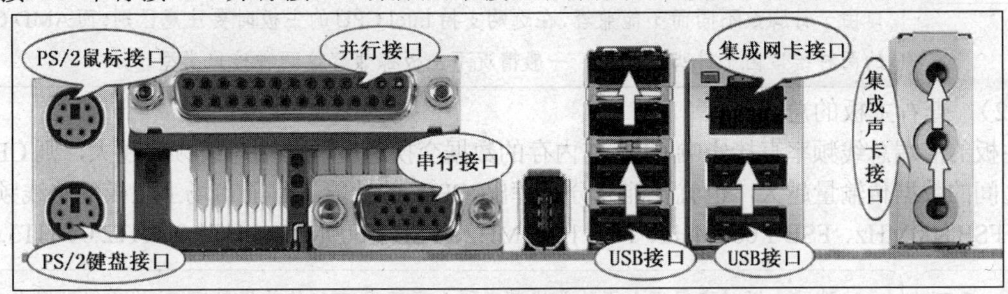


图2-36 主板外部接口

### 3. 主板的选购方法

市场上的主板产品种类繁多，怎样选购一款合适的主板呢？下面将介绍一些选购主板的方法。

（1） 查看主板对CPU的支持情况

主板的CPU插槽类型直接决定了使用的CPU的类型，随着CPU的发展，主板上的CPU插槽类型也不断地更新换代，而目前市场上主板的CPU插槽类型主要有两大类。

① Intel平台CPU插槽。支持Intel系列处理器的CPU插槽，目前市场上主要有LGA775和LGA1366两种类型，分别对应支持Intel各个系列的CPU，其外观如图2-37和图2-38所示。

图2-37 LGA775

图2-38 LGA1366

② AMD平台CPU插槽。支持AMD系列处理器的CPU插槽，目前市场上主要有Socket AM2和Socket AM2+两种类型，但这两种插槽类型的外观基本相同，如图2-39所示。

图2-39 Socket AM2/AM2+

重要提示

在选购主板之前，一般都确定了所选购 CPU 的类型和型号，因此就要选择与之匹配的主板。Intel 和 AMD 两家公司的 CPU 都具有两种接口类型，其中 Intel CPU 的两种接口由于针脚数不同而不能兼容，在选购支持 Intel CPU 的主板时要注意区别；而 AMD CPU 的两种接口由于针脚数相同，一般情况下主板都兼容这两种接口类型。

（2） 查看主板的总线频率

主板的前端总线频率直接影响 CPU 与内存的数据交换速度，前端总线频率越大，则 CPU 与内存之间的数据传输量越大，也就更能充分发挥出 CPU 的性能。目前市场上主板的总线频率主要有：FSB 800MHz、FSB 1 066MHz、FSB 1 333MHz、FSB 1 600MHz、HT1.0、HT2.0、HT3.0 等。

重要提示

选购主板时应保证主板的总线频率要大于等于CPU的总线频率，这样才能发挥出CPU的全部性能。如果考虑到以后要对 CPU 进行升级，可尽量选择总线频率更大的主板。

（3） 查看主板对内存的支持情况

① 查看支持的内存类型。当前的主板主要支持 DDR2 和 DDR3 的内存，对于一般用户，选择支持 DDR2 内存的主板便可满足使用要求；而对于追求高性能的用户，则可以选择支持 DDR3 内存的主板。

② 查看对内存工作频率的支持情况。DDR2 内存的工作频率最高可达到 1 200MHz，而 DDR3 内存的工作频率则可达到 2 000MHz 或更高。在选购时应保证主板支持的工作频率要大于等于所选购内存的工作频率。

③ 查看主板对内存通道数的支持情况。若选择支持 DDR2 内存的主板，则查看其是否支持双通道，如图 2-40 所示；若选择支持 DDR3 内存的主板，则查看其是否支持三通道，如图 2-41 所示。

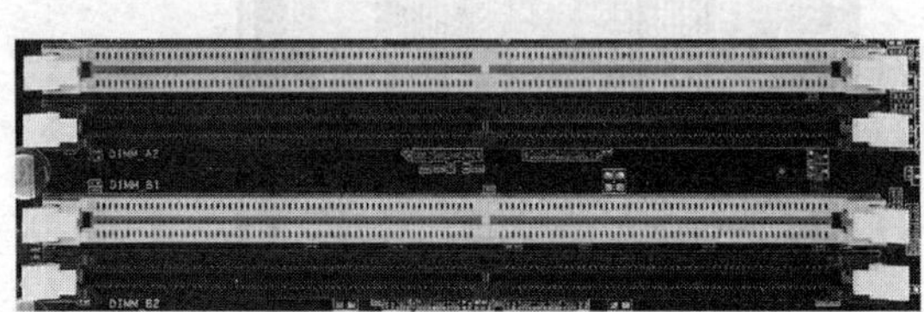
图2-40 DDR2 双通道内存插槽

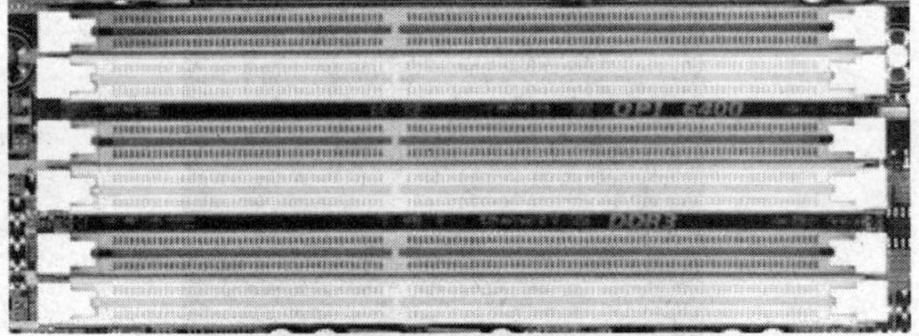

图2-41 DDR3 三通道内存插槽

④ 查看内存插槽的个数和支持的最大内存容量，以方便日后购买新的内存条对系统进行升级。

（4） 查看显卡支持情况

若选购的计算机主要用于文件办公等一些对显卡性能要求不高的场合，并且购机预算不多时，则可选择集成显卡的主板，这样可很大程度地减少资金的投入。

若需要使用独立显卡，则应查看主板的显卡插槽类型是否与所选购的显卡接口类型相同。

对于一些高级图形图像处理用户和游戏爱好者，若想使用双显卡，则应查看主板显卡插槽的个数以及对双显卡的支持情况，如图 2-42 所示。

（5） 查看硬盘和光驱接口情况

目前硬盘主要使用 SATA 接口，而光驱主要使用 IDE 接口，所以在选购主板时要根据使用硬盘和光驱的个数来查看主板上 SATA 接口和 IDE 插槽的个数，以满足需求。

图2-42　支持双显卡的主板

（6）　查看其他外部接口

主板上的外部接口主要有USB接口、串口、并口等，这些需要根据使用外设的情况来确定。例如，要使用并口打印机，则必须选择有并口的主板。

（7）　查看集成声卡和集成网卡的情况

当前市场上的主板大多集成了声卡和网卡，在选购主板时可查看集成的声卡和网卡是否满足需求，如声卡支持的声道数、网卡的传输速率等。

（8）　注意主板的制造工艺

正规厂商生产的主板有以下几个重要特征。

❖ 各个部件（包括插槽、插座、半导体元器件、大电容等）的用料都很讲究。

❖ 在线路布局方面采用“S形绕线法”。所谓“S形绕线法”就是为了保证一组信号线长度一致，而将某些直线距离较短的线进行“S”形布线的绕线方法，如图2-43所示。

❖ 做工精细、焊点圆滑，接线头及插座等没有任何松动。

❖ 板上厂家型号（及跳线说明）印字清晰。

❖ 外包装精美。

❖ 备有详细的使用说明书。

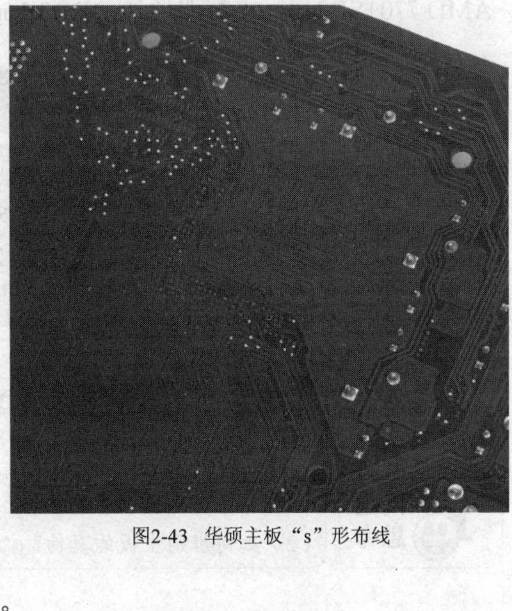

图2-43　华硕主板“s”形布线

**4. 辨别主板的真伪**

下面介绍用优化大师软件辨别主板真伪的方法。

**【操作步骤】**

（1）　启动优化大师。

（2）　在窗口左边单击【处理器与主板】选项，右边的界面会显示CPU和主板相关信息，单击“主板”前的“+”，将其展开，就可以看到主板的详细参数，如制造商、芯片组等，如图2-44所示。这些信息对辨别主板真伪是很有用的。

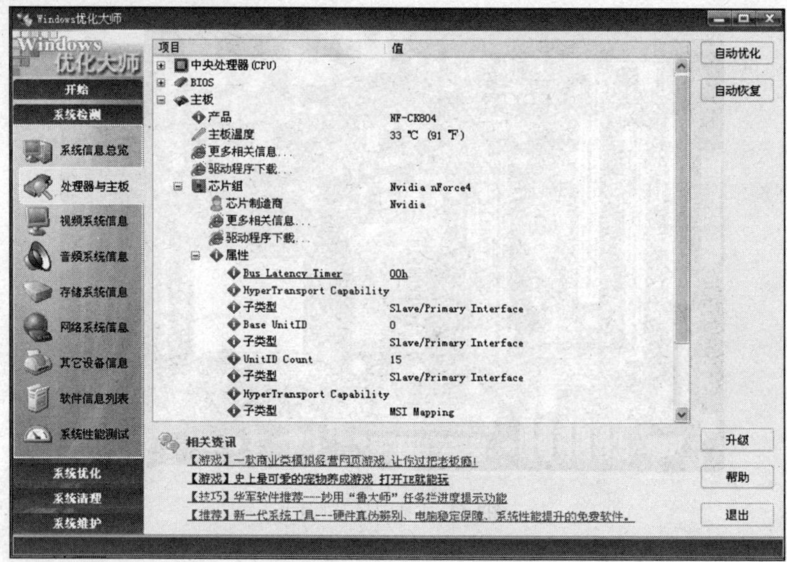


图2-44 优化大师显示的主板参数

下面介绍两款当前主流的品牌主板。

图 2-45 所示为华硕 P5P43TD PRO 主板，主板总线为 FSB 1600(OC)MHz，主板芯片组为 Intel P43+ICH10R，支持双通道 DDR3 1600(OC)/1333/1600 内存，最大支持 16GB。

图 2-46 所示为技嘉 GA-MA770T-UD3P(rev. 1.0)主板，主板总线为 HT3.0，主板芯片组为 AMD 770+SB710，支持双通道 DDR3 1666(OC)/1333/1066/800 内存，最大支持 16GB。

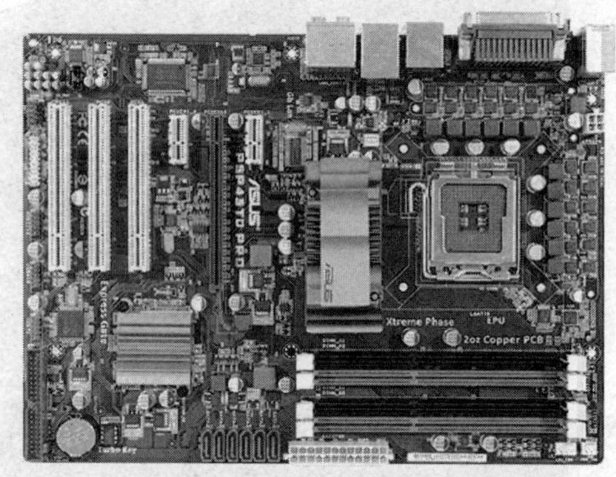


图2-45 华硕 P5P43TD PRO

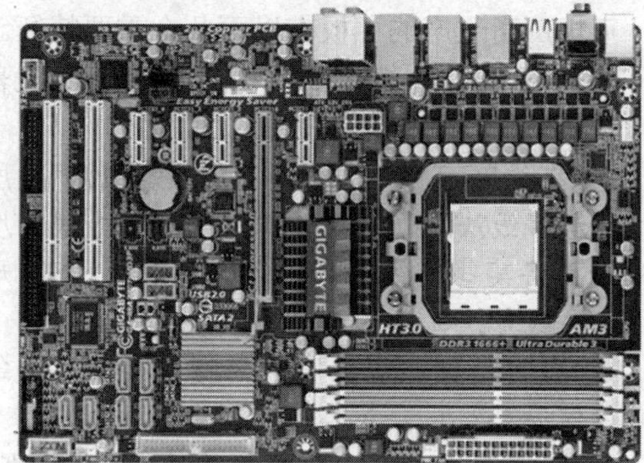


图2-46 技嘉 GA-MA770T-UD3P(rev. 1.0)

（1）主板有哪些著名的品牌？
（2）如何辨别主板的真伪？

## 操作五 选购硬盘

硬盘是计算机系统中用来存储大容量数据的设备，可以把它看做是计算机系统的仓库，其存储信息量大，安全系数也比较高，是长期保存数据的首选设备。下面介绍硬盘的相关知识，包括硬盘的品牌、硬盘的分类、硬盘的参数对硬盘性能的影响，以及如何选购一款合适的硬盘。

**1. 硬盘的主要参数**

目前，硬盘的主流品牌有希捷（Seagate）、迈拓（Maxtor）、西部数据（WD）、三星（Samsung）、日立（Hitachi）、易拓（ExcelStor）等。其中日立、三星主要生产笔记本硬盘，台式机硬盘方面涉及极少。

（1） 单碟容量

一个硬盘里面可安装数张碟片，单碟容量就是指一张硬盘碟片的容量。图 2-47 所示为硬盘的背面，即电路板部分。硬盘的盘片具有正、反两个存储面。两个存储面的存储容量之和就是硬盘的单碟容量。一般情况下盘片表面越光滑，表示表面磁性物质的质量就越好，磁头技术就越先进，单碟容量就越大。目前，单碟容量已经达到 500GB 以上。

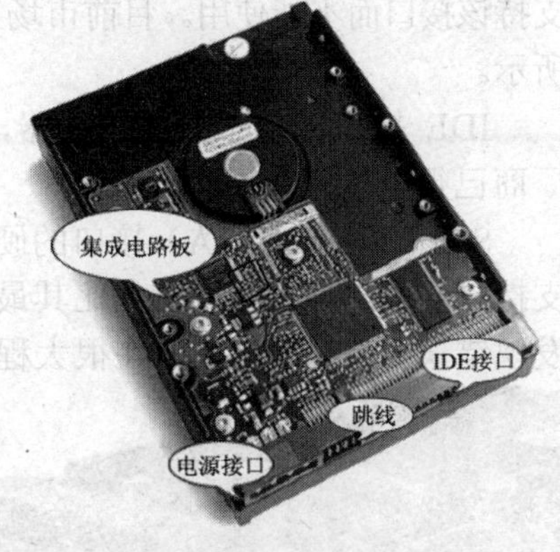

图2-47　硬盘背面

（2） 硬盘转速

从理论上说，转速越快，硬盘读取数据的速度也就越快，但是速度的提升会产生更大的噪声和热量，所以硬盘的转速是有一定限制的。

（3） 硬盘缓存

硬盘缓存是指硬盘内部的高速存储器。目前主流硬盘的缓存主要有 8MB、16MB 和 32MB 几种。

（4） 平均寻道时间

平均寻道时间越小越好，现在选购硬盘时应该选择平均寻道时间低于 9ms 的产品。

（5） 平均潜伏时间

单位为 ms，一般为 2～6ms。

（6） 平均访问时间

平均访问时间越短越好，一般硬盘的平均访问时间为 11～18ms，现在选购硬盘时应该选择平均访问时间低于 15ms 的产品。

（7） 内部数据传输率

单位为 Mbit/s，指硬盘将目标数据记录在盘片上的速度，一般取决于硬盘的盘片转速和盘片数据线的密度。

（8） 外部数据传输率

指计算机通过接口将数据交给硬盘的传输速度。

**2. 硬盘的选购原则**

由于目前计算机的操作系统、应用软件和各种各样的影音文件的体积越来越大，因此选购一个大容量的硬盘是必然趋势。另外，选购时还要考虑硬盘的接口、缓存、售后服务等其他因素。

（1） 容量

容量是用户最关心的一个硬盘参数，更大的硬盘容量意味着有更多的存储空间。现在市面上主要的硬盘容量为 250GB、320GB、500GB 甚至 1TB 以上。

在选购硬盘尤其是大容量硬盘时，还要注意查看硬盘的单碟容量和碟片数。在相同容量的情况下，单碟容量越大，硬盘越轻薄，持续数据传输速度也越快。

（2） 接口

购买硬盘时必须考虑主板上为硬盘提供了何种接口，否则购买回来的硬盘可能会由于主板不支持该接口而不能使用。目前市场上计算机硬盘常见接口为 IDE 和 SATA，如图 2-48 和图 2-49 所示。

IDE 接口即电子集成驱动器，是指将硬盘控制器与盘体集成在一起的硬盘驱动器。目前厂商已很少生产。

SATA（Serial ATA）接口的硬盘又叫串口硬盘，是现在计算机硬盘的主流。其结构简单，支持热插拔。与以往硬盘相比其最大的优势在于能对传输指令（不仅是数据）进行检查，如果发现错误会自动校正，这在很大程度上提高了数据传输的可靠性。

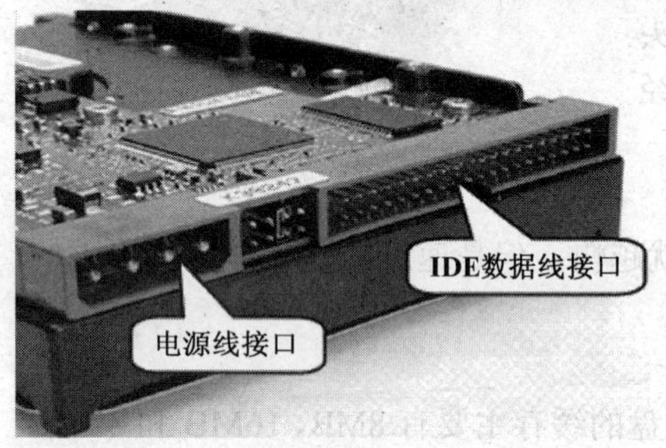

图2-48 IDE 接口

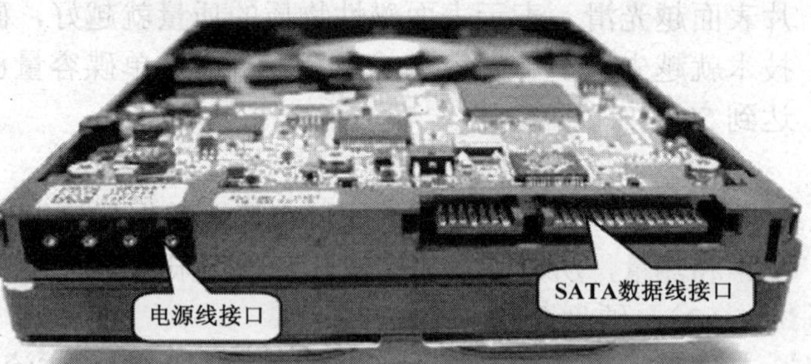

图2-49 SATA 接口

（3） 缓存

在数据写入磁盘的操作中，数据会先从系统主存写入缓存，一旦这个操作完成，系统就可以转向下一个操作指令，而不必等待缓存中的数据写入盘片的操作完成。而硬盘则在空闲（不进行读取或写入的时候）时再将缓存中的数据写入到盘片上。这样系统等待的时间被大大缩短。缓存容量的加大使得更多的系统等待时间被节约。因此，缓存的大小对于硬盘的持续数据传输速率有着极大的影响。

目前，市面上主流硬盘的缓存为 8MB、16MB、32MB 等。

（4） 售后服务。

目前硬盘的质保期多为 1～3 年，有些硬盘（如希捷）在提供 3 年免费维修的基础上增加了 2 年付费维修，并称之为“3+2”的 5 年年包。另外，有些硬盘公司甚至提供了数据恢复业务，只是价格很高。

### 3. 辨别硬盘的真伪

一般硬盘的“伪”是指不法商家以次充好的现象，如通过篡改硬盘外部标识等手法欺骗消费者等。

下面介绍在操作系统中查看硬盘型号的方法。

**【操作步骤】**

（1） 在 Windows XP 操作系统桌面上用鼠标右键单击【我的电脑】图标。

（2） 在弹出的快捷菜单中选择【属性】命令，弹出如图 2-50 所示的【系统属性】对话框。

（3） 切换到【硬件】选项卡，如图 2-51 所示。

（4） 单击 设备管理器(D) 按钮，打开【设备管理器】窗口，如图 2-52 所示。

图2-50　【系统属性】对话框

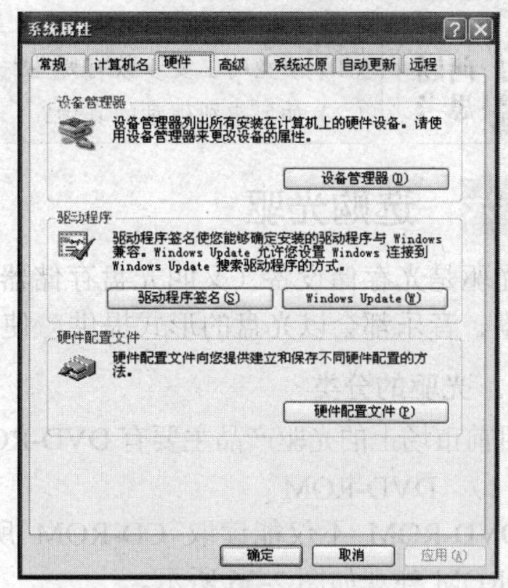

图2-51　【硬件】选项卡

（5）　双击【磁盘驱动器】将其展开，可以看到硬盘的型号为 WDC WD400BB- 23DEA0，如图 2-53 所示。

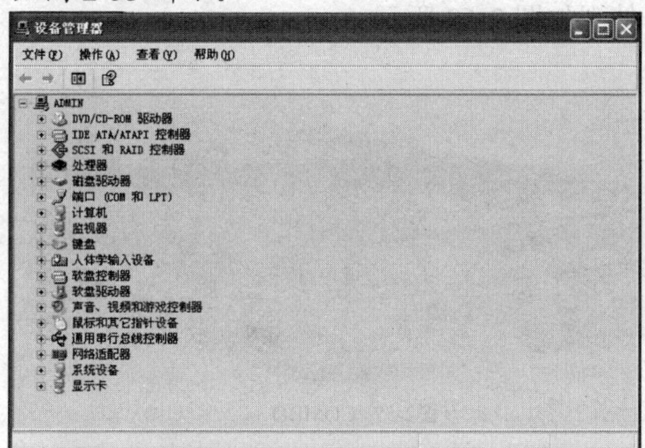

图2-52　【设备管理器】窗口

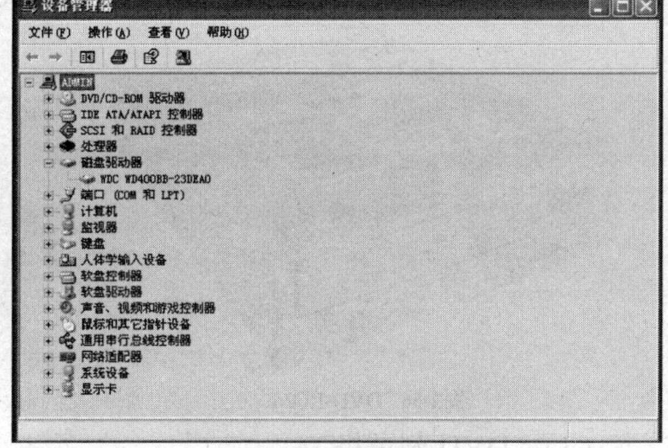

图2-53　查看硬盘型号

下面介绍两款当前主流的品牌硬盘。

图 2-54 所示为 WD 500GB 7 200 转硬盘，单碟容量 250GB，盘片数为 2，缓存 16MB，接口速率 1 500MB/s，平均寻道 8.7ms。

图 2-55 所示为希捷 1TB 7 200 转 SATA 硬盘，单碟容量 500GB，盘片数为 2，缓存 32MB，平均寻道 8.9ms。

图2-54　WD 500GB 7200 转硬盘

图2-55　希捷 1TB 7200 转 SATA 硬盘

问题思考

（1）硬盘的主要参数有哪些？
（2）如何辨别硬盘的真伪？

## 操作六　选购光驱

光驱是光存储设备（又叫光盘存储器）的简称。随着多媒体技术的发展，目前的软件、影视剧、音乐都会以光盘的形式提供，使得光驱成为计算机系统中标准的配置。

### 1. 光驱的分类

目前市场上的光驱产品主要有DVD-ROM、COMBO（康宝）和DVD刻录机、BD-ROM等。

（1） DVD-ROM

DVD-ROM 不仅能读取 CD-ROM 所支持的光盘格式，还能读取 DVD 格式的光盘。DVD-ROM外观如图2-56所示。

（2） COMBO

COMBO（康宝）是一种特殊类型的光存储设备，它不仅能读取CD和DVD格式的光盘，还能将数据以CD格式刻录到光盘中。COMBO外观如图2-57所示。

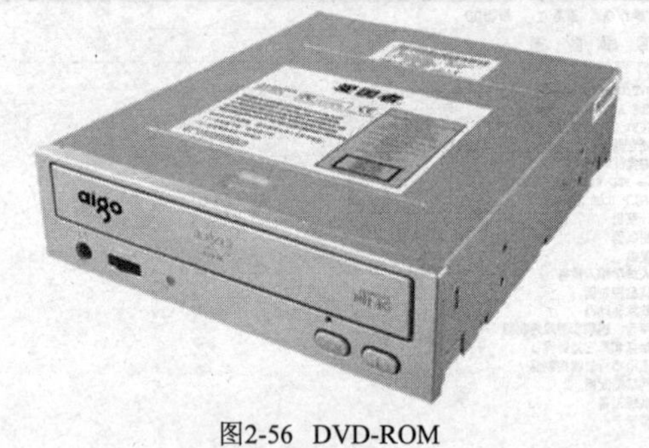

图2-56 DVD-ROM

图2-57 COMBO

（3） DVD刻录机

DVD刻录机不仅包含以上光驱类型的所有功能，而且还能将数据刻录到DVD或CD刻录光盘中。DVD刻录机外观如图2-58所示。

（4） BD-ROM

BD-ROM（蓝光刻录机）如图2-59所示。蓝光是新一代光技术刻录机，具备新一代BD技术的海量存储能力，其数据读取速度是普通DVD刻录机的3倍以上，同时支持BD-AV数据的捕获、编辑、制作、记录以及重放功能，同时在光盘的保存与读取方面都有比传统光驱更为优异的性能。目前蓝光光盘单片容量已达100GB以上。

图2-58 DVD刻录机

图2-59 蓝光刻录机

**2. 光驱的主要参数**

要选择合适的光驱，就要对它的参数进行一定的了解，根据需要进行选购。

（1） 数据读取与刻录速度

光驱的数据读取与刻录速度都是以倍速来表示的，且以单倍速为基准。对于 CD 光盘，单倍速为 150KB/s；对于 DVD 光盘，单倍速为 1 358KB/s。光驱的最大读取速度为倍速值与单倍速的乘积。例如，对于 52 倍速的 CD-ROM 光驱，其最大读取速度为 52×150KB/s＝7 800KB/s。

（2） 平均寻道时间

平均寻道时间是指光驱的激光头从原来的位置移动到指定的数据扇区，并把该扇区上的第一块数据读入高速缓存花费的时间。它是衡量光存储产品的一项重要指标，一般情况下其值越小，光驱的性能越好。根据 MPC3 标准，光驱的平均读取时间要小于 250ms，目前的光驱产品通常在 120ms 左右。

（3） 缓存容量

通常光驱内部都带有高速缓存存储器，用于暂时存储与主机之间交换的数据。当增大缓存容量后，光驱连续读取数据的性能会有明显提高，因此缓存容量对光驱的性能影响比较大。目前普通光驱大多采用 128KB～2MB 缓存容量，而刻录机一般采用 2～16MB 缓存容量。

**3. 光驱的选购原则**

（1） 确定光驱的类型

不同的光驱具有不同的应用范围和应用场合，在选购时需要根据个人的使用要求选择不同类型的光驱。

如果只需要进行数据的读取，则可选择 CD-ROM 或 DVD-ROM；若要进行少量数据的刻录存储，则可选择 CD 刻录机或 COMBO；若要进行大量数据的刻录存储，则应选择 DVD 刻录机。

（2） 查看读取或刻录的速度

通常光驱的读取或刻录速度越快，其噪声和发热量也越大，在选购时应根据对速度的要求选择适合的光驱产品。

**重要提示**

对于普通用户，一般可选择对 CD 光盘的最大读取和刻录速度分别为 52 倍速和 48 倍速左右的产品；对 DVD 光盘的最大读取和刻录速度分别为 12 倍速和 16 倍速左右的产品。

（3） 查看缓存大小

光驱的缓存大小对读取速度和刻录速度都有很大的影响，在价格允许范围内应尽量选择缓存较大的产品。

（4） 注重售后服务

售后服务也是选购光驱时考虑的条件之一，建议选择售后服务有保证的大品牌产品。目前大多数厂商都提供 3 个月保换、1 年保修的售后服务。

（5） 了解其他附加技术

很多厂家的光存储设备都附加了一些实用的技术，如具有防刻死技术的刻录机可以减少刻录光盘时刻废现象的发生，在选购时可根据情况进行适当考虑。

下面介绍两款当前主流的品牌光驱。

图 2-60 所示为先锋 DVR-218CHV DVD 刻录机，缓存 2MB，最大刻录倍速为 22X。

图 2-61 所示为三星蓝光康宝 SH-B083A，缓存 2MB，支持单层 25GB 和双层 50GB 的蓝光盘片。

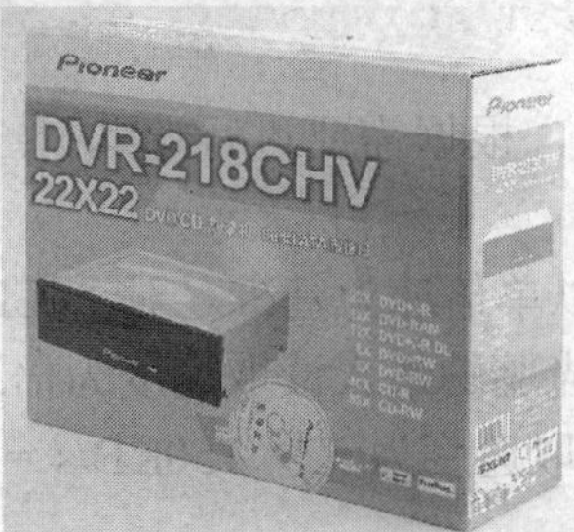
图2-60 先锋 DVR-218CHV

图2-61 三星蓝光康宝 SH-B083A

重要提示

如何识别各种光驱的参数？

## 操作七　选购显卡

显卡是计算机系统中主要负责处理和输出图形的配件，如图 2-62 所示。显示器必须要在显卡的支持下才能正常工作。有些主板把显卡集成在主板上，从而降低了装机成本，但集成显卡的性能一般较差。

正面

背面

图2-62 显卡

### 1. 显卡的分类

现在市场上的显卡大多采用 ATI 和 NVIDIA 两家公司的图形芯片，如图 2-63 和图 2-64 所示。而图形芯片生产出来后又交由不同的显卡生产厂商进行特定的封装，因此显卡的品牌相当多。市场上比较有名的品牌有七彩虹（Colorful）、盈通（Yeston）、影驰（Galaxy）、迪兰恒进（PowerColor）、微星（MSI）、讯景（XFX）、昂达（ONDA）、丽台（Leadtek）、小影霸（Hasee）等。

图2-63 ATI

图2-64 NVIDIA

### 2. 显卡的主要参数

影响显卡性能的参数有图形芯片、核心频率、显存频率、显存容量、显存位宽、显存速度、SP 单元等。下面介绍显卡的几项主要性能参数。

（1）　图形芯片

图形芯片型号中的第 1 位数字代表推出时间，第 2 位数字代表其性能。例如，GeForce 9300M 中的“9”指采用了第 9 代技术，而 GeForce 8600M 则采用第 8 代技术；虽然 GeForce 9300M 采用了较新的技术，但代表其性能的第 2 位数字“3”要比 GeForce 8600M 的“6”小很多，因此 GeForce 9300M 的性能比不上 GeForce 8600M，只不过要比 GeForce 8400M 的技术高一些。

对于同一个型号的图形芯片，根据后缀字母的不同，其性能也存在较大差异。一般情况下，同一型号的图形芯片，性能从低到高其后缀字母依次为 G、GS、GT、GTS、GTX。

（2）　显存速度

显存芯片的速度越快，单位时间内交换的数据量也就越大，在同等条件下，显卡性能也将会得到明显的提升。

（3）　显存位宽

显存位宽越大，数据的吞吐量就越大，性能也就越好。

（4）　显存容量

理论上讲，显存容量越大，显卡性能就越好。而实际上，在普通应用中，显存容量大小并不是显卡性能高低的决定性因素，而显存速度和显存位宽才是影响显卡性能的关键性指标。

**3. 显卡的选购原则**

显卡一般需要根据自己的需求来进行选择，然后多比较几款不同品牌同类型的显卡，通过观察显卡的做工来选择显卡，还有重要的一点是显存的容量一定要看清楚。

（1）　定位显卡档次

不同的用户对显卡的需求不一样，需要根据自己的经济实力和需求情况来选择合适的显卡。

❖ 办公应用类：这类用户只需要显卡能处理简单的文本和图像即可，一般的显卡和集成显卡都能胜任。

❖ 普通用户类：这类用户应用多为上网、看电影、玩一些小游戏，对显卡的性能有一定的要求但不高，并且也不愿在显卡上面多投入资金，一般 300 ~ 500 元左右的显卡完全可以满足需求。

❖ 游戏玩家类：这类用户对显卡的要求较高，需要显卡具有较强的 3D 处理能力和游戏性能，一般考虑市场上性能强劲的显卡。

❖ 图形设计类：图形设计类的用户对显卡的要求非常高，特别是 3D 动画制作人员。这类用户一般选择市场上顶级的显卡。

（2）　选择图形芯片

图形芯片是决定显卡性能的最主要因素，图形芯片性能越高，显卡的价格也越高，在选购时应根据实际需要进行选择。

（3）　查看显存频率

显卡的性能除了由图形芯片的性能决定外，在很大程度上受显存频率的影响。在价格相差不大的情况下应尽量选择显存频率较高的显卡。

（4）　确定显存大小

在选购时可根据显示分辨率的大小确定显存的大小，如果使用 1 024 像素×768 像素的分辨率，则使用 128MB 或 256MB 的显存就足够；如果要使用 1 680 像素×1 050 像素或更高的分辨率，则可选择 384MB 或 512MB 显存的显卡。

（5） 确定显卡的接口类型

显卡的接口包括与主板显卡插槽相连的总线接口和与显示器相连的输出接口。目前显卡的总线接口主要为 PCI-Express 接口，输出接口主要有 VGA（模拟信号接口）、DVI（数字接口）和 HDMI（高清晰度多媒体接口），如图 2-65 所示。

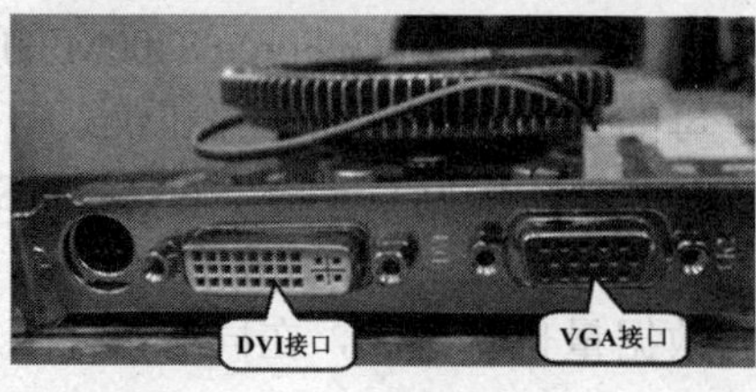

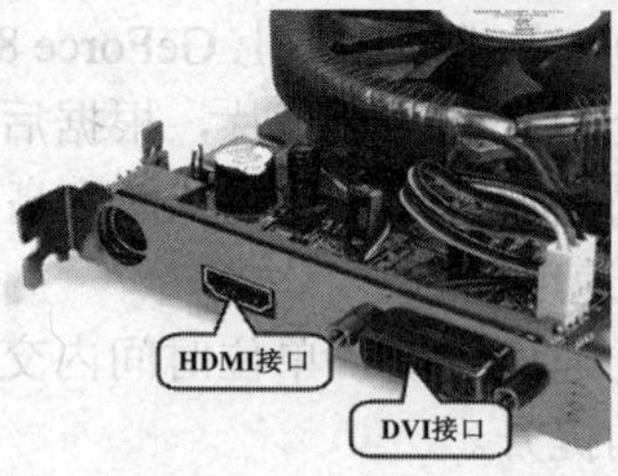


图2-65 显卡的输出接口

要确定显卡输出接口的类型，应根据所使用的显示器类型来定，其中 CRT 和早期的 LCD 显示器大都采用 VGA 接口；后期的 LCD 显示器大都采用了 DVI 接口，使得显示效果得到明显的提升；而 HDMI 接口主要应用于一些高端显示设备。

下面介绍两款当前主流的品牌显卡。

图 2-66 所示为七彩虹 GT240-GD5 CF 白金版 512MB M50，显卡芯片 GeForce GT240，显存容量 512MB，显存速度 0.5ns，显存频率 3 600MHz。

图2-67所示为昂达HD5750 1024MB神戈，采用现代GDDR5显存，显卡芯片Radeon HD 5750，显存容量 1 024MB，显存频率 4 800MHz，最高分辨率为 2 560 像素×1 600 像素。

图2-66 七彩虹 GT240-GD5 CF 白金版 512MB M50

图2-67 昂达 HD5750 1024MB 神戈

（1）显卡的主要性能参数有哪些？

（2）如果追求色彩质量，应该选择何种显卡？

## 操作八 选购显示器

显示器是计算机向用户显示输出的外部设备，是人机交互的重要设备。目前市场上的主流显示器为液晶显示器，如图 2-68 所示。

早期的液晶显示器属于“CCFL 背光液晶显示器”，正逐渐被在亮度、功耗、可视角度、刷新速率等方面有更强优势的“LED 背光液晶显示器”所替代。

图2-68 液晶显示器

**1. 显示器的主要参数**

（1） 尺寸和分辨率

尺寸是指液晶面板的对角线长度，单位为英寸，如 29 英寸、27 英寸、22 英寸、21 英寸、20 英寸、19 英寸等。

分辨率是显示器在出厂时就已经固定了的，只有在最佳分辨率状态下才能达到最佳的显示效果。

（2） 亮度

理论上显示器的亮度是越高越好，不过太高的亮度对眼睛的刺激也比较强，因此没有特殊需求的用户最好不要过于追求高亮度。

（3） 对比度

对比度是液晶显示器的一个重要参数，在合理的亮度值下，对比度越高，其所能显示的色彩层次越丰富。

（4） 响应时间

响应时间过长，则用户会看到显示屏有拖尾的现象，从而影响整个画面的效果。目前液晶显示器的响应时间已低至 2ms。

（5） 显示屏规格

除传统的 4:3 的规格之外，液晶显示器也有专为影视提供的 16:9 和 16:10 两种规格，也就是常说的宽屏显示器。

（6） 显示器接口

显示器接口是连接显卡的唯一途径，目前常见的有 DVI 接口和 HDMI 接口。

（7） 可视角度

液晶显示器显示的光源经折射和反射后输出时已有一定的方向性，在超出一定范围的情况下观看屏幕上的画面，就会产生色彩失真现象。

（8） 亮点或坏点

亮点和坏点都属于液晶显示器面板上的故障点，因其不能根据画面变化颜色而只能持续保存一种颜色而得名。

（9） 坏点数

坏点数是厂商对液晶显示器质保的一个标准。早期的显示器坏点数是不在质保范围内的，后来国家强制企业回收坏点或亮点在 3 个以上的液晶显示器，而有的厂商制定了比国家标准更高的回收标准。

**2. 显示器的选购原则**

（1） 确定屏幕尺寸

一般用户选择较便宜的 19 英寸的显示器即可，若要追求更大更好的视觉享受，在资金充足的情况下可选择 22 英寸或 24 英寸以至更大的屏幕。

（2） 查看最佳分辨率大小

在相同的屏幕尺寸条件下，最佳分辨率越大，屏幕的显示效果越细腻。一般 19 英寸显示器的最佳分辨率为 1 440 像素×900 像素，22 英寸的为 1 680 像素×1 050 像素，24 英寸的为 1 920 像素×1 200 像素。

（3） 查看亮度

亮度用 cd/m$^2$ 衡量。目前液晶显示器的亮度值普遍为 250cd/m$^2$，在此亮度值条件下显示器显示效果较好，而亮度值太高有可能造成眼睛不舒服。

（4） 查看对比度

对比度越高意味着所能呈现的色彩层次越丰富。随着液晶技术的不断成熟，这一指标不断被刷新。而目前使用最多的是动态对比度，从早期的 2 000:1 已经达到了现在的百万:1 的超高对比度。

（5）确定显示器的接口类型

选购显示器时应与显卡的接口类型对应确定。

（6） 查看安规认证

一般而言，液晶显示器均应通过 TCO'99 认证。另外，常见的认证还有 CCC 认证、Windows Vista Premium 认证等。

下面介绍两款当前主流的品牌显示器。

图 2-69 所示为三星 EX1920W 显示器，LED 背光，16:10 宽频，亮度 250 cd/m$^2$，静态对比度 1000:1，可视角度 176/170° 。

图 2-70 所示为 LG E2250T，LED 背光，16:9 宽频，亮度 250 cd/m$^2$，动态对比度 500 万:1，可视角度 176/170°，响应时间 5ms。

图2-69 三星 EX1920W

图2-70 LG E2250T

（1）显示器的主要性能参数有哪些？

（2）怎样识别显示器的质量？

## 操作九 选购机箱和电源

在购买计算机时，电源的价格仅占很小的比例，但却关系着整台机器的运行质量和寿命。而机箱则为各种板卡提供支架，几乎所有重要的配件都安装在机箱里面，一个好的机箱不仅可以承受外界的损害，而且可以防止电磁干扰，从而保证用户的身体健康。

### 1. 机箱的分类

从结构上看，当前市场上的机箱主要有 ATX 型和 Micro ATX 型。

（1） ATX 型

ATX 是目前市场上最常见的机箱结构，如图 2-71 所示。其扩展插槽和驱动器仓位较多，扩展插槽数可多达 7 个，而 3.5 英寸和 5.25 英寸驱动器仓位也分别达到 3 个或更多，现在的大多数机箱都采用此结构。

（2） Micro ATX 型

Micro ATX 又称 Mini ATX，是 ATX 结构的简化版，就是常说的“迷你机箱”，如图 2-72 所示。扩展插槽和驱动器仓位较少，扩展槽数通常在 4 个或更少，而 3.5 英寸和 5.25 英寸驱动器仓位也分别只有 2 个或更少，多用于品牌机。

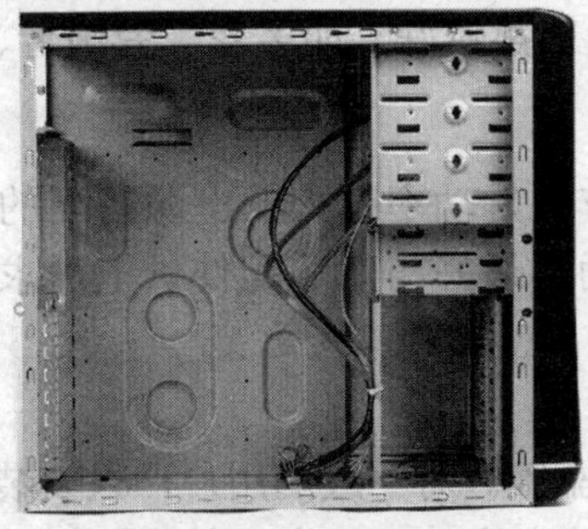

图2-71　ATX 机箱

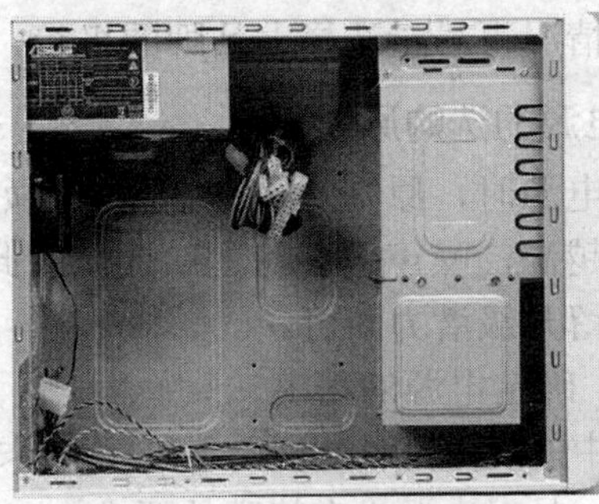

图2-72　Micro ATX 机箱

一般情况下，ATX 型机箱都兼容 Micro ATX 型结构。

**2. 电源的主要参数**

电源也称为电源供应器，它提供计算机中所有部件所需要的电能，如图 2-73 所示。电源功率的大小，电流和电压是否稳定，将直接影响计算机的工作性能和寿命；电源的接口类型将决定是否能使用特定的设备。在选择电源之前应了解其性能参数。

图2-73　电源

（1） 额定功率

电源的额定功率是指电源在持续正常工作中可以提供的最大功率，单位为瓦（W）或千瓦（kW），它是主机正常稳定工作的保障，一般情况下该值应大于主机在持续工作时的功率。

（2） 最大功率

最大功率是指电源在单位时间内所能达到的最大输出功率。最大功率越大，电源所能负载的设备也就越多，但在此功率下并不能保证持续稳定的工作，而且会加快电源的老化，所以选择电源时尽量以额定功率为准。

**3. 机箱的选购原则**

机箱的品牌较多，外观样式也多种多样，除了根据个人喜好选择中意的机箱外观以外，还应掌握以下选购原则。

（1） 确定机箱的种类

ATX 机箱由于体积大，内部空间充足，利于散热，而且价格普遍要便宜一些，一般情况下若无特殊要求则尽量选择 ATX 机箱；Micro ATX 机箱由于体积小，散热条件没有 ATX 机箱好，一般适用于喜欢时尚外观而且主机配置不高的用户。

（2） 查看机箱的扩展性

如果需要经常添加硬件设备或升级，就需要一个空间足够大、扩展性好、各种驱动器仓位较多的机箱。另外，拆装方式也要尽量简便，如选择免螺丝固定的机箱。

（3） 注意机箱的做工

选购机箱时应该选择结实耐用、做工精良的机箱。好的机箱应该坚固，不容易变形，有些机箱在内部有横撑杠，能够大幅度增加机箱的抗变形能力。选购时还要检查机箱板材的边缘是否光滑，有无锐口、毛刺等。

一般情况下尽量选择大品牌的机箱，其质量和做工都较好，如多彩、爱国者、金河田等。

**4. 电源的选购原则**

选择电源时，原则上是功率越大越好，但另一方面，功率越大的电源搭配的电源风扇转速也相应越高，噪声也会随之增加。因此，电源的功率最好与所选配件供电需求匹配，略有盈余，保留升级潜力即可。

（1） 确定电源的功率

主机中的耗电部件主要有CPU、显卡、硬盘、光驱等。对一般的用户，只安装一个硬盘和一个光驱，且对电源没有特殊的要求，一般选择最大功率为300W左右的电源即可。但如果安装多个硬盘和光驱，或使用一些利用主机USB接口供电的设备时，就应该选择更大功率的电源。

（2） 感受电源重量

电源的重量不能太轻，一般来说，电源功率越大，重量应该越重。尤其是一些通过安全标准的电源，会额外增加一些电路板零件，以增进安全稳定性，重量自然会有所增加。在购买时可拿在手上感受一下电源的重量，一般重量越重的电源质量也越好。

（3） 查看电源的质量认证

在选购时一定要注意电源是否通过国家的"CCC"认证，没有通过认证的电源在各个方面都没有保证，在选购时必须注意。

（4） 选择大品牌的产品

大品牌的电源产品质量比较有保证，目前市场上较好的电源品牌有航嘉、长城、多彩、金河田等，选购时可尽量选择这些厂家的电源。

## 操作十 选购键盘和鼠标

鼠标和键盘是计算机主要的输入设备，其质量的好坏直接影响用户使用时的舒适度，特别是对于需要长时间使用鼠标和键盘的用户，好的设计可有效保护用户手的健康，所以应引起注意。

**1. 键盘的分类**

键盘根据接口和结构的不同可以分为不同的类型。

（1） 按照键盘的接口分类

目前市场上的键盘按接口分主要有PS/2接口（见图2-74）键盘和USB接口（见图2-75）键盘。

PS/2键盘的接口颜色通常为紫色，USB接口是一种即插即用的接口类型，并且支持热插拔。

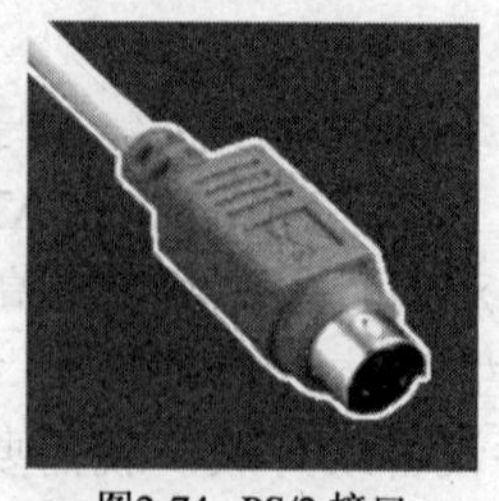

图2-74 PS/2接口

图2-75 USB接口

(2) 按照结构特点分类

图2-76 夜光显示键盘

由于人们对键盘的需求越来越多，各种各样的键盘也应运而生，有具有夜光显示的键盘、无线键盘以及兼顾多媒体功能的键盘。

❖ 图 2-76 所示为新型的夜光显示键盘。

❖ 多媒体键盘是在普通键盘上增加一些按钮，使键盘的功能得到扩展，这些按钮可以实现调节音量、启动 IE 浏览器、打开电子邮箱、运行播放软件等功能，如图 2-77 所示。

❖ 一般无线键盘的有效距离在 5m 左右，在这个范围内用户可以随心所欲地移动手中的键盘而不影响操作。无线键盘需要安装一个 USB 接口的收发器，用来接收键盘发出的无线信号，如图 2-78 所示。

图2-77 多媒体键盘

图2-78 无线键盘

**2. 键盘的选购原则**

拥有一款好的键盘，不仅在外观上可得到视觉享受，在操作的过程中也会更加得心应手。下面介绍选购键盘的几项原则。

(1) 看外观

一款好的键盘能使用户从视觉上感觉很顺眼，而且整个键盘按键的布局合理，按键上的符号很清晰，面板颜色也很清爽，在键盘背面有厂商名称、生产地和日期标识。

(2) 实际操作手感

手感好的键盘可以使用户迅速而流畅地打字，并且在打字时不至于使手指、关节和手腕过于疲劳。

检测键盘手感非常简单，用适当的力量按下按键，感觉其弹性、回弹速度和声音，手感好的键盘应该弹性适中，回弹速度快而无阻碍，声音低，键位晃动幅度较小。

(3) 生产工艺和质量

拥有较高生产工艺和质量的键盘表面和边缘平整、无毛刺，同时键盘表面不是普通的光滑面，而是经过研磨的表面。按键字母则是使用激光刻写上去的，非常清晰和耐磨。

(4) 使用的舒适度

键盘的使用舒适度也很重要，特别是对于那些需要长时间进行文字输入的用户来说，一个使用舒适的键盘是必不可少的。建议需要长时间打字的用户选用人体工程学键盘，这种键盘虽然价格稍贵，但是可以让手指和手腕不会因为长时间弯曲而出现劳损。

(5) 选择键盘接口

**3. 鼠标的分类**

按鼠标的接口类型可分为 PS/2 鼠标、USB 鼠标和无线鼠标。

按鼠标的工作原理可分为机械式鼠标、光电式鼠标和激光式鼠标。机械式鼠标如图 2-79 所示，它使用滚珠作为传感介质，现在市场上已无此类产品，只在一些较老的计算机上还有使用。光电鼠标如图 2-80 所示，它使用 LED 光作为传感介质，是目前应用最广泛的鼠标类型。激光式鼠标使用激光作为传感介质，相比光电式鼠标具有更高的精度和灵敏度，如图 2-81 所示。

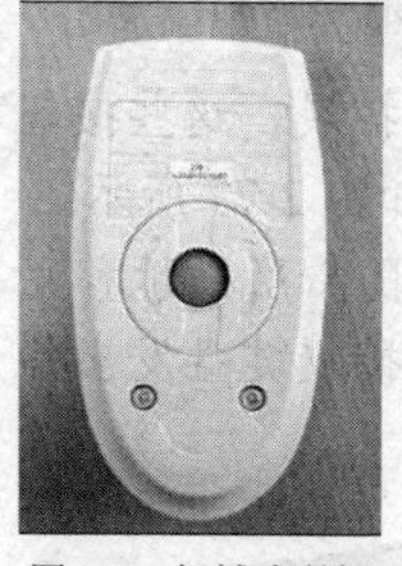
图2-79 机械式鼠标

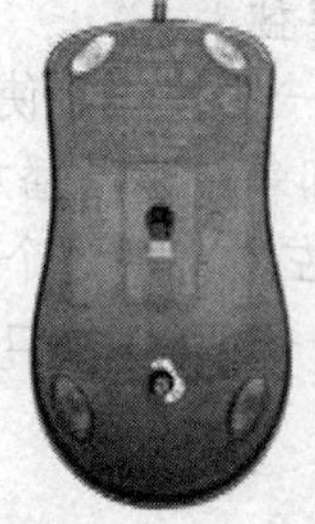
图2-80 光电式鼠标

图2-81 激光式鼠标

**4. 鼠标的选购原则**

鼠标是可视化操作系统下重要的输入设备，目前使用的鼠标主要是光电鼠标，在选购时要注意以下两点。

（1） 感受鼠标的手感

手感包括鼠标的大小是否合适，握在手中是否舒适，鼠标表面触感是否舒适，移动是否方便等。在选购时可将鼠标握在手中操作一会，以实际感受一下操作的舒适度。

（2） 确定鼠标的接口

对于鼠标接口的选择通常没有特殊要求，只是 USB 接口的鼠标支持热插拔，使用更加方便，在选购时可尽量选择 USB 接口的鼠标。

## 操作十一 选购音箱

当前个人计算机迅速普及，而其强大的多媒体功能也在逐渐影响和转变大众休闲娱乐的方式。音箱作为多媒体应用的一种重要输出设备，如图 2-82 所示，它的性能高低直接决定了多媒体声音的播出效果和听觉感受。

图2-82 音箱

**1. 音箱的主要参数**

音箱性能的高低是由其各项参数共同决定的，所以在选购音箱之前，首先应了解其各项参数的含义。

（1） 功率

功率决定音箱所能发出的最大声音强度。功率主要有两种标注方式，即额定功率和峰值功率。

❖ 额定功率：是指在额定频率范围内给扬声器一个规定了波形的持续模拟信号，扬声器能够长时间正常工作的最大功率值。

❖ 峰值功率：是指在扬声器不发生损坏的条件下瞬间能达到的最大功率值。

（2） 失真度

失真度是指声音的电信号转换为声波信号过程中的失真程度，用百分数表示，值越小越好。一般允许的失真度范围在 10%以内，建议最好选购失真度在 5%以下的音箱。

（3）　信噪比

信噪比是指音箱回放的正常声音信号与无信号时噪声信号的比值，用分贝（dB）表示。信噪比数值越高，噪声越小。一般音箱的信噪比不能低于 80dB，低音炮的信噪比不能低于 70 dB。

（4）　阻抗

阻抗是指输入信号的电压与电流的比值，单位是 Ω。音箱的输入阻抗一般分为高阻抗和低阻抗两类，高于 16Ω 的是高阻抗，低于 8Ω 的是低阻抗，而太高和太低都不好，一般选购标准阻抗为 8Ω 的音箱。

**2. 音箱的选购原则**

音箱的品牌很多，且没有一个明确的设计技术标准，所以在选购音箱时主要应根据实地感受进行选择。

（1）　确定选购木质音箱还是塑料音箱

木质音箱由于在厚度、板材以及密度方面可以有更多选择，从而有效降低了箱体本身谐振对回放声音的干扰，使音质更纯净。

塑料音箱不仅在价格上有较大优势，还可以有各种时尚漂亮的外观，若厂家技术水平较好，则在音质方面也并不会低于木质音箱，如图 2-83 所示。

飞利浦 SPA5300

漫步者 e3350

图2-83　具有漂亮外观的塑料音箱

（2）　考虑空间大小

空间的大小对音箱回放声音的音质也有较大影响，应根据居室空间的大小选购功率适宜的音箱，对于普通的 20m$^2$ 左右的房间，60W 功率（即有效输出功率为 30W×2）的音箱就已经足够。

另外，在音箱的体积方面还应考虑电脑桌空间的大小以及携带是否方便，对于笔记本电脑用户可选购时尚小巧的便携式音箱，如图 2-84 所示。

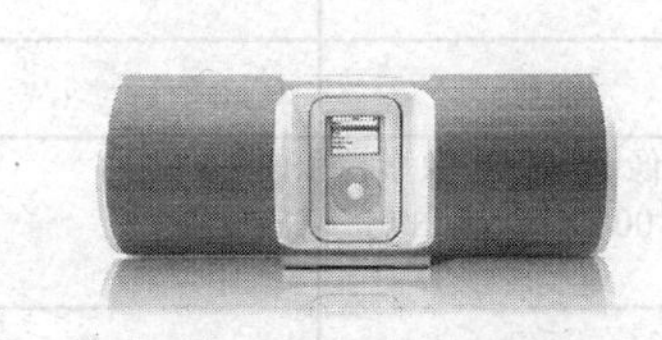
奥特蓝星 iM7

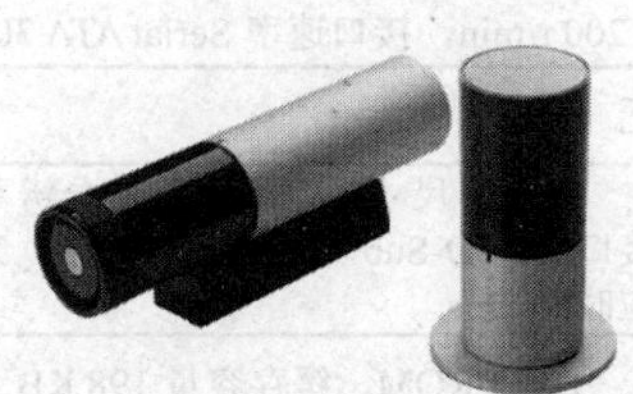
漫步者 Ramble

爵士 J1100

图2-84　具有时尚外观的便携式音箱

（3）　查看音箱的做工

质量好的音箱通常外形流畅平滑，色泽细腻均匀。在选购音箱时可查看音箱箱体的各结合处是否均匀紧密；音箱上的标记或花纹是否精致、端正、清晰；音箱上按钮和插孔的位置是否分配合理；如果允许打开音箱，再查看内部各零件和布线等是否简洁合理。

（4） 用手测试音箱质量

用手敲击箱体，发出的声音铿锵有力，说明音箱材质较好；试着旋转音箱上的旋钮，质量好的音箱应该阻力较小、自然顺畅；拿在手上掂量一下音箱的重量，较好的音箱其选料更好，内部电路器件更多，重量通常也较重。

（5） 实地试听音箱效果

用音箱播放音乐，将音量调节至最大，然后离开一尺的距离，此时应无明显的噪声；播放轻柔的音乐以感受音质是否清晰流畅；播放快节奏高分贝的音乐来检测音箱是否有足够的功率来体现震撼的音效而无明显失真；慢慢地调节音量，要保证音量增加和减小均匀自然；另外，在关闭音箱时质量好的音箱应无较大的冲击声。

# 任务二 主流配置方案分析

计算机的各种配件通常都拥有低端、中端和高端 3 种不同档次的型号和产品，加上产品的品牌较多，在确定配置方案时也有多种组合方式。下面将拟定 3 套分别属于 3 个不同档次的配置方案，并做简要分析。

## 操作一 普通办公配置方案分析

一般来说，普通办公用机对性能要求不高，选择一般的 CPU，显卡可使用主板集成，内存够用即可，通常外设较少，电源功率要求不高，由此拟定如表 2-4 所示的配置方案。

表 2-4 普通办公用机配置方案

| 配件类别 | 产品名称 | 主要参数 | 目前参考报价 |
|---|---|---|---|
| CPU | Intel Celeron 双核 E3200（散） | 双核心，45nm 制程，主频 2 400MHz，总线频率 800MHz，二级缓存 1MB，插槽类型 LGA 775 | 260 元 |
| 主板 | 映泰 G31-M7 TE | 集成显卡/声卡/网卡，LGA 775 插槽，总线频率 1 600MHz，支持 DDR2 800 内存（VGA 接口），采用 Intel G31+ICH7 芯片组 | 379 元 |
| 内存 | 金士顿 1GB DDR2 800 | 类型 DDR2，容量 1GB，工作频率 800MHz | 150 元 |
| 硬盘 | WD 320GB 7200 转 16MB（串口/YS） | 硬盘容量 320GB，接口类型 SATA，缓存 16MB，转速 7 200 r/min，接口速率 Serial ATA 300 | 275 元 |
| 显卡 | 主板集成 | 无 | 0 元 |
| 显示器 | 美格 GMC1960 | 显示屏尺寸 19 英寸，最佳分辨率 1 440 像素×900 像素，接口类型 D-Sub，亮度 250 cd/m$^2$，对比度 10000:1，黑白响应时间 5ms | 699 元 |
| 光驱 | 华硕 DVD-E818A3 | DVD-ROM，缓存容量 198 KB | 115 元 |
| 机箱和电源 | 大水牛 A0707（带电源） | 机箱结构 ATX/MicroATX，电源功率 240W | 190 元 |
| 鼠标和键盘 | LG 黑珍珠防水套装 | 有线光电，PS/2 接口 | 60 元 |

价格总计：2 133 元

备注：此价格来源于“中关村在线”2010 年 5 月报价

该配置方案价格适宜，性能对于日常办公绰绰有余，硬盘容量也较大，可满足大量文件表格的存储要求，采用宽屏液晶显示器和DVD-ROM也可满足一般的娱乐视听享受。

## 操作二 家庭娱乐配置方案分析

家庭娱乐用机一般对性能要求比较高，而且在图形图像方面也希望有较高的画质和效果，因此，CPU可选择AMD的中端产品，使用中端独立显卡，内存选用目前主流容量，可选择比较大的显示器，由此拟定如表2-5所示的配置方案。

表2-5 家庭娱乐用机配置方案

| 配件类别 | 产品名称 | 主要参数 | 目前参考报价 |
|---|---|---|---|
| CPU | AMD 速龙 II X4 630（盒） | 4核心，45nm，主频2 900MHz，总线频率2 000MHz，二级缓存2MB，接口类型Socket AM3 | 670元 |
| 主板 | 梅捷SY-A7M3+ 节能特攻版 | ATX板，采用AMD 770+SB710芯片组，支持双通道DDR3 1 333内存CPU插槽Socket AM2/AM2+/AM3，总线频率支持HT3.0总线，显卡插槽PCI-E 2.0 16X，集成声卡网卡 | 599元 |
| 内存 | 金士顿2GB DDR3 1333 | 类型DDR3，容量2GB，工作频率1 333MHz | 280 |
| 硬盘 | WD 500GB 7200转16MB（串口/RE3） | Serial ATA接口，容量500GB，缓存16MB | 330元 |
| 显卡 | 影驰GT240中将版 | 显卡芯片GeForce GT240，制造工艺40nm，显存类型GDDR5，显存容量512 MB，显存速度0.5ns，显存频率3 400MHz | 599元 |
| 显示器 | AOC e2040V | LED背光液晶显示器，20英寸16:9宽屏，最佳分辨率1 600像素×900像素，亮度250 cd/m$^2$，动态对比度2000万:1，黑白响应时间5ms | 1 099元 |
| 光驱 | 三星TS-H663B | DVD刻录机，缓存容量2MB | 125元 |
| 机箱和电源 | 技展AP-10机箱+航嘉冷静王钻石2.3版本电源 | 机箱结构ATX/Micro ATX，电源额定功率300W | 165+199元 |
| 鼠标和键盘 | 双飞燕520X网吧专爱套装 | 有线光电，PS/2接口 | 80元 |
| | | | 价格总计：4 146元 |

备注：此价格来源于“中关村在线”2010年5月报价

该配置方案性能显著，足以应对大多数大型游戏和高级视听享受。该款CPU是4核CPU中相对较便宜的；显卡和显示器都采用DVI接口，使图像数据失真少，画质更好，LED背光显示器不管是从外形上还是功能上都给人以舒适的感受；500GB的硬盘足以存放较多的音乐和电影等；采用DVD刻录机，可方便从光驱安装大型游戏，或将一些经典的游戏和电影刻盘保存；机箱外观稳重而不失华丽，电源额定功率达到300W，即使对CPU进行超频也绰绰有余。

## 操作三 图形图像处理配置方案分析

图形图像处理用机一般对性能要求很高，尤其是对于需要进行大型三维渲染的场合，不仅数据计算量大，对画质的要求也较高，因此可选择Intel Core 高端CPU和高端显卡。

在内存方面应配置较大容量的内存以存储计算过程中的大量数据，同样也应尽量选择较大容量的硬盘。

为了获得较好的画质和较大的可视面积，显示器应选择画面效果较好且屏幕较大的。

由于使用高端 CPU、高端显卡以及大容量的内存和硬盘，所以对机箱的散热要求和电源的功率要求也较高。

由此拟定如表 2-6 所示的配置方案。

表 2-6　　图形图像处理用机配置方案

| 配件类别 | 产品名称 | 主要参数 | 目前参考报价 |
|---|---|---|---|
| CPU | Intel Core　i7 930（盒） | 4 核心，主频 2 800MHz，QPI 总线 4.8GT/s，二级缓存 1MB，三级缓存 8 MB，接口类型 LGA 775，45nm | 1 999 元 |
| 散热器 | 九州风神冰刃至尊版 | 风扇尺寸 120 mm×120 mm×25 mm，最高转速 1500r/min，使用寿命 3 年 | 219 |
| 主板 | 华硕 P6X58D-E | LGA 1366 插槽，支持双通道 DDR3 2000(OC)/1600/1333/1066 内存，最大支持 24GB，显卡插槽 3 条 PCI-E 2.0 16X，集成声卡网卡，两条 PCI 插槽，1 条 PCI-E 1X | 1 799 元 |
| 内存 | 芝奇 6GB DDR3 1600 | 内存容量 3×2GB，类型 DDR3，工作频率 1 600MHz | 1 099 元 |
| 硬盘 | WD 1TB 7200 转 64MB | 容量 1 000GB，缓存 64MB，接口类型 Serial ATA 2.0（3Gbit/s），接口速率 150MB/s | 480 元 |
| 显卡 | XFX 讯景 GTX285 | 图形芯片 Geforce GTX 285，显存类型 GDDR3，显存频率 2 500MHz，显存容量 1 024MB，总线接口 PCI Express 2.0 16X | 2 499 元 |
| 显示器 | 三星 BX2350 | LED 背光液晶显示器，23 英寸 16:9 宽屏，最佳分辨率 1 920 像素×1 080 像素，亮度 250 cd/m$^2$，静态对比度 1000:1，响应时间 2ms | 1 780 元 |
| 光驱 | 先锋 DVR-218CHV | DVD 刻录机，缓存容量 2MB，SATA 接口 | 165 元 |
| 机箱和电源 | 酷冷至尊 开拓者 P100 机箱+酷冷至尊战斧 500 电源 | 机箱结构 ATX/Micro ATX，双散热风扇，电源额定功率 460W，最大功率 500W | 329+375 元 |
| 鼠标和键盘 | 罗技无影手 Wave 无线键鼠套装 | 无线激光，精心的舒适感设计 | 799 元 |

价格总计：11 543 元

备注：此价格来源于“中关村在线”2010 年 5 月报价

此配置方案足以满足大多数图形图像处理的要求，并且留有可升级的空间，如主板支持双显卡并支持最大 24GB 的内存，可根据需要增加显卡和内存；主板上有 8 个 SATAII 接口，机箱具有 6 个 3.5 英寸仓位和 5 个 5.25 英寸仓位，在外存扩展方面也有较大空间；使用三星最新的 LED 液晶显示器，在色彩还原度上足以满足专业要求；超薄机身外观时尚；采用舒适的无线鼠标和键盘，可使工作变得更加轻松。

# 任务三　成品计算机的选购

通过前面的学习，我们了解了组装机的部件选购原则，下面介绍成品计算机选购的知识。

## 操作一　了解品牌机的选购原则

其实品牌机与组装机在理念上是一致的，只不过品牌机是由大型厂商为客户定制的组装计算机，并提供统一的售后标准而已，在价位上品牌机比组装机高50%左右。下面介绍几款品牌机。

### 1. 神舟新梦 G3600 D11

图2-85所示为神舟新梦 G3600 D11，它的参考价格是2 999元，其配置清单如表2-7所示。

表2-7　　神舟新梦 G3600 D11参数

| 配件类别 | 产品名称 | 数量 |
|---|---|---|
| CPU | Intel Pentium 双核 E5200 | 1 |
| 内存 | DDR2 2GB | 1 |
| 硬盘 | SATA 320GB | 1 |
| 光驱 | DVD-ROM | 1 |
| 显卡 | nVIDIA GeForce G310 | 1 |
| 显示器 | LCD 18.5英寸 | 1 |
| 鼠标 | 标准鼠标 | 1 |
| 键盘 | 标准键盘 | 1 |
| 音箱 | 可选 | 1 |
| 网卡 | 100Mbit/s以太网卡 | 1 |
| 操作系统 | Windows 7操作系统 | |

### 2. 联想扬天 M6880N

图2-86所示为联想扬天 M6880N，它的参考价格是4 899元，配置清单如表2-8所示。

表2-8　　联想扬天 M6880N参数

| 配件类别 | 产品名称 | 数量 |
|---|---|---|
| CPU | Intel Core 2 双核 E7500 | 1 |
| 内存 | DDR2 2GB | 1 |
| 硬盘 | SATA Ⅱ 320GB | 1 |
| 光驱 | DVD-WROM | 1 |
| 显卡 | 独立256MB | 1 |
| 显示器 | LCD 19英寸 | 1 |
| 鼠标 | 光电鼠标 | 1 |
| 机箱 | 立式机箱 | 1 |
| 网卡 | 1 000Mbit/s以太网卡 | 1 |
| 操作系统 | Windows XP 中文家庭版 | |

### 3. 宏基 Acer Aspire M5800

图 2-87 所示为宏基 Acer Aspire M5800，它的参考价格是 6 499 元，其配置清单如表 2-9 所示。

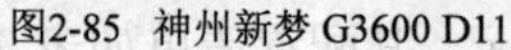
图2-85 神州新梦 G3600 D11

图2-86 联想扬天 M6880N

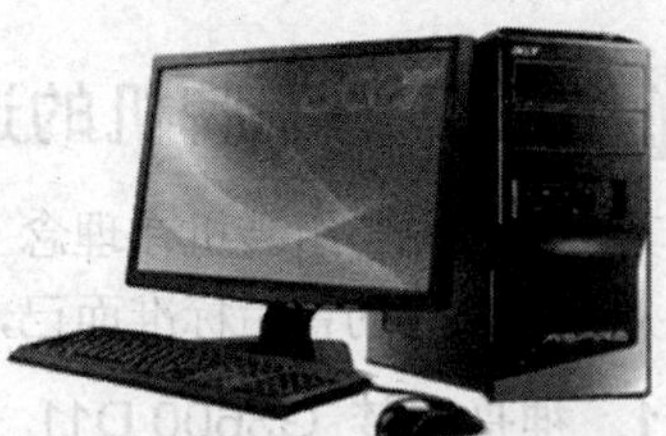
图2-87 宏基 Acer Aspire M5800

表 2-9 宏基 Acer Aspire M5800 参数

| 配件类别 | 产品名称 | 数量 |
|---|---|---|
| CPU | Intel Core 2 4 核 Q8200 | 1 |
| 内存 | DDR3 4 GB | 1 |
| 硬盘 | SATA Ⅱ 1000GB | 1 |
| 光驱 | DVD 刻录机 16X | 1 |
| 显卡 | ATI Radeon HD 4650 独立 | 1 |
| 显示器 | 23 英寸 宽屏 LCD | 1 |
| 鼠标 | 光电鼠标 | 1 |
| 键盘 | 多媒体键盘 | 1 |
| 网卡 | 1 000Mbit/s 以太网卡 | 1 |
| 扩展插槽 | DSUB、HDMI、DVI 接口 | |
| 操作系统 | Windows Vista Home Basic | |

## 操作二 了解笔记本电脑的选购原则

笔记本电脑由于其便携性而使移动办公成为可能，现在的笔记本电脑更是在保持性能的前提下，外形越来越小巧、轻薄，其市场容量迅速扩展，越来越受到用户的推崇。

### 1. 笔记本电脑的主流品牌

目前常见的笔记本电脑产品大致可以分为以下几类品牌。

（1） 国际品牌

国际品牌主要是美国、韩国和日本的品牌，包括联想 IBM（ThinkPad）、东芝（Toshiba）、戴尔（Dell）、惠普康柏（Compaq）、惠普（HP）、索尼（SONY）、NEC、三星（Samsung）、富士通（Fujitsu）、松下（Panasonic）、苹果（Apple）、LG 等，其产品品质较为优秀，市场份额相当高，当然价格也最贵。

（2） 国内品牌

中国台湾地区品牌主要包括宏基（Acer）、华硕（ASUS）、伦飞、联宝等。这类笔记本电脑技术成熟，价格相对便宜，购买的人也非常多。

大陆地区品牌笔记本电脑分两个层次，高端有明基（BenQ）、联想、方正、紫光、同方、TCL、神州、新蓝、七喜、海尔和长城，由于价格便宜、维修方便，越来越受到用户喜爱。

**2. 笔记本电脑选购要点**

（1）主板

笔记本电脑的集成度非常高，一些主要功能都集中在主板上，主板的性能好坏直接决定了整机的性能。

Intel 的芯片组性能与质量是最好的，价格也最贵。除此之外，最常见的就是 SIS 和 ALI 的芯片组了，低价位的机器一般都采用这两种芯片，稳定程度也不错。

（2）CPU

笔记本电脑上的 CPU 是“笔记本电脑专用处理器”，俗称“MobileCPU”，它可以根据实际运行的需求来控制 CPU 运行的频率，以减低功耗。

在 Windows XP 系统下，用鼠标右键单击【我的电脑】图标，在弹出的快捷菜单中选择【属性】命令，在系统状态栏中的处理器信息中可以看到有两个频率，一个是最高频率，一个是现在的运行频率。而台式机 CPU 只有一个频率。

（3）屏幕

选购笔记本电脑时，需要注意以下 3 个方面。

❖ 坏点问题。在笔记本电脑上打开一幅单色的图像，仔细观察有无特别的亮点就可以了。

❖ 反应时间。最简单的测试办法就是打开一页特别长的文本，按住向下键向下滚屏，观察屏幕，反应时间是越短越好。

❖ 液晶屏本身的档次。现在 LED 背光屏已成为笔记本电脑屏幕的主流，随着技术的发展，触摸屏、3D 屏等也在笔记本电脑上得到应用。

（4）电池使用时间

使用持久性是笔记本电脑非常重要的一个技术指标，而电池的容量决定了笔记本电脑使用的持久性。现在市场上大多数笔记本采用普通锂离子电池（Li-ion），锂聚合物电池则被部分高档超薄型笔记本电脑所使用。

目前，笔记本电脑的电池容量一般为 3 000～4 500mAh，也有极少数配备 6 000mAh 的。数值越高，在相同配置下的使用时间就越长。

（5）硬盘容量

目前的笔记本硬盘以 250GB 和 320GB 为主流配置。除容量外，还要考虑硬盘的厚度、转速、噪声、平均寻道时间、是否省电等方面的参数。

下面介绍两款当前主流的笔记本电脑。

图 2-88 所示为联想 Y460A-IFI 笔记本电脑，主板芯片 Intel HM55，Intel Core　i5 430M 处理器，屏幕尺寸 14 英寸，2G 内存，320GB 硬盘，DVD 刻录机，无线网卡。

图2-88　联想 Y460A-IFI

图 2-89 所示为戴尔 Inspiron　灵越　M501R，配备羿龙 II X4 4 核处理器，15.6 英寸 LED 背光屏，内置 WiFi 和蓝牙模块，并且支持 HDMI 输出接口，2GB 内存，250GB 硬盘，内置 DVD 刻录机。

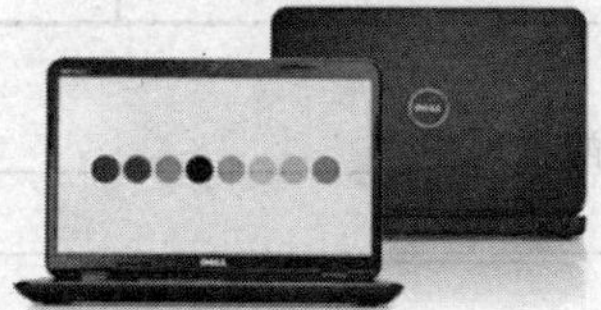

图2-89　戴尔 Inspiron　灵越　M501R

# 小结

本项目主要介绍了根据实际需求确定计算机配置方案的方法和原则，并详细介绍了计算机各种配件的选购方法，并对主要配件的主流产品进行了介绍。最后介绍了品牌机和笔记本电脑的选购原则，以及当前主流产品。

选购计算机配件需要长期的经验积累，再加上配件更新换代速度较快，所以应多了解最新的硬件信息，多收集硬件识别与选购的资料，逐步熟悉和掌握计算机硬件的选购方法和技巧。

# 习题

1. 当前台式计算机的CPU主要有________和________两大品牌。
2. 常见内存有________、________和________。
3. 主板按照板型结构可分为________和________。
4. 硬盘按接口类型分类，可分为________硬盘和________硬盘。
5. 列举两种常见的显卡插槽。
6. 光驱是易损部件，列举出5点光驱维护要注意的事项。
7. 简述检测液晶显示器亮点的方法。
8. 根据所学知识配置两台不同需求的计算机，配置单填写如下表。配件价格可到当地计算机市场了解。

**计算机配置单**

| 配 件 名 称 | 配 件 型 号 | 价格（单位：元） |
|---|---|---|
| CPU | | |
| 内存 | | |
| 主板 | | |
| 显卡 | | |
| 硬盘 | | |
| 显示器 | | |
| 光驱 | | |
| 机箱 | | |
| 电源 | | |
| 键盘 | | |
| 鼠标 | | |
| | | |
| | | |

总计：

配置理由：________________________________________

# 项目三　组装计算机

通过上一项目的学习，我们对计算机各类硬件的结构、特点、用途和主要性能指标以及选购要领有了全面的了解，为自己组装计算机奠定了基础。本项目将详细地介绍计算机的组装过程。

**学习目标**

- ★ 了解装机前的准备工作。
- ★ 掌握计算机组装的一般过程。
- ★ 掌握计算机组装后的检查与调试。

## 任务一　装机前的准备

在组装计算机前，首先应该了解必要的装机知识并准备必要的装机工具。

### 操作一　部件、环境、工具的准备

（1）　部件的准备

在装机之前，要清查整理好购买的各部件，仔细查看所购买的产品的品牌、规格和计划购买的是否一致，说明书、防伪标志是否齐全，各种连线是否配套等。

（2）　装机环境的准备

组装计算机需要一个比较干净的环境，需要有一个工作台（可以是一张宽大且高度合适的桌子），还需要准备一个多功能的电源插座，以方便测试机器时使用，另外还要准备一个小器皿，盛放一些螺钉和小零件。

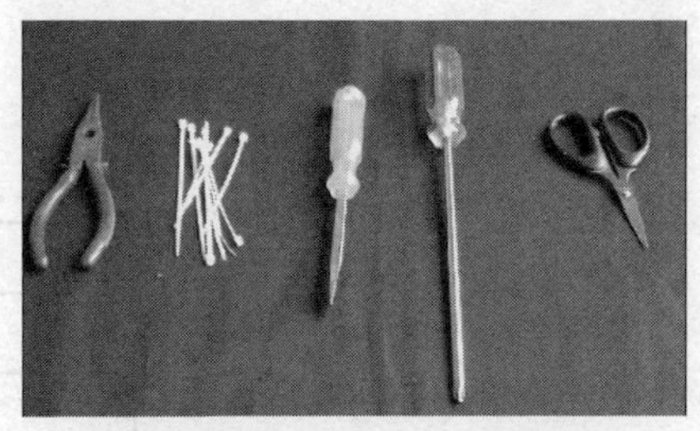

图3-1　装机工具

（3）　装机工具的准备

在进行计算机组装之前，需要准备一些工具，如螺丝刀、尖嘴钳、镊子、防静电的手套、万用表、毛刷等，如图 3-1 和图 3-2 所示。

图3-2　万用表

❖ 螺丝刀：应尽量选用带磁性的螺丝刀，这样可以降低安装的难度。

❖ 尖嘴钳：主要用来拧一些比较紧的螺丝，如在机箱内固定主板时，就要用到尖嘴钳。

❖ 镊子：在插拔主板或硬盘上的跳线时需要用到镊子。

❖ 防静电手套：由于手上携带的静电很容易击穿晶体管，所以需要带上防静电手套。

❖ 毛刷：主要用来清理主机板和接口板卡上装有元器件的小空隙处，可避免损伤元器件。

## 操作二 注意事项

在组装计算机时，要遵守操作规程并注意以下事项。

❖ 防止静电：由于气候干燥、衣物相互摩擦等原因，很容易产生静电，而这些静电可能损坏设备，从而带来严重的后果。因此，最好在装机前用手触摸地板或洗手，以释放掉身上携带的静电。

❖ 防止液体进入：在装机时要严禁液体进入计算机内部的板卡上，因为这些液体会造成短路使器件损坏。

❖ 测试前，建议只装必要的设备，如主板、处理器、散热片与风扇、硬盘、光驱以及显卡，其他配件如声卡、网卡等，待确认必要设备没问题后再安装。

❖ 未安装使用的元器件需放在防静电包装袋内。

❖ 注意保护元器件和板卡，避免损坏。

❖ 装机时不要先连接电源线，通电后不要触摸机箱内的部件。

# 任务二 组装计算机

组装计算机时最好事先制订一个组装流程，使自己明确每一步的工作，从而提高组装的效率。组装一台计算机的流程不是唯一的，图 3-3 所示为常见的组装流程。

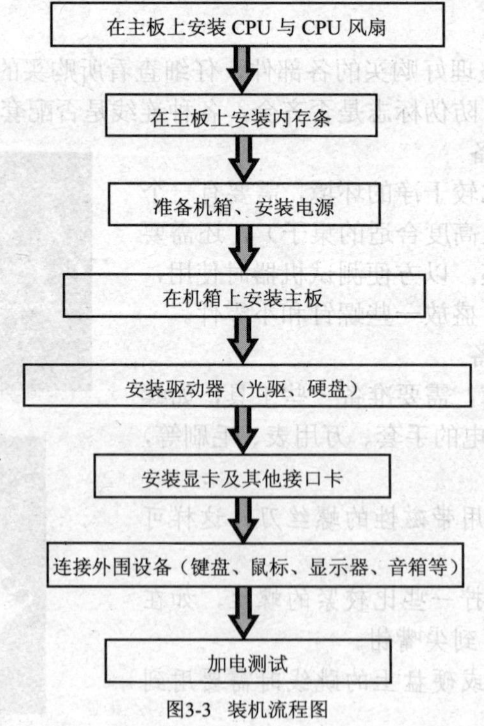


图3-3 装机流程图

## 操作一 安装 CPU 及风扇

CPU 在计算机系统中占有最重要的地位，而在组装计算机时通常也是第一个进行安装的配件。CPU 风扇是 CPU 的散热系统，也需要在安装好 CPU 后一并安装。

**【操作步骤】**

1. 准备配件及材料：主板、CPU、CPU 风扇。

2. 安装 CPU。

（1） 首先在桌面上放置一块主板保护垫（在购买主板时会配送），这是为了保护主板上的器件不受损害，如图 3-4 所示。

（2） 将主板放置到主板保护垫上，如图 3-5 所示。

图3-4 主板保护垫

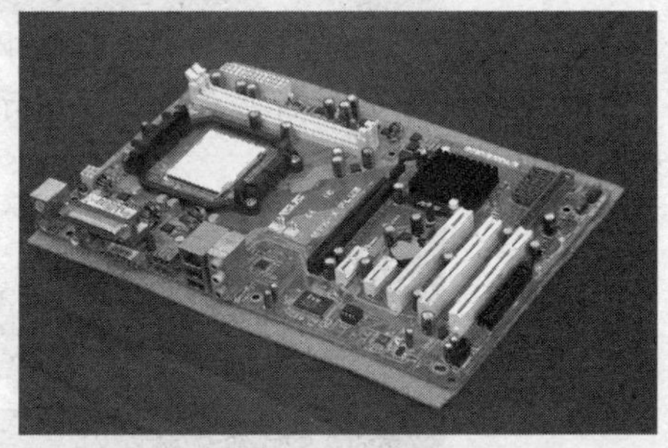

图3-5 放置主板

（3） 拉起主板上 CPU 插槽旁的拉杆，使其呈 90°的角度，如图 3-6 所示。

图3-6 拉起拉杆

（4） 将 CPU 安装到主板的 CPU 插槽上，安装时注意观察 CPU 与 CPU 插槽底座上的针脚接口是否相对应，如图 3-7 所示。

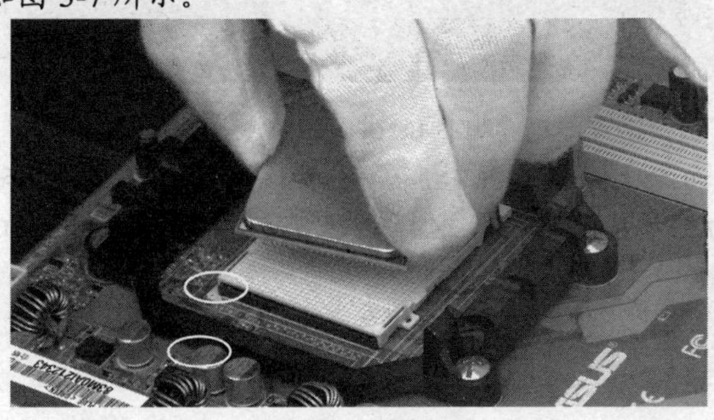

图3-7 针脚相对

（5） 稍用力压 CPU 的两侧，使 CPU 安装到位，如图 3-8 所示。

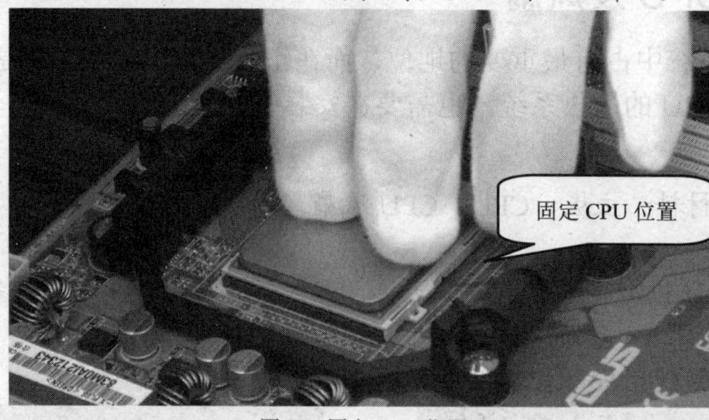


图3-8 固定 CPU 位置

（6） 放下底座旁的拉杆，如图 3-9 所示，直到听到“咔”的一声轻响表示已经卡紧，最终效果如图 3-10 所示。

图3-9 放下拉杆

图3-10 CPU 安装完成

（7） 在 CPU 背面涂上一层导热硅脂，主要作用是填充 CPU 和散热器之间的空隙并传导热量，使 CPU 的热量尽快散去，这样才能使 CPU 更加稳定地工作。

**重要提示**

如果选购的是盒装 CPU，则会有一个原装的 CPU 散热器，在散热器的底部已经涂了一层导热硅脂，这时就没有必要再在 CPU 上涂一层了。

3. 安装CPU风扇。

（1） 将CPU散热风扇对准主板相应的位置，如图3-11所示。

图3-11　放置风扇

（2） 把扣具的一端扣在CPU插槽的凸起位置，如图3-12所示。然后固定另一端扣具，如图3-13所示。注意，此时切不可用力过大，否则会损坏CPU。

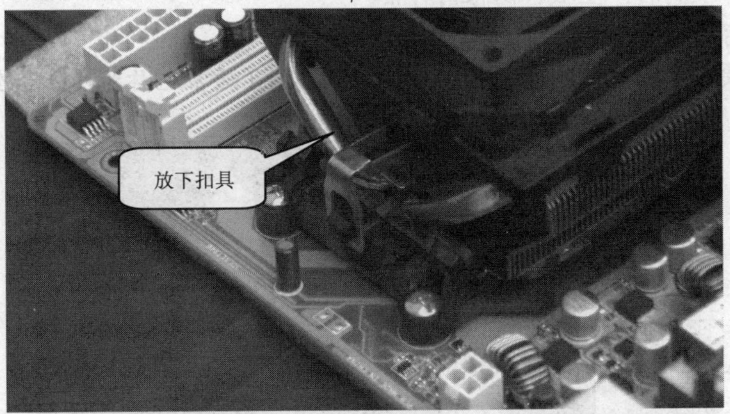


图3-12　放下扣具

图3-13　固定扣具

（3） 将CPU风扇电源线插入主板相应接口，如图3-14所示。

图3-14 连接风扇电源线

## 操作二 安装内存条

【操作步骤】

1. 准备配件及材料：主板、两根内存条。

2. 安装内存条。

（1） 将需要安装内存的内存插槽两侧的塑胶夹脚（通常也称为“保险栓”）往外侧扳动，使内存条能够插入，如图 3-15 所示。

图3-15 扳动塑胶夹脚

（2） 拿起内存条，将内存条引脚上的缺口对准内存插槽内的凸起部分，如图 3-16 所示。

图3-16 对准缺口

（3） 稍微用力垂直向下压，将内存条插进内存插槽并压紧，直到内存插槽两端的保险栓自动卡住内存条两侧的缺口，如图 3-17 所示。

图3-17　插好的内存条

（4） 安装第 2 根内存条，操作同上。最终效果如图 3-18 所示。

图3-18　双内存条安装完成

重要提示

安装第 2 根内存条时要选择与第 1 根内存条相同颜色的插槽。这里只有两个内存插槽，不必选择，但是读者在安装自己的计算机时，一定要分清楚。如果是安装两根内存条，一定要选择相同颜色的插槽，如全部选择黄色插槽或全部选择红色插槽，如图 3-19 所示。

图3-19　双通道内存插槽

## 操作三 安装电源

**【操作步骤】**

1. 准备配件及材料：机箱、机箱电源以及螺钉。

2. 安装电源。

（1） 将电源置入机箱内，如图 3-20 所示。

图3-20 将电源置入机箱

（2） 依次使用 4 个螺钉将电源固定在机箱的后面板上，注意第一次不要拧得太紧，如图 3-21 所示。

图3-21 安装电源螺钉

（3） 把螺钉全部安上后再将 4 个螺钉依次拧紧，如图 3-22 所示。

图3-22 拧紧螺钉

## 操作四　安装主板

【操作步骤】

1. 准备配件及材料：主板、机箱以及各种工具和螺钉。

2. 安装主板。

（1） 安装机箱内的主板卡钉底座，并将其拧紧，如图 3-23 所示。

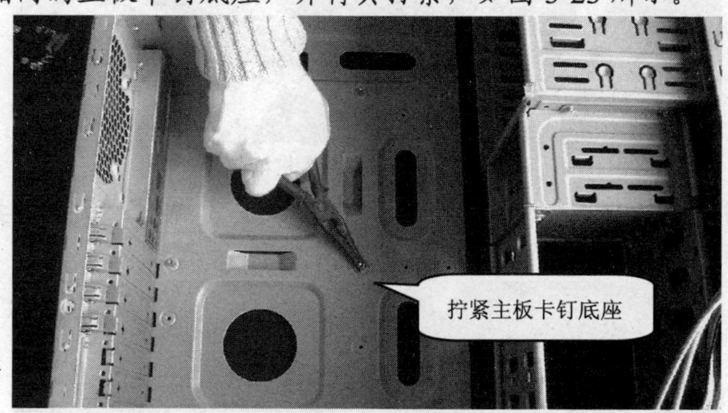


图3-23　安装主板卡钉底座

（2） 依次检查各个卡钉位是否正确，如图 3-24 所示。

图3-24　检查卡钉位

（3） 注意主板上的螺钉孔，如图 3-25 所示。

图3-25　主板的螺钉孔

（4） 将主板放入机箱内，注意螺钉孔一定要对齐到卡钉位处，如图 3-26 所示。

图3-26 将主板放入机箱

（5） 将主板固定在机箱内，采用对角固定的方式安装螺钉，注意不要一次将螺钉拧紧，而应该在主板固定到位后依次拧紧各个螺钉，如图 3-27 所示。

图3-27 拧紧各个螺钉

## 操作五 安装硬盘

【操作步骤】

1. 准备配件及材料：机箱、硬盘、数据线以及螺钉。
2. 安装硬盘。

（1） 安装硬盘自带的滑槽，如图 3-28 所示。安装完成后的结果如图 3-29 所示。

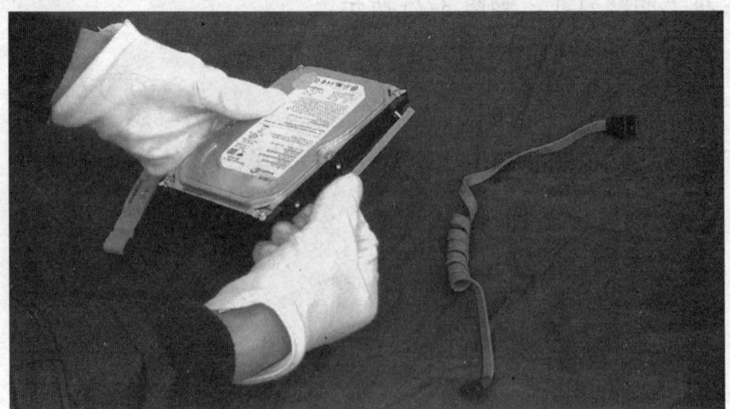

图3-28 安装滑槽

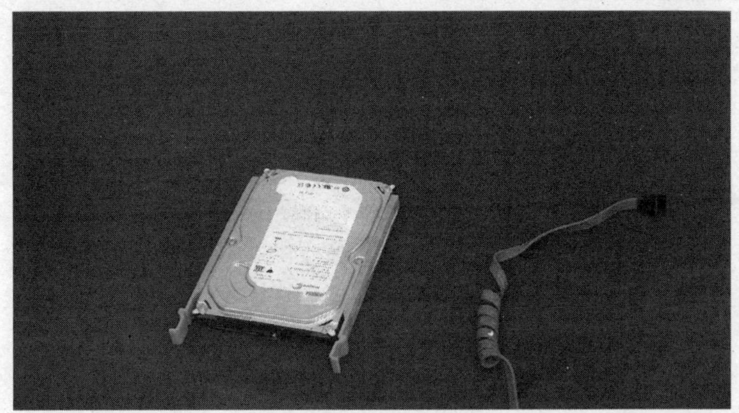

图3-29　安装完成后的硬盘

（2） 将硬盘安装到机箱内，如图 3-30 所示。

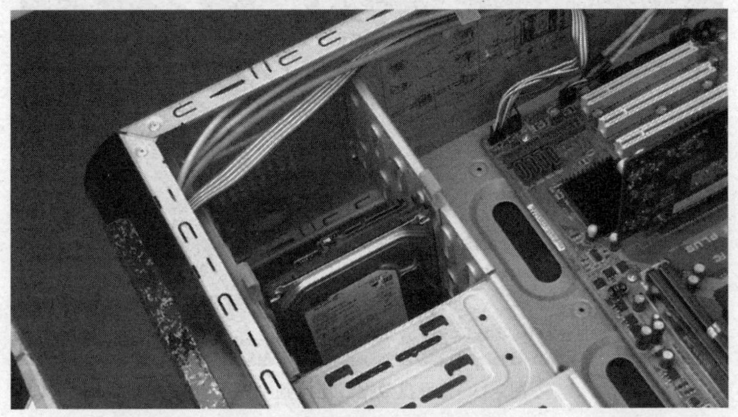

图3-30　将硬盘安装到机箱内部

（3） 连接硬盘和主板间的数据线，一端接硬盘的数据端口，数据线的接口如图 3-31 所示。连接完成后的结果如图 3-32 所示。

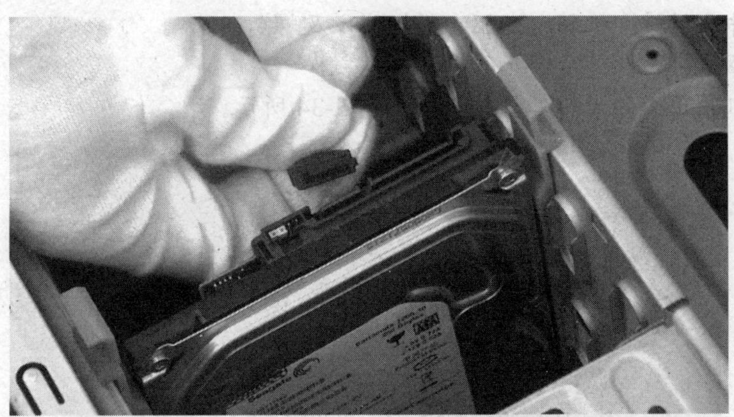

图3-31　连接硬盘上的数据端口

图3-32 硬盘端口连接完成

（4） 将数据线的另一端连接到主板上，连接完成后的结果如图 3-33 所示。

图3-33 将硬盘数据线连接到主板上

## 操作六 安装光驱

【操作步骤】

1. 准备配件及材料：机箱、光驱、数据线以及螺钉。

2. 安装光驱。

（1） 拆除机箱正面的光驱外置挡板，如图 3-34 所示。

图3-34 拆除外置挡板

（2） 将光驱安装到机箱内，如图 3-35 所示。

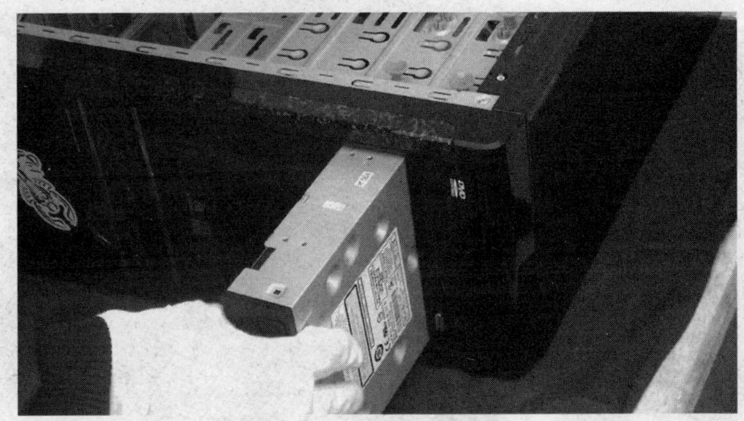

图3-35　将光驱安装到机箱内

（3） 固定光驱，注意操作时前后的塑料扣具都要扣稳，如图 3-36 所示。

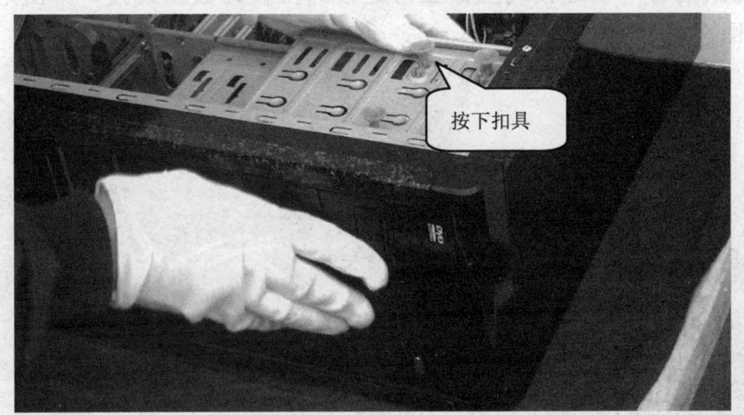


图3-36　固定光驱位置

（4） 连接光驱和主板间的数据线，一端接光驱的数据端口，连接光驱的数据线端口如图 3-37 所示。连接完成后的结果如图 3-38 所示。

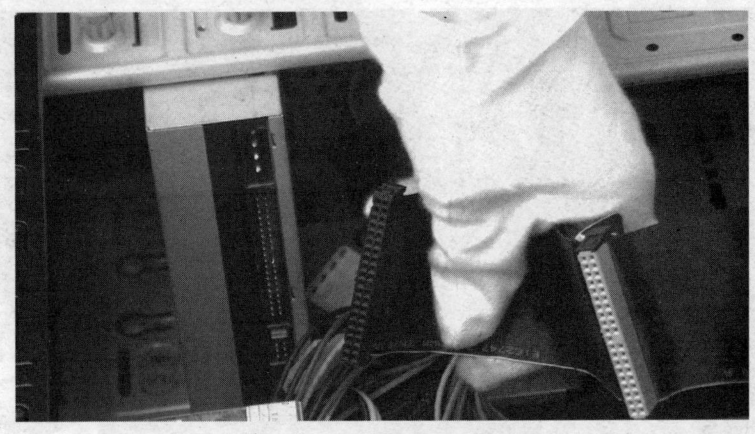

图3-37　连接光驱的数据线端口

图3-38 连接光驱完成

（5）将数据线的另一端连接到主板上，连接到主板的数据线接口如图 3-39 所示。连接完成后的结果如图 3-40 所示。

图3-39 连接到主板上的光驱数据线端口

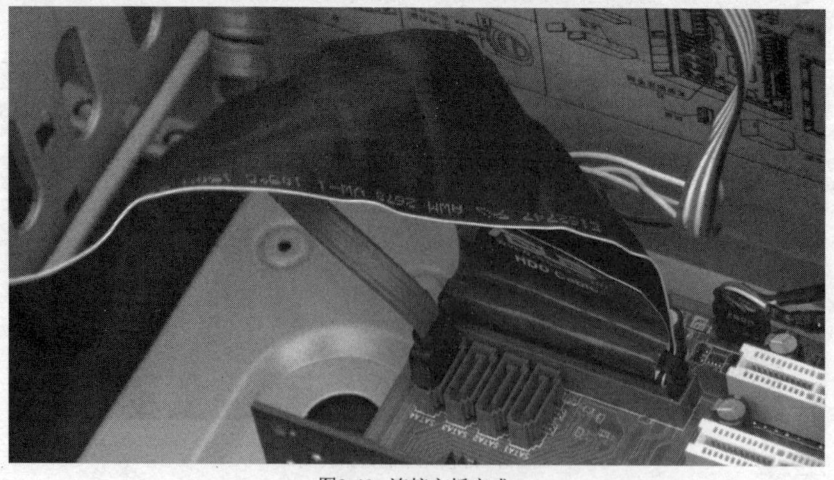

图3-40 连接主板完成

## 操作七　安装显卡

**【操作步骤】**

1. 准备配件及材料：机箱、显卡以及螺钉。

2. 安装显卡。

（1） 将显卡安装到显卡插槽中，并将其接口与机箱后置挡板上的接口位对齐，如图 3-41 所示。

图3-41　对齐显卡接口

（2） 稍稍用力将显卡插入至插槽中，如图 3-42 所示。

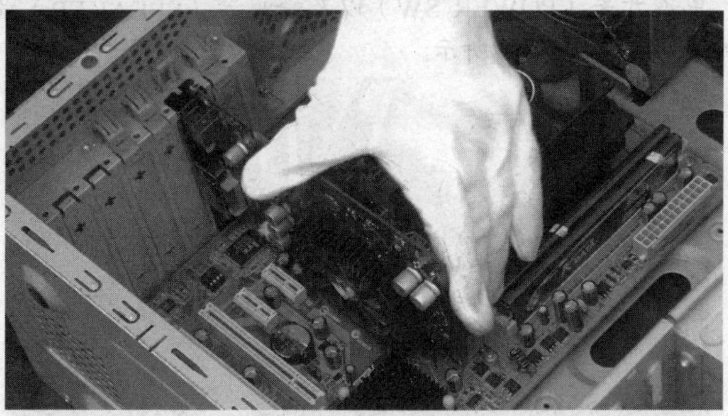

图3-42　插入显卡

（3） 扳动塑料扣具，将显卡进行初步固定，如图 3-43 所示。

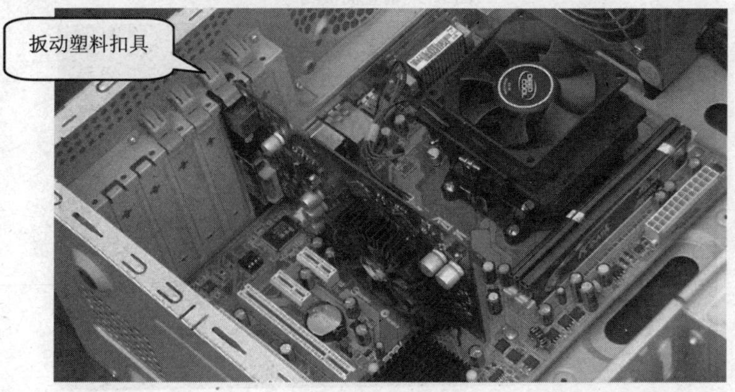


图3-43　初步固定显卡

（4） 最后用螺钉对显卡进行固定，结果如图 3-44 所示。

图3-44 用螺钉固定显卡

## 操作八 安插连接线

【操作步骤】

1. 理顺各连接线。
2. 安插连接线。

（1） 安装前置面板线。依次将硬盘灯（H.D.D LED）、电源灯（POWER LED）、复位开关（RESET SW）、电源开关（POWER SW）以及蜂鸣器（SPEAKER）前置面板连线插到主板相应接口中，如图 3-45 和图 3-46 所示。

图3-45 前置面板线

图3-46 连接前置面板线

在连接前置面板线时，用户应对照主板说明书进行连线安插，以免出错。

（2） 主板电源线如图 3-47 所示，其安插完成后的结果如图 3-48 所示。

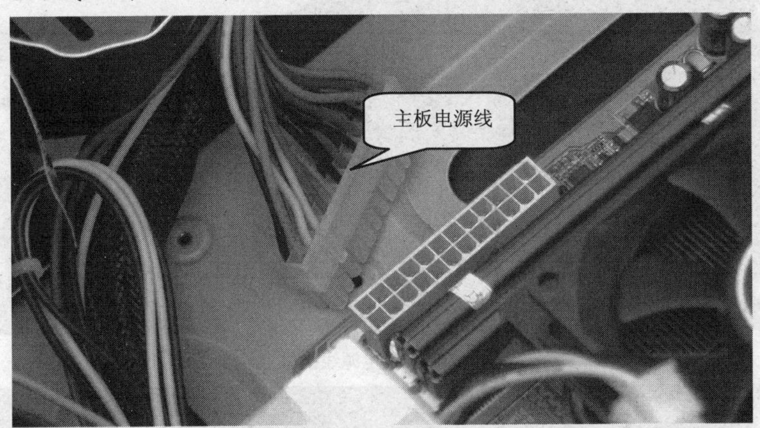


图3-47 主板电源线

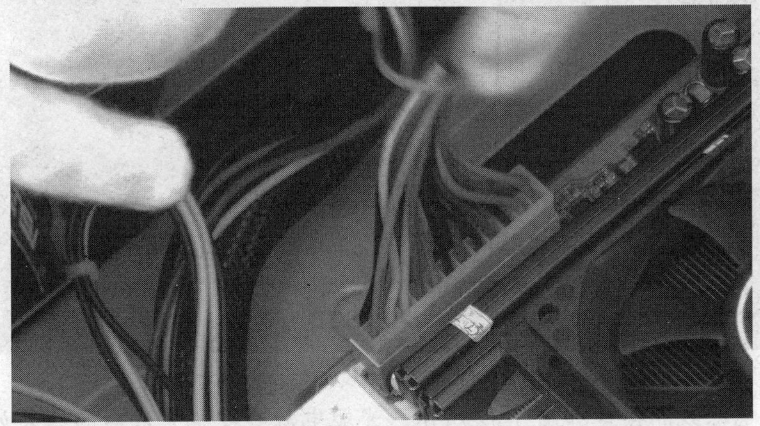

图3-48 主板电源线安插完成

（3） 安插 CPU 电源线，如图 3-49 所示。

图3-49 安装 CPU 电源线

（4） 硬盘电源线的接口如图 3-50 所示。硬盘电源线安插完成后的结果如图 3-51 所示。

图3-50 硬盘电源线接口

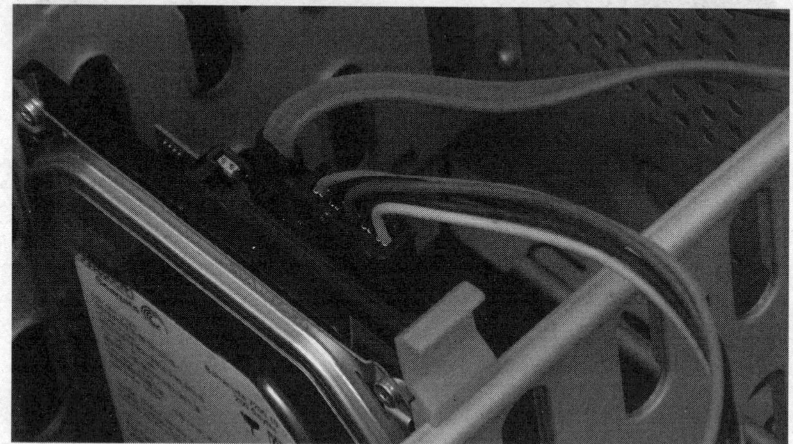

图3-51 硬盘电源线安插完成

（5） 光驱电源线的接口如图 3-52 所示。光驱电源线安插完成后的结果如图 3-53 所示。

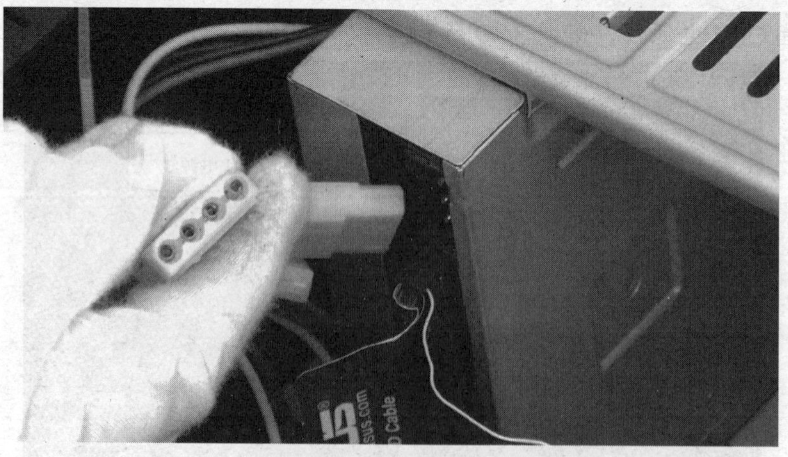

图3-52 光驱电源线接口

图3-53　光驱电源线安插完成

## 操作九　连接外围设备

**【操作步骤】**

1. 准备好需要连接的外围设备：一个 PS/2 接口的键盘、一个 USB 接口的鼠标和一台液晶显示器，如图 3-54 所示。

图3-54　需要连接的外设

2. 连接外围设备。

（1） 插接显示器与主机的数据线，插好之后拧紧插头两旁的螺栓，如图 3-55 所示。

图3-55 连接显示器与主机的数据线

（2） 插接键盘的PS/2接口到主机后置面板上的紫色PS/2接口上，如图3-56所示。

图3-56 插接键盘的PS/2接口

（3） 插接鼠标的USB接口到主机后置面板上的USB接口上，如图3-57所示。

图3-57 插接鼠标的USB接口

**重要提示**

目前的鼠标和键盘基本都是USB接口，只需将它们插入机箱后面的USB接口即可使用。如果是PS/2接口，则键盘对应的接口颜色是紫色，而鼠标对应的接口颜色是绿色。

# 任务三　装机后的检查与调试

当计算机组装完成后，首先要针对如下几个方面认真检查一遍。

❖ 检查 CPU 风扇、电源是否安装好。

❖ 检查在安装的过程中，是否有螺钉或者其他金属杂物遗落在主板上。这一点一定要仔细检查，否则很容易因为马虎大意而导致主板被烧毁。

❖ 检查内存条的安装是否到位。

❖ 检查所有的电源线、数据线和信号线是否已连接好。

只有确认上述几点均没有问题后，才可以接通电源，启动计算机。观察电源灯是否正常点亮，如果能点亮，并听到"嘟"的一声，且屏幕上显示自检信息，这表示计算机的硬件工作正常；如果不能点亮，就要根据报警的声音检查内存、显卡或其他设备的安装是否正确；如果完全没有反应，则需检查电源线是否接好，前置面板线是否插接正确，或重新进行组装。

如果测试均没有问题，则说明计算机的硬件安装完成。但要使计算机最终运行起来，还需要安装操作系统和驱动程序，这些内容将在后面的项目做详细介绍。

# 小结

本项目主要以一台计算机的组装过程为主线，详细介绍了计算机组装的主要步骤及各种计算机配件的安装方法，特别是 CPU、CPU 风扇、主板、硬盘、光驱等设备的安装方法。应该特别注意分清硬盘、光驱之间数据线和电源线的不同之处，这是一个在实践中经常遇到也十分容易出错的地方。

# 习题

1. 组装计算机前应该进行哪些准备工作？
2. 简述计算机组装的流程。
3. 安装 CPU 时应该注意哪些问题？
4. 组装完成后主要要检查哪些方面？
5. 将一台计算机的各个配件全部拆开，然后重新组装复原。

# 项目四　设置 BIOS

用户在使用计算机的过程中，都会接触到 BIOS（Basic Input Output System，基本输入输出系统），它是被固化到计算机主板上的 ROM 芯片中的一组程序，掉电后不会丢失数据。掌握 BIOS 的基本设置，有助于用户更好地维护系统的稳定性并提升系统性能。

**学习目标**

★　了解 BIOS 的基础知识。

★　掌握 BIOS 的常用设置方法。

★　掌握 BIOS 的高级设置方法。

## 任务一　了解 BIOS 的基础知识

BIOS 存储在一片不需要电源（掉电后不丢失数据）的存储体中，为计算机提供最底层的、最直接的硬件设置和控制，在计算机系统中起着非常重要的作用。

### 操作一　认识 BIOS 的主要功能

若计算机系统没有 BIOS，那么所有的硬件设备都不能正常运行，BIOS 的管理功能在很大程度上决定了主板性能的优越性。BIOS 的管理功能主要包括以下 4 个方面。

（1）　BIOS 系统设置程序

BIOS ROM 芯片中装有系统设置程序，主要用于设置 CMOS RAM 中的各项参数，并保存 CPU、软盘和硬盘驱动器等部件的基本信息，可在开机时按键盘上的某个键进入其设置状态。

（2）　BIOS 中断服务程序

BIOS 中断服务程序实质上是计算机系统中软件与硬件之间的一个可编程接口，主要用于程序软件功能与计算机硬件之间的连接。

（3）　POST 上电自检

计算机接通电源后，系统首先由 POST 程序对计算机内部的各个设备进行检查，通常完整的 POST 自检将对 CPU、基本内存、扩展内存、主板、ROM BIOS、CMOS 存储器、并口、串口、显卡、软盘和硬盘子系统、键盘等进行测试。

（4）　BIOS 系统自启程序

系统完成 POST 自检后，ROM BIOS 将首先按照系统 CMOS 设置中保存的启动顺序有效地启动设备，读入操作系统引导记录，然后将系统控制权交给引导记录，并由引导记录来完成系统的启动。

## 操作二　认识 BIOS 的分类

目前市场上 BIOS 种类比较多，其中主流 BIOS 类型主要有两种，即 Phoenix-Award BIOS 和 AMI BIOS。

（1） Phoenix-Award BIOS

早期的 Phoenix 和 Award 是两家生产 BIOS 的企业。Phoenix BIOS 多用于高档的原装品牌机和笔记本电脑上，其画面简洁，便于操作；Award BIOS 是台式机主板中使用最为广泛的 BIOS 之一，对各种软件、硬件的适应性好，能保证系统性能的稳定。现在 Phoenix 已和 Award 公司合并，共同推出具备两者标示的 BIOS 产品。

（2） AMI BIOS

AMI BIOS 是由 AMI 公司出品的 BIOS 产品，在计算机的早期占有相当的比重，后来由于绿色节能计算机的普及，而 AMI 公司错过了这一机会，迟迟没能推出新的 BIOS 程序，使其市场占有率逐渐变少，不过现在仍有部分计算机采用该 BIOS 进行设置。

## 操作三　掌握 BIOS 与 CMOS 的关系

互补金属氧化物半导体（CMOS）是指主板上一块可读写的 RAM 芯片，用来保存当前系统的硬件配置和用户对某些参数的设定。系统加电引导时，要读取 CMOS 信息，用来初始化机器各个部件的状态，它靠系统电源或后备电池来供电，关闭电源信息不会丢失。

CMOS RAM 是系统参数存放的地方，而 BIOS 中系统设置程序是完成参数设置的手段。因此，准确的说法应该是通过 BIOS 设置程序对 CMOS 参数进行设置，而平常所说的 CMOS 设置和 BIOS 设置是其简化说法。本项目中所讲的 BIOS 设置，都是指通过 BIOS 设置程序对 CMOS 参数进行设置。

## 操作四　BIOS 参数设置中英文对照表

在设置 BIOS 之前，要了解 BIOS 中各参数的意义，BIOS 参数设置中英文对照表如表 4-1 所示。

表 4-1　　BIOS 参数设置中英文对照表

| BIOS 参数 | 意义 |
|---|---|
| Time/System Time | 时间/系统时间 |
| Date/System Date | 日期/系统日期 |
| Level 2 Cache | 二级缓存 |
| System Memory | 系统内存 |
| Primary Hard Drive | 主硬盘 |
| BIOS Version | BIOS 版本 |
| Boot Order/Boot Sequence | 启动顺序（系统搜索操作系统文件的顺序） |
| Diskette Drive | 软盘驱动器 |

续表

| BIOS 参数 | 意义 |
| --- | --- |
| Internal HDD | 内置硬盘驱动器 |
| Floppy Device | 软驱设备 |
| Hard-Disk Drive | 硬盘驱动器 |
| USB Storage Device | USB 存储设备 |
| CD/DVD/CD-RW Drive | 光驱 |
| CD-ROM Device | 光驱 |
| Cardbus NIC | Cardbus 总线网卡 |
| Onboard NIC | 板载网卡 |
| Boot POST | 进行开机自检时（POST）硬件检查的水平。设置为“Minimal”（默认设置），则开机自检仅在 BIOS 升级，内存模块更改或前一次开机自检未完成的情况下才进行检查；设置为“Thorough”，则开机自检时执行全套硬件检查 |
| Config Warnings | 警告设置：该选项用来设置在系统使用较低电压的电源适配器或其他不支持的配置时是否报警，设置为“Disabled”，则禁用报警；设置为“Enabled”，则启用报警 |
| Serial Port | 串口：该选项可以通过重新分配端口地址或禁用端口来避免设备资源冲突 |
| Infrared Data Port | 红外数据端口：使用该设置可以通过重新分配端口地址或禁用端口来避免设备资源冲突 |
| Num Lock | 数码锁定：设置在系统启动时数码灯（NumLock LED）是否点亮。设为“Disable”，则数码灯保持灭；设为“Enable”，则在系统启动时点亮数码灯 |
| Keyboard NumLock | 键盘数码锁：该选项用来设置在系统启动时是否提示键盘相关的错误信息 |
| Enable Keypad | 启用小键盘：当其值设置为“By NunLock”时，在 NumLock 灯亮时数字小键盘为启用状态；当其值设置为“Only By Key”时，数字小键盘为禁用状态 |
| Primary Password | 主密码 |
| Admin Password | 管理密码 |
| Hard-disk Drive Password(s) | 硬盘驱动器密码 |
| Password Status | 密码状态：该选项用来在 Setup 密码启用时锁定系统密码。将该选项设置为“Locked”并启用 Setup 密码以防止系统密码被更改。该选项还可以用来防止在系统启动时密码被用户禁用 |
| System Password | 系统密码 |
| Setup Password | Setup 密码 |
| Drive Configuration | 驱动器设置 |
| Diskette Drive A | 磁盘驱动器 A:如果系统中装有软驱，使用该选项可启用或禁用软盘驱动器 |
| Primary Master Drive | 第一主驱动器 |
| Primary Slave Drive | 第一从驱动器 |
| Secondary Master Drive | 第二主驱动器 |

续表

| BIOS 参数 | 意义 |
| --- | --- |
| Secondary Slave Drive | 第二从驱动器 |
| Hard-Disk Drive Sequence | 硬盘驱动器顺序 |
| System BIOS Boot Devices | 系统 BIOS 启动顺序 |
| USB Device | USB 设备 |
| Memory Information | 内存信息 |
| Installed System Memory | 系统内存：显示系统中所装内存的大小及型号 |
| System Memory Speed | 内存速率：显示所装内存的速率 |
| CPU Information | CPU 信息 |
| CPU Speed | CPU 速率：显示启动后中央处理器的运行速率 |
| Bus Speed | 总线速率：显示处理器总线速率 |
| Processor 0 ID | 处理器 ID：显示处理器所属种类及模型号 |
| Cache Size | 缓存值：显示处理器的二级缓存值 |
| Integrated Devices (LegacySelect Options) | 集成设备 |
| USB Controller | USB 控制器：使用该选项可启用或禁用板载 USB 控制器 |
| Serial Port 1 | 串口 1：使用该选项可控制内置串口的操作。设置为“AUTO”时，如果通过串口扩展卡在同一个端口地址上使用了两个设备，内置串口自动重新分配可用端口地址。串口先使用 COM1，再使用 COM2，如果两个地址都已经分配给某个端口，该端口将被禁用 |
| Parallel Port | 并口：该域中可配置内置并口 |

（1）BIOS 的主要功能是什么？

（2）BIOS 可以分为哪几类？

## 操作五　如何进入 BIOSS 设置

BIOS 设置程序是储存在 BIOS 芯片中的，只有在开机时才可以进行设置。

【操作步骤】

（1） 打开显示器电源开关。

（2） 打开主机电源开关，启动计算机。

（3） BIOS 开始进行 POST 自检，出现如图 4-1 所示的画面。从中可以看出 BIOS（Phoenix-Award）、CPU（AMD Athlon64 X2）、IDE 接口、SATA 接口等信息。

（4） 不停地按 Delete 键，进入 CMOS 设置主菜单，如图 4-2 所示，中英文对照如表 4-2 所示。

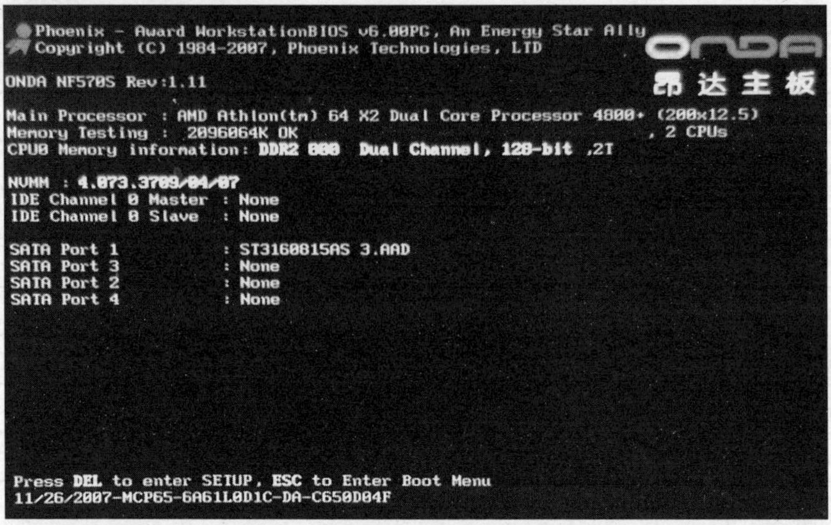

图4-1 启动自检

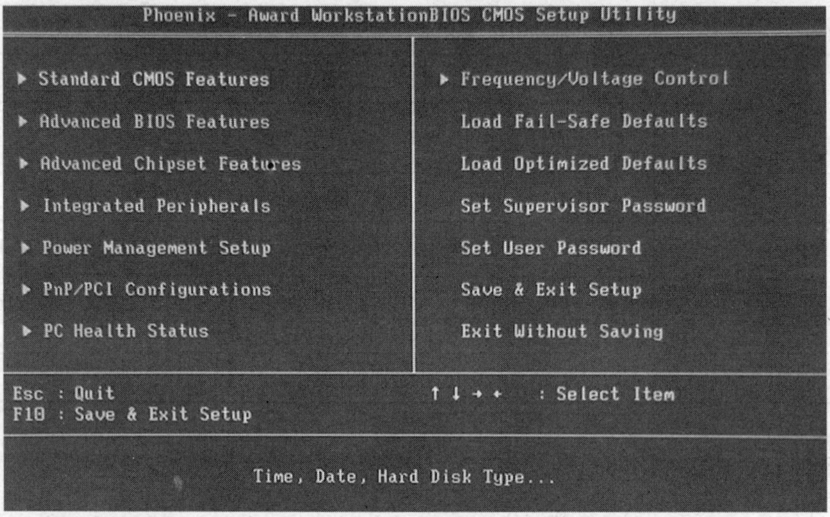

图4-2 CMOS 设置主菜单

表 4-2 Phoenix-Award CMOS 设置主菜单中英文对照表

| CMOS 设置菜单 | 意义 | CMOS 设置菜单 | 意义 |
|---|---|---|---|
| Standard CMOS Features | 标准 CMOS 设置 | Frequency/Voltage Control | 外频/电压控制 |
| Advanced BIOS Features | 高级 BIOS 设置 | Load Fail-Safe Defaults | 加载默认设置 |
| Advanced Chipset Features | 高级芯片组设置 | Load Optimized Defaults | 加载最优默认设置 |
| Integrated Peripherals | 集成功能项 | Set Supervisor Password | 设置超级用户密码 |
| Power Management Setup | 电源管理设置 | Set User Password | 设置普通用户密码 |
| PnP/PCI Configurations | PnP/PCI 配置 | Save & Exit Setup | 保存并退出 |
| PC Health Status | 计算机健康状况 | Exit Without Saving | 退出不保存 |

根据 BIOS 的不同，其进入的方法有所不同。一些常见品牌的 BIOS 进入方法如表 4-3 所示。

表 4-3 常见品牌的 BIOS 进入方法

| 品牌 | 进入方法 | 品牌 | 进入方法 |
|---|---|---|---|
| Phoenix-Award BIOS | 按 Delete 键 | Dell BIOS | 按 Ctrl+Alt+Enter 组合键 |
| AMI BIOS | 按 Delete 键 | Phoenix BIOS | 按 F2 键 |
| MR BIOS | 按 Esc 键 | IBM 品牌机 | 按 F1 键 |
| Compaq BIOS | 按 F10 键 | | |

# 任务二 掌握 BIOS 的常用设置方法

计算机用户平时常用到的设置主要是指禁止软驱显示设置、系统启动顺序设置、CPU 保护温度设置、BIOS 超级用户密码设置和恢复最优默认设置，下面将介绍具体的设置方法。

## 操作一 设置禁止软驱显示

现在的计算机都不再使用软驱，但在【我的电脑】窗口中仍然会显示软盘图标，如图 4-3 所示。如果用户在打开盘符时不小心点到软盘图标，计算机会等待较长时间才能弹出没有安装软驱的提示，而期间计算机接近死机状态。为了不给用户带来不必要的麻烦，可以通过 BIOS 设置来禁止软驱的显示。

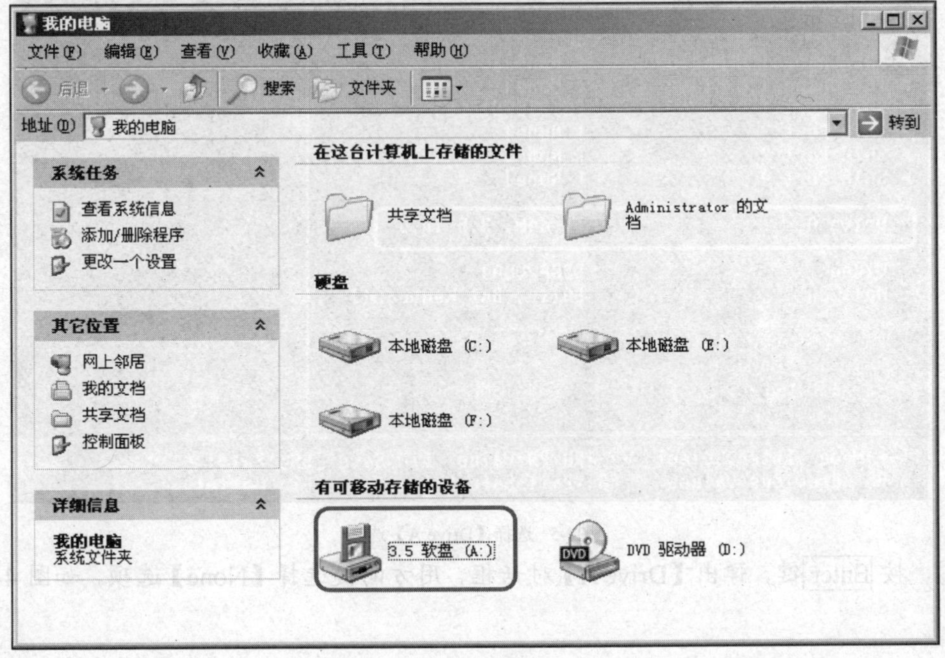


图4-3 软盘图标

【操作步骤】

（1）重启计算机，按Delete键进入CMOS设置主菜单，用方向键移动光标到【Standard CMOS Features】选项，如图4-4所示。

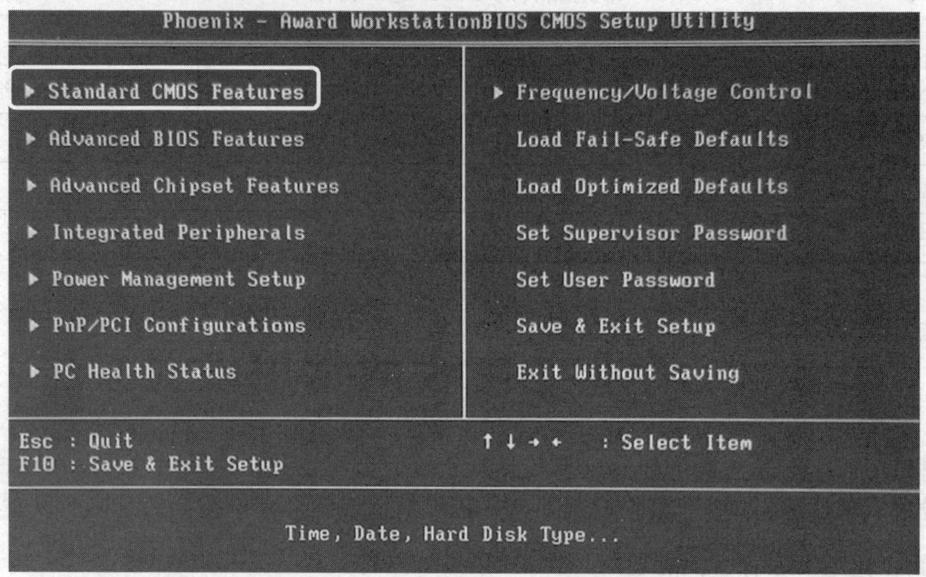


图4-4 CMOS设置主菜单

（2）按Enter键，进入标准CMOS设置界面，用方向键移动光标到【Drive A】选项，如图4-5所示。

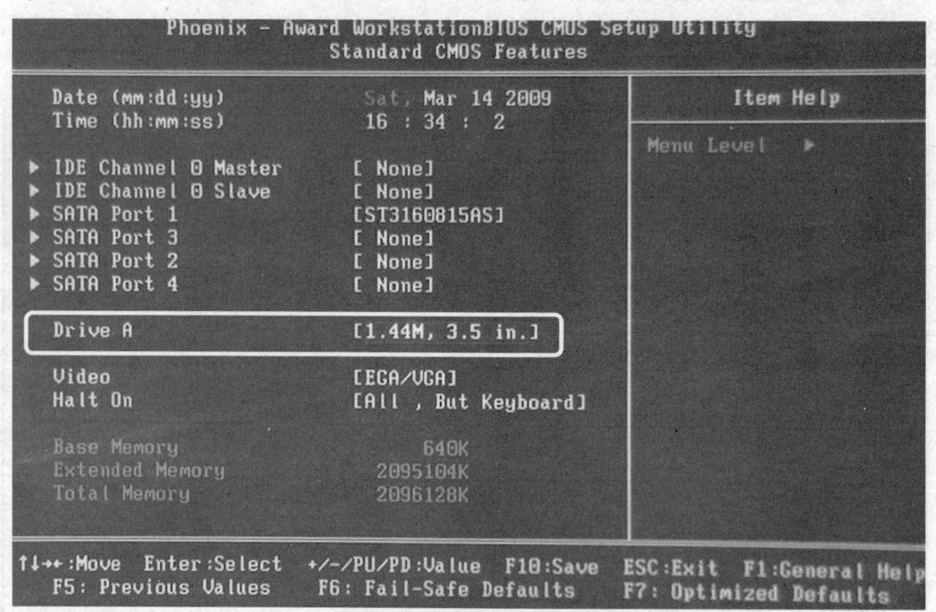


图4-5 选择【Drive A】选项

（3）按Enter键，弹出【Drive A】对话框，用方向键选择【None】选项，如图4-6所示。

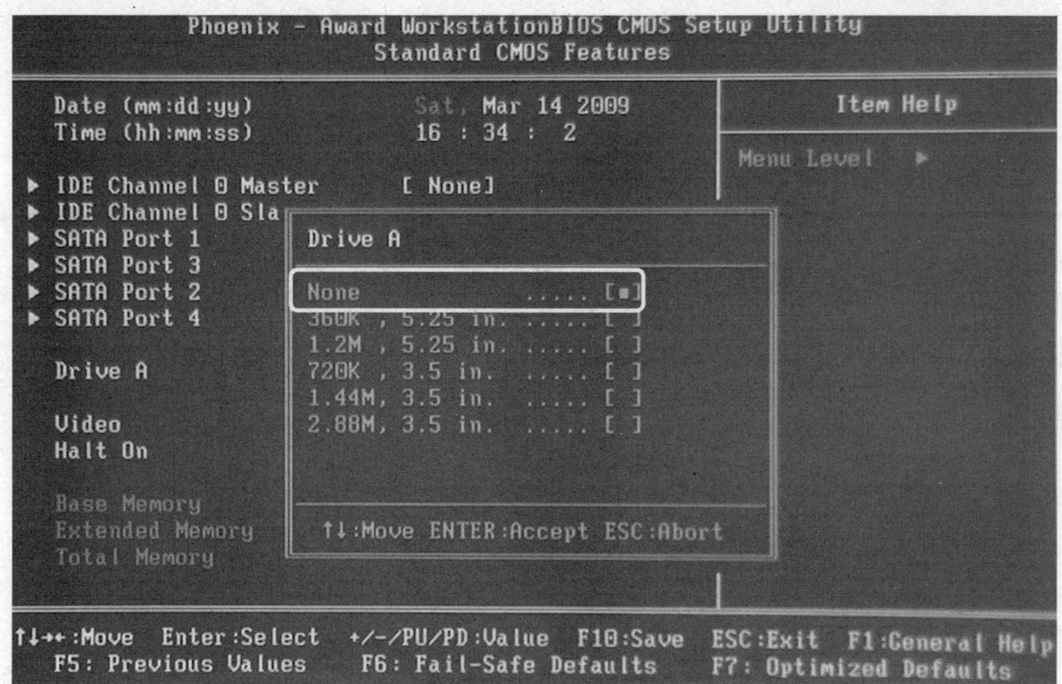


图4-6 选择【None】选项

（4） 按 Enter 键确认选择，效果如图 4-7 所示。

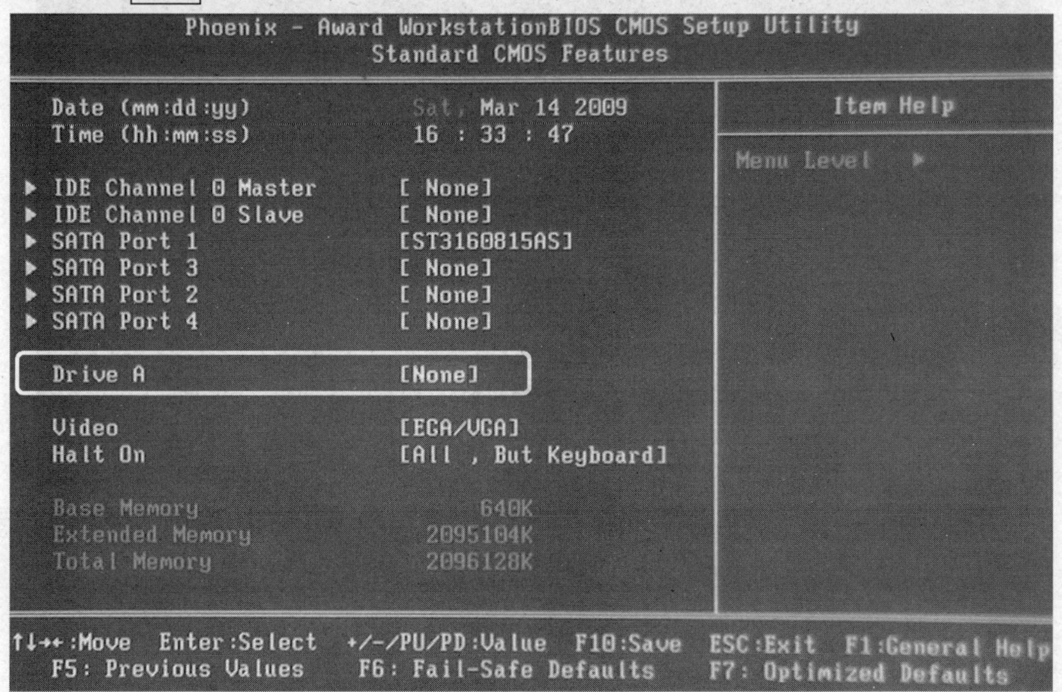


图4-7 设置后的效果

（5） 按 Esc 键，回到 CMOS 设置主菜单，用方向键移动光标到【Save & Exit Setup】选项，如图 4-8 所示。

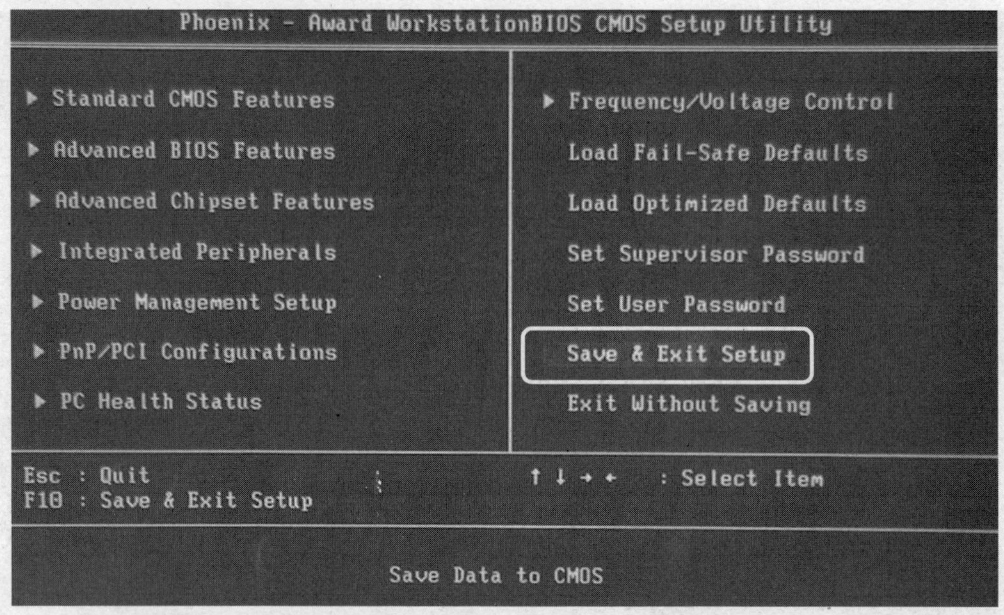


图4-8 选择【Save & Exit Setup】选项

（6）按Enter键，弹出图4-9所示的提示框，输入“Y”，按Enter键确认，从而保存设置并退出BIOS设置，再打开【我的电脑】窗口就看不见软盘图标了。

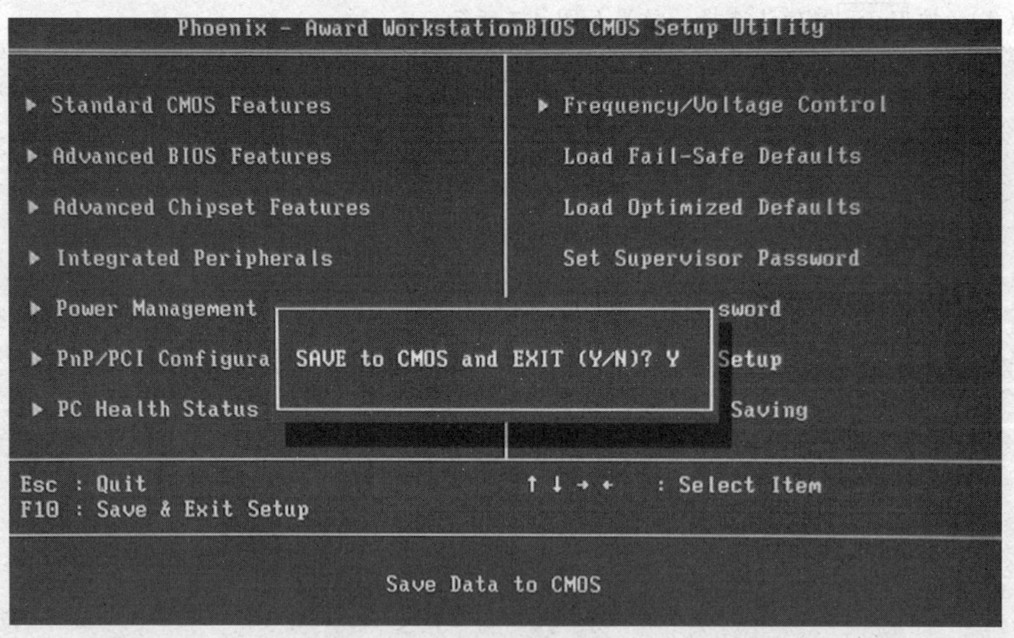


图4-9 保存设置

## 操作二 设置系统从光盘启动

在计算机启动的时候，需要为计算机指定从哪个设备启动。常见的启动方式有从硬盘启动和光盘启动两种，在需要安装操作系统的时候，就要指定为从光盘启动。

【操作步骤】

（1） 进入 CMOS 设置主菜单，用方向键移动光标到【Advanced BIOS Features】选项，如图 4-10 所示。

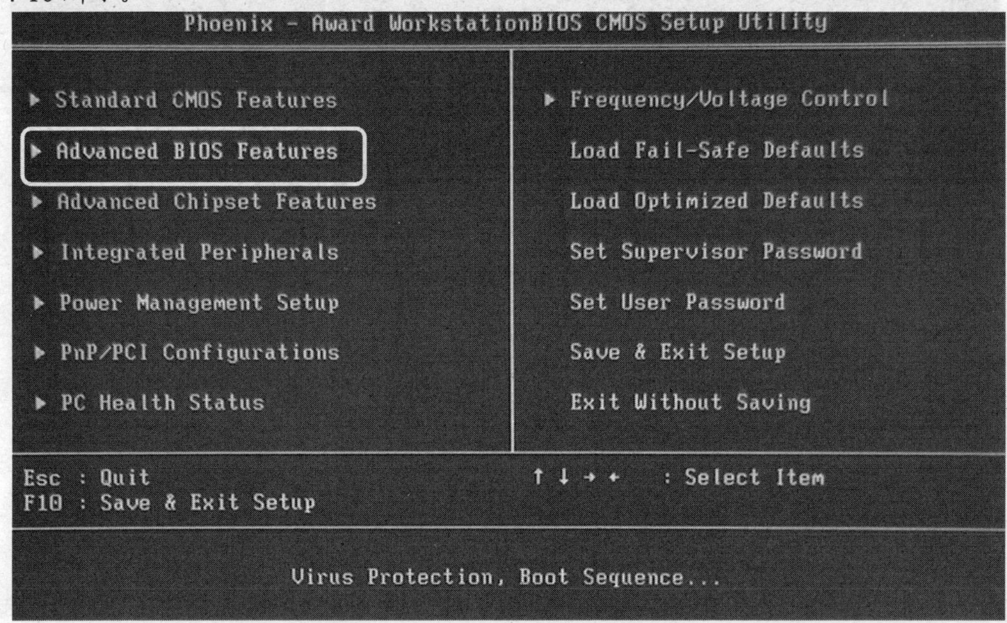


图4-10 选择【Advanced BIOS Features】选项

（2） 按Enter键，进入高级 BIOS 特性设置界面，如图 4-11 所示。

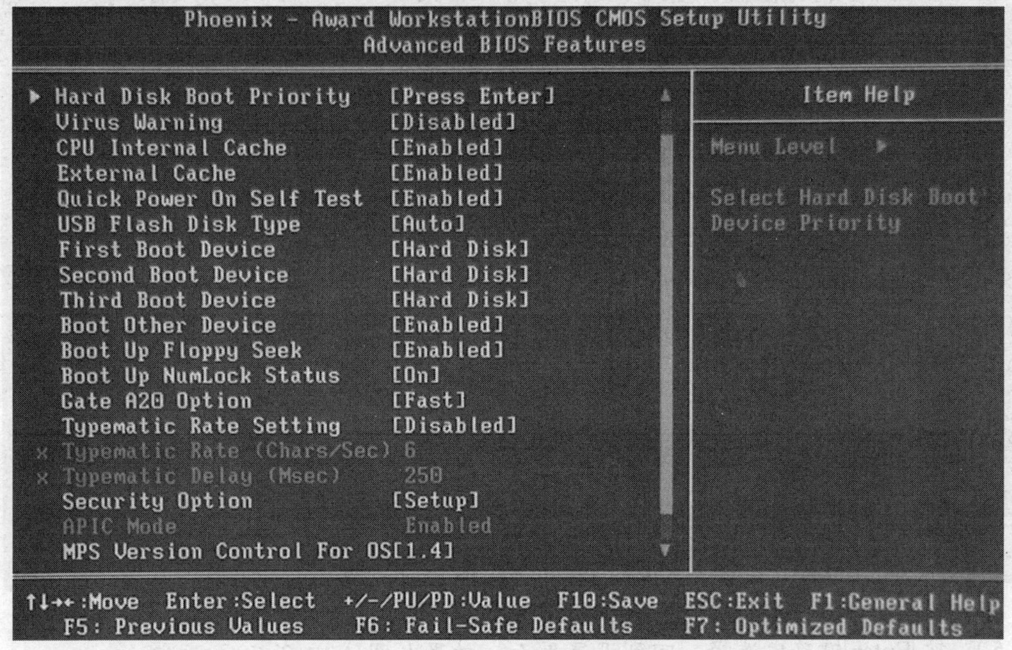


图4-11 高级 BIOS 特性设置界面

（3） 用方向键移动光标到【First Boot Device】（首选启动设备）选项，如图 4-12 所示。

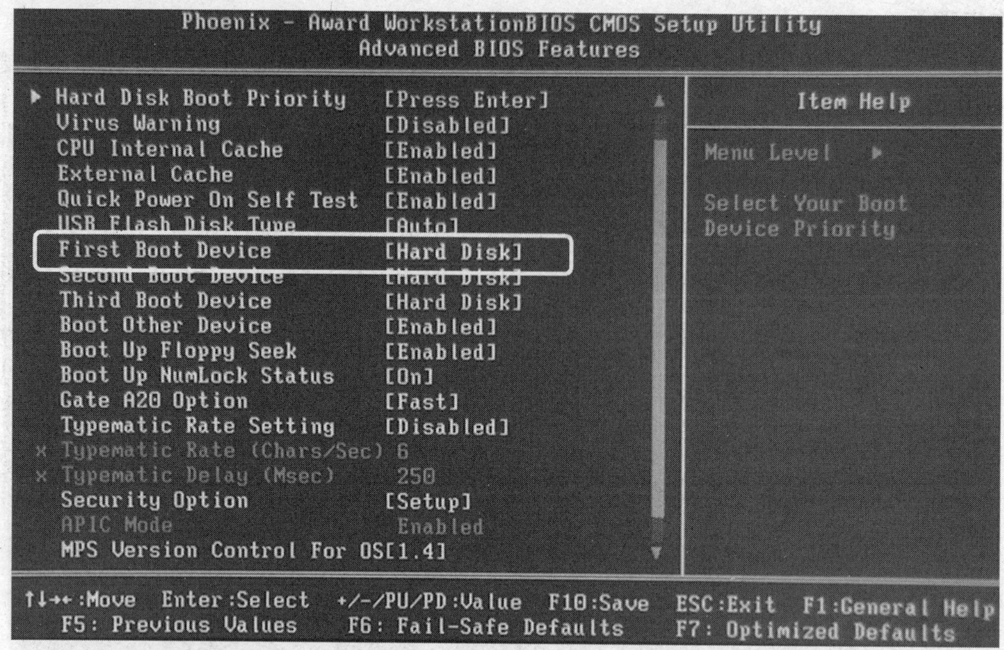


图4-12 选择【First Boot Device】选项

（4） 按Enter键，弹出【First Boot Device】对话框，用方向键选择【CDROM】选项，如图 4-13 所示。

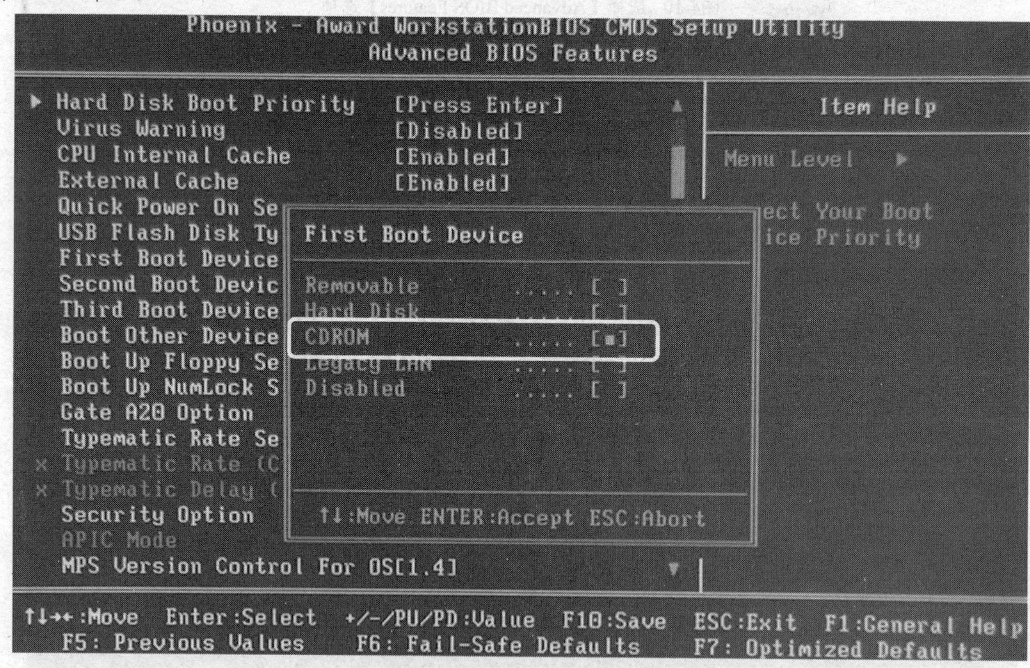


图4-13 选择【CDROM】选项

（5） 按Enter键确定选择，回到设置界面，效果如图 4-14 所示。

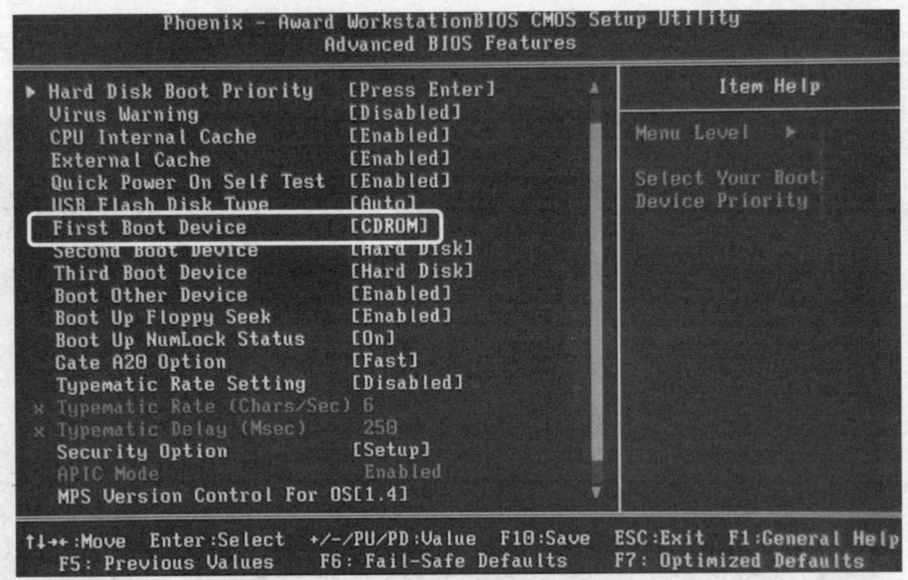


图4-14 设置为光驱启动

（6） 按F10键保存设置并退出。

## 操作三 设置 CPU 保护温度

CPU 在运行过程中会产生热量，从而使 CPU 的温度升高，而温度过高会影响 CPU 的正常运作，甚至烧坏 CPU。为了防止 CPU 温度过高，可以通过 BIOS 设置一个 CPU 保护温度，当 CPU 达到或超过这个温度时，计算机就会自动关闭，从而保护 CPU 不至于被烧坏。

**【操作步骤】**

（1） 进入 CMOS 设置主菜单，用方向键移动光标到【PC Health Status】选项，如图 4-15 所示。

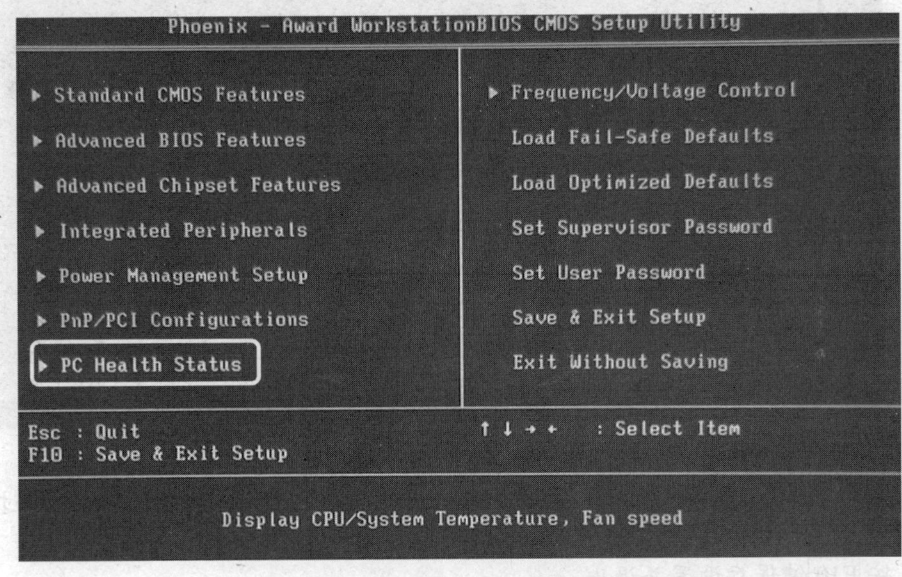


图4-15 选择【PC Health Status】选项

（2） 按Enter键，进入如图 4-16 所示的系统健康状态设置界面，在该界面中可以查看到系统温度和 CPU 温度。

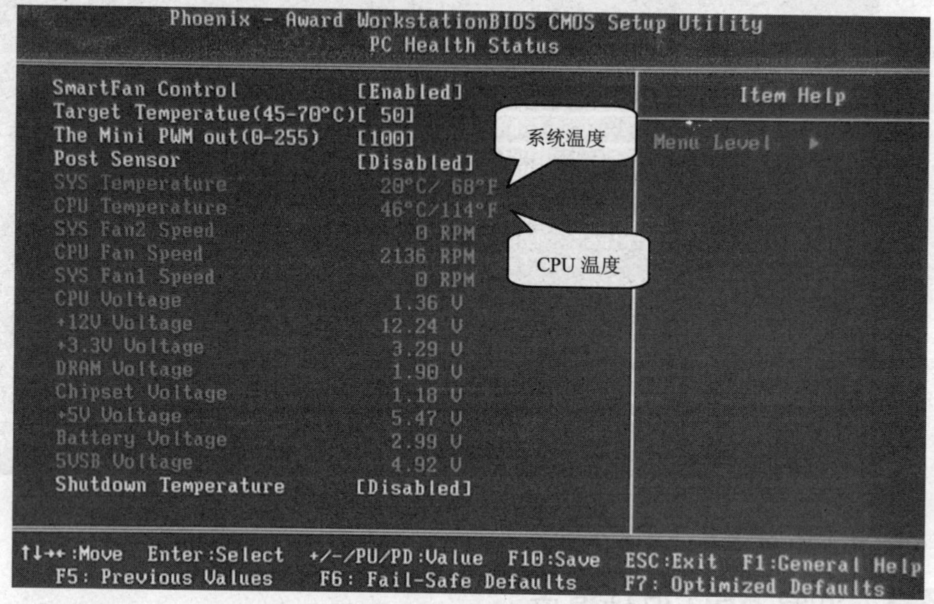


图4-16 系统健康状态设置界面

（3） 用方向键移动光标到【Shutdown Temperature】选项，然后按Enter键，弹出【Shutdown Temperature】对话框，如图 4-17 所示。

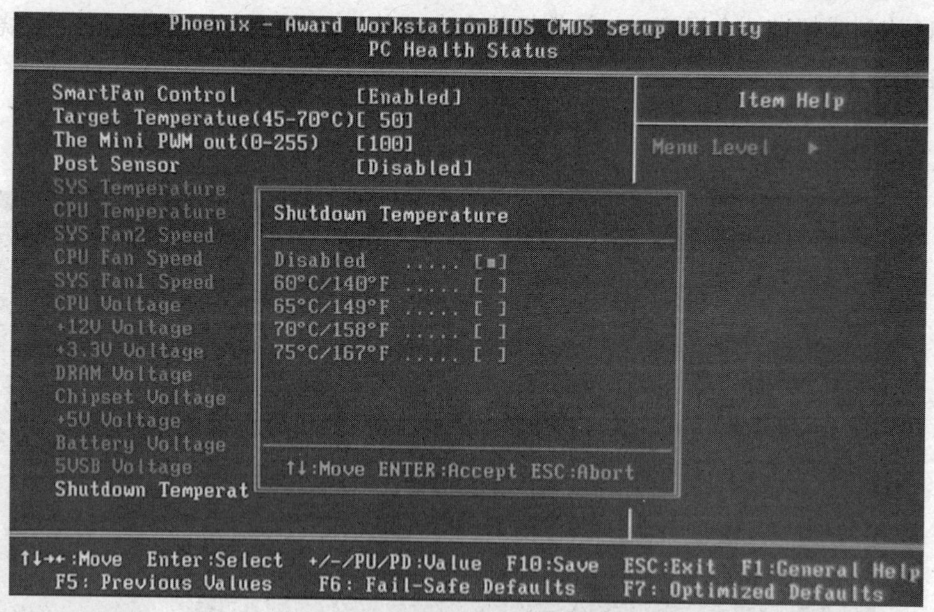


图4-17 温度选择

（4） 选择【75℃/167℉】选项，然后按Enter键确定。当 CPU 温度达到或超过 75℃时，计算机就会自动关闭。

（5） 按F10键保存设置并退出。

## 操作四　设置 BIOS 超级用户密码

适当设置 BIOS 密码可以为计算机带来一定程度的保护。设置密码的目的，一是防止别人擅自更改 BIOS 设置；二是防止别人进入自己的计算机。针对这两种情况，可以分别设置进入 BIOS 密码和开机密码。

BIOS 中有两种密码设置，它们的功能和区别如下。

（1） 普通用户密码。输入用户密码后能进入系统并查看 BIOS，但不能修改 BIOS 设置。

（2） 超级用户密码。输入超级用户密码后能进入系统，还能修改 BIOS 设置。

**【操作步骤】**

1. 设置超级用户密码。

（1） 进入 CMOS 设置主菜单，使用方向键移动光标到【Set Supervisor Password】选项，如图 4-18 所示。

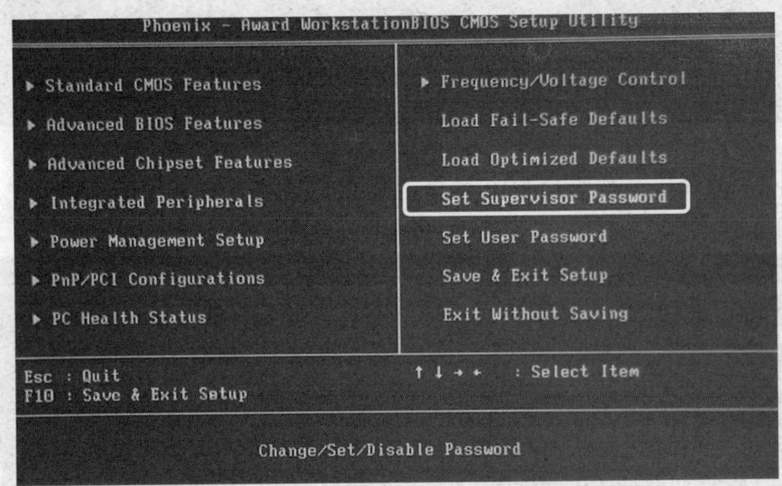


图4-18　选择【Set Supervisor Password】选项

（2） 按 Enter 键，在弹出的对话框中输入密码，如图 4-19 所示。输入的密码可以使用除空格键以外的任意 ASCII 字符，密码最长为 8 个字符，并且要区分大小写。

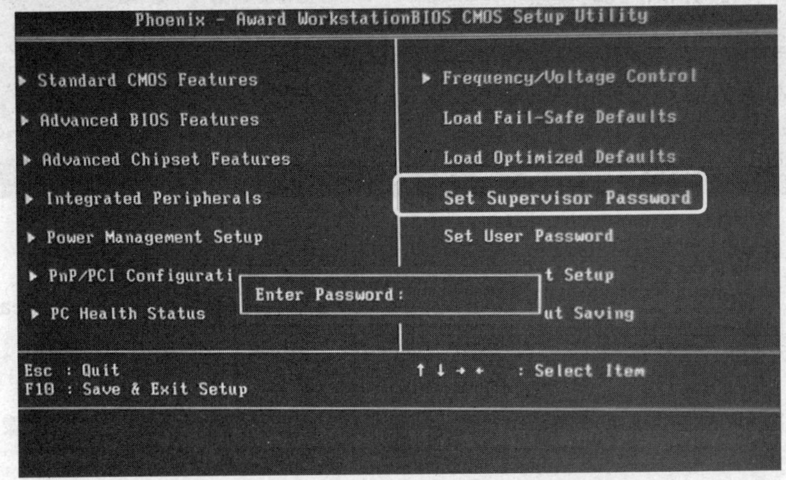


图4-19　设置超级用户密码

（3） 按Enter键，弹出确认密码对话框，再次输入密码，如图 4-20 所示。

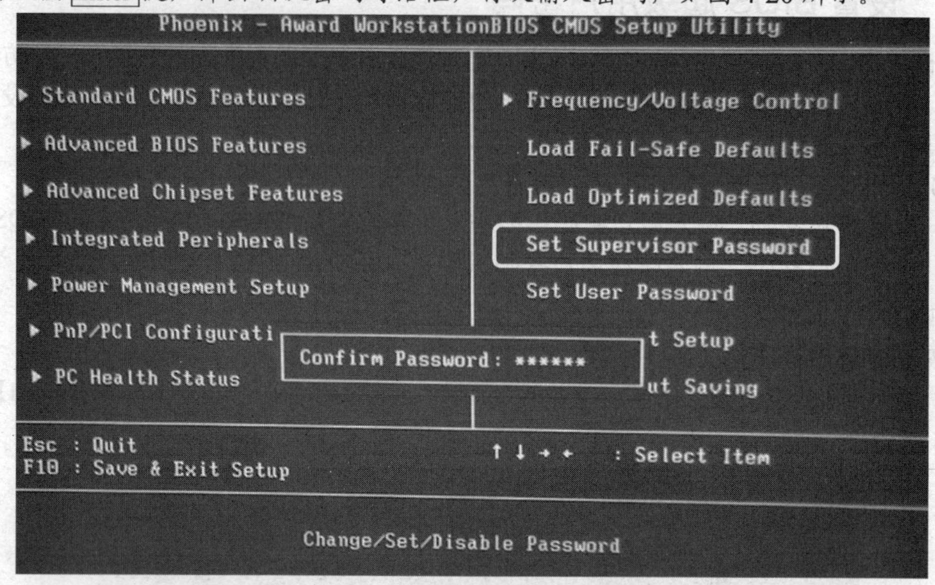


图4-20 确认密码

（4） 按Enter键确认，然后按F10键保存退出，这样在进入 BIOS 过程中就会提示用户输入密码，如图 4-21 所示。

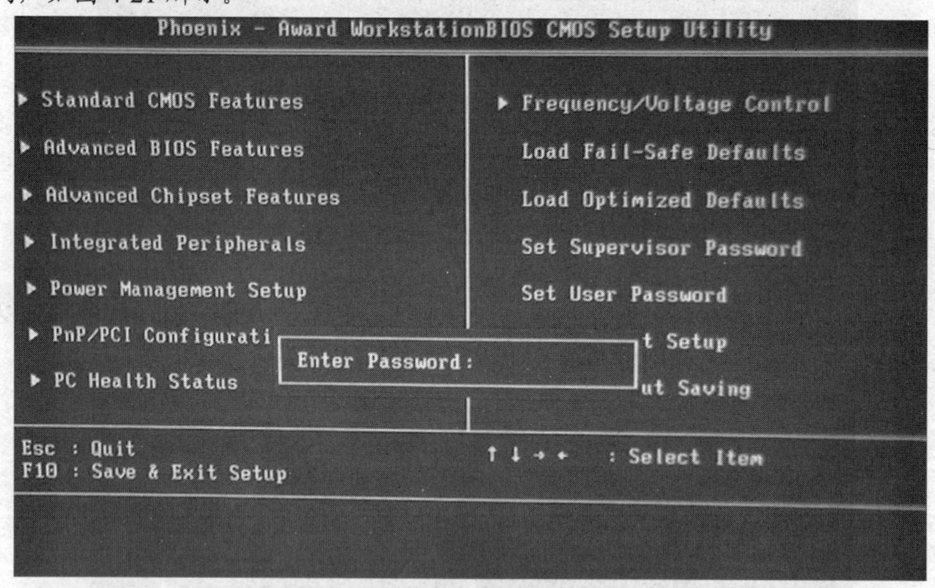


图4-21 进入 BIOS 要输入密码

2. 设置开机密码。

（1） 进入 CMOS 设置主菜单，按方向键移动光标到【Advanced BIOS Features】选项，然后按Enter键，进入高级 BIOS 特性设置界面。

（2） 用方向键移动光标到【Security Option】选项，然后设置该项的值为“System”，如图 4-22 所示。这样，在开机的过程中就会提示用户输入开机密码，即上面步骤设置的密码，如图 4-23 所示。

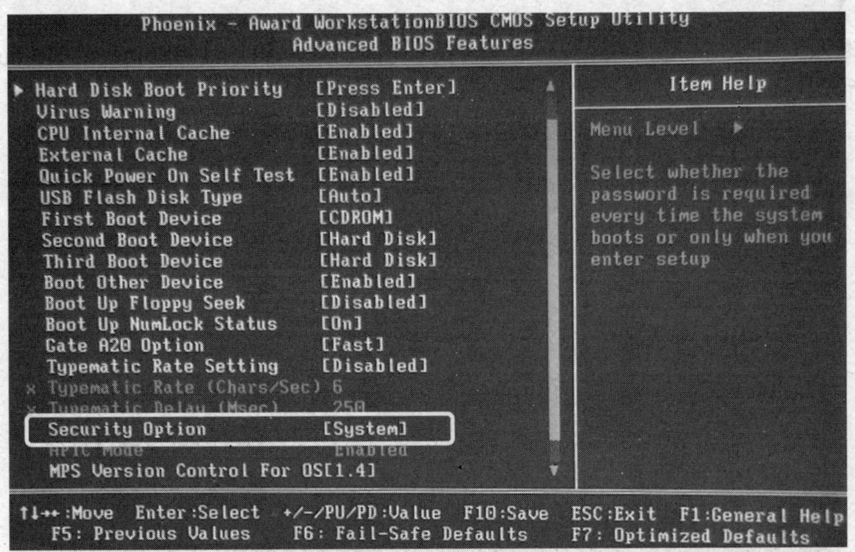


图4-22　设置【Security Option】项的值

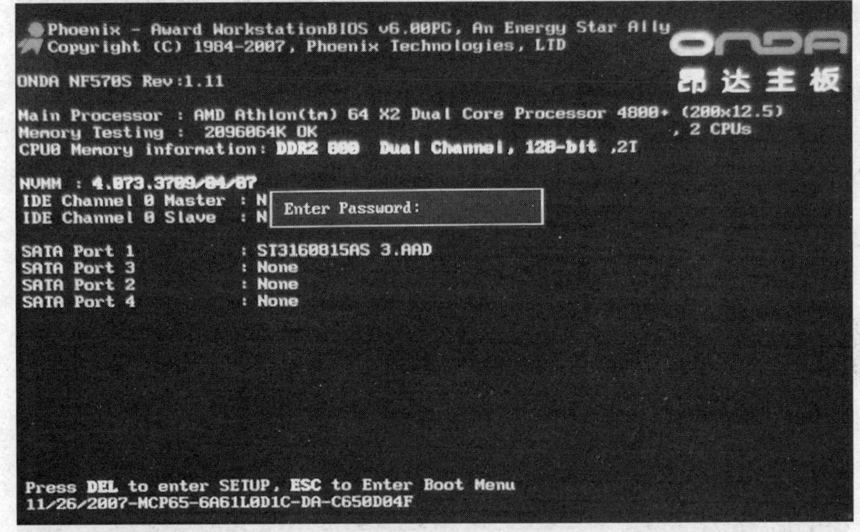


图4-23　开机输入密码

（3）　按F10键保存设置并退出。

输入密码进入 BIOS，选择【Set Supervisor Password】选项后按 Enter 键，弹出【Enter Password】对话框，如果需要修改密码，就输入新的密码，然后按 Enter 键，会弹出【Confirm Password】对话框，要求再输入一次新密码。如果想要取消密码，就直接按 Enter 键，系统会显示【Invalid Password Press Any Key to Continue】提示框。

## 操作五　恢复最优默认设置

当对 BIOS 的设置不正确，而使计算机无法正常工作时，需要将 BIOS 恢复到默认设置，BIOS 恢复默认设置分为恢复最原始的默认设置和恢复最优化的默认设置。

【操作步骤】

（1） 进入CMOS设置主菜单，用方向键移动光标到【Load Optimized Defaults】选项，如图4-24所示。

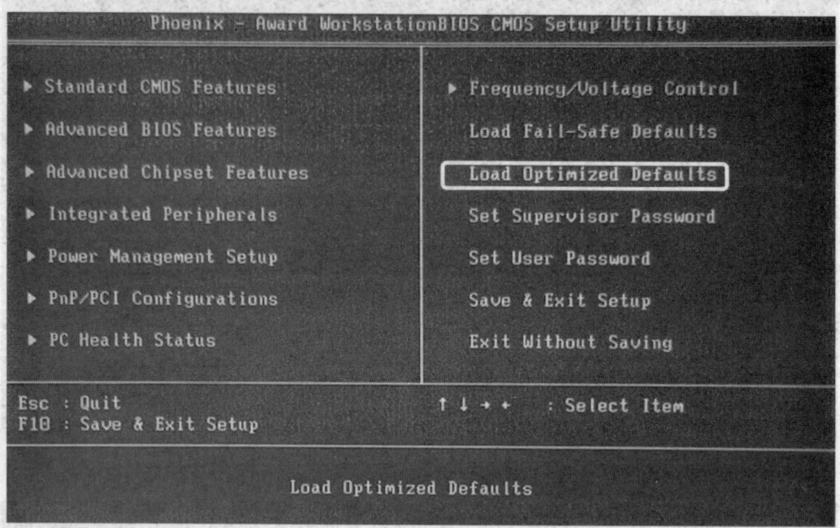


图4-24 选择【Load Optimized Defaults】选项

（2） 按Enter键，弹出如图4-25所示的提示框。

（3） 在键盘上按Y键，然后按Enter键确定。

（4） 按F10键保存设置并退出。

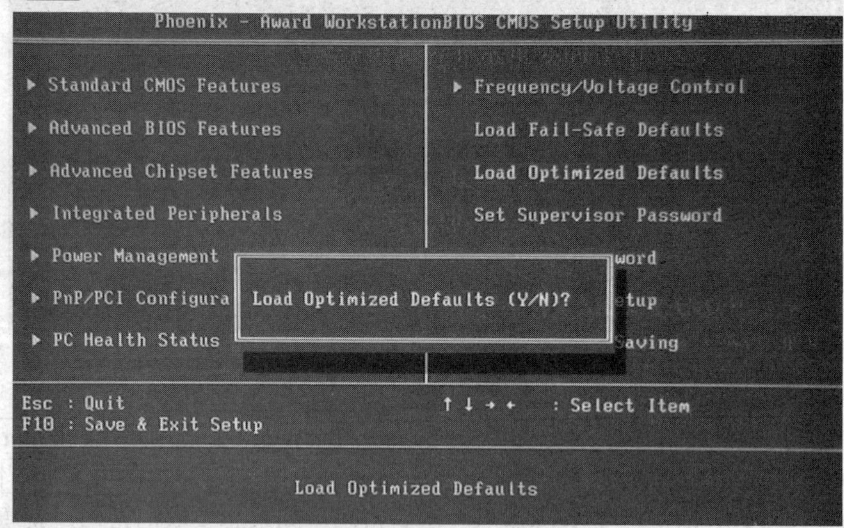


图4-25 恢复BIOS默认设置

# 任务三 掌握BIOS的高级设置方法

BIOS为计算机提供最底层的、最直接的硬件设置和控制，通过BIOS设置还可以提高计算机相应硬件的性能，从而提高计算机的整体性能。下面介绍常用的BIOS高级设置方法。

## 操作一　设置键盘灵敏度

部分用户为了工作、娱乐或个人习惯需要较高的键盘灵敏度，如果在控制面版将其中的“重复延迟”（即，按住一个键后，出现第 1 个字符与出现第 2 个字符间的时间）和“重复率”两项设置到最高还不能满足用户的要求，那么就需要通过 BIOS 设置进一步提高“重复延迟”。

**【操作步骤】**

（1）进入 CMOS 设置主菜单，用方向键移动光标到【Advanced BIOS Features】选项，如图 4-26 所示。

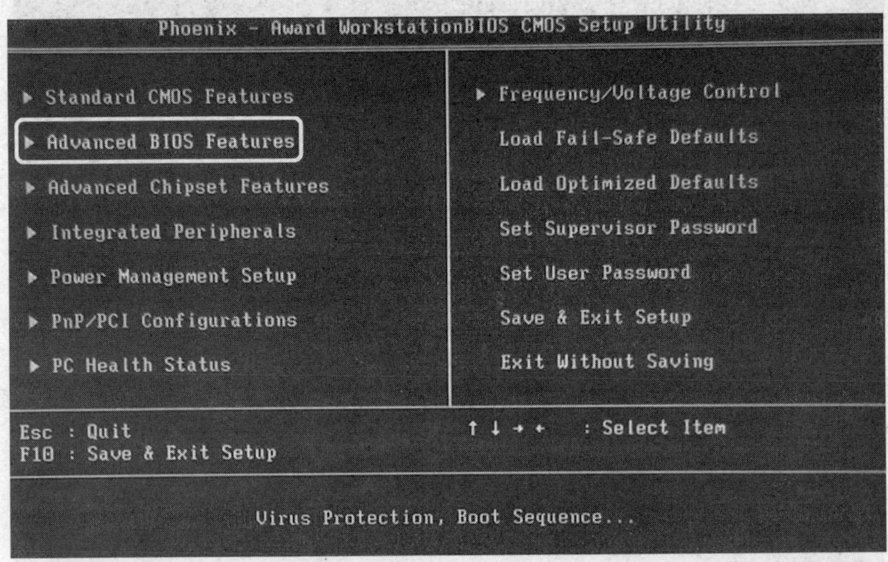


图4-26　选择【Advanced BIOS Features】选项

（2）按 Enter 键，进入高级 BIOS 特性设置界面，按方向键，移动光标到【Typematic Rate Setting】（击键速率设置）选项，设置其值为“Enabled”，如图 4-27 所示。

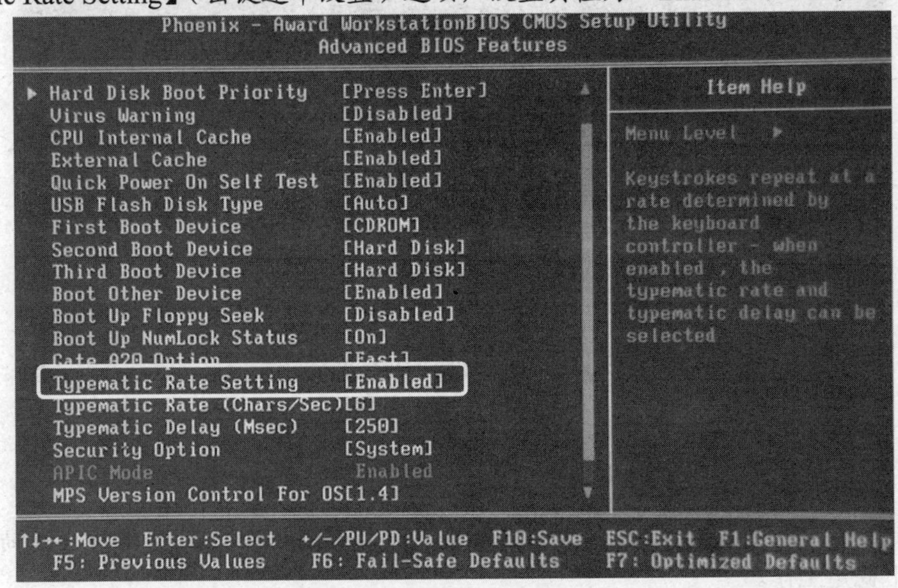


图4-27　设置值为“Enabled”

（3） 用方向键移动光标到【Typematic Rate （Chars/Sec）】（击键率设置）选项，设置其值为“30”，如图 4-28 所示。

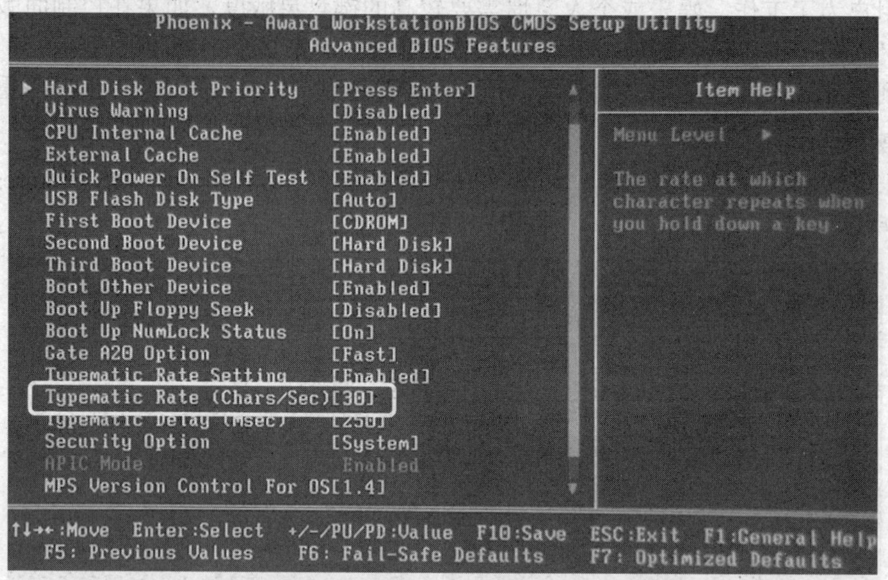


图4-28 设置值为“30”

（4） 用方向键移动光标到【Typematic Delay （Msec）】（击键延时设置）选项，设置其值为“250”，如图 4-29 所示。

（5） 按 F10 键保存设置并退出。

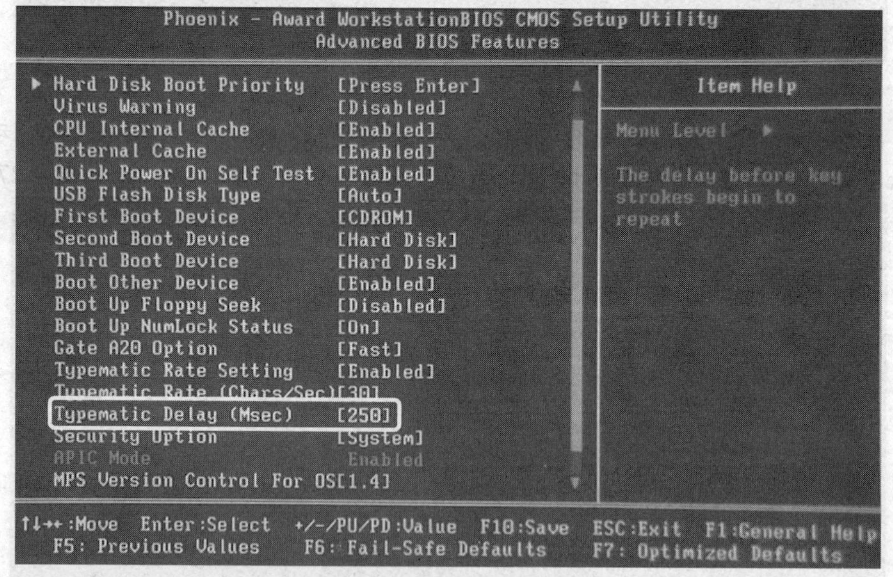


图4-29 设置值为“250”

## 操作二 设置 CPU 超频

CPU 超频是指人为地将 CPU 的工作频率提高，即提高 CPU 的主频，使它在高于其额定频率状态下稳定工作。

通过前面的学习我们知道，CPU 的主频是外频和倍频的乘积，所以要提高 CPU 的主频可以通过改变 CPU 的倍频或者外频来实现。

【操作步骤】

（1）进入 CMOS 设置主菜单，用方向键移动光标到【Frequency/Voltage Control】选项，如图 4-30 所示。

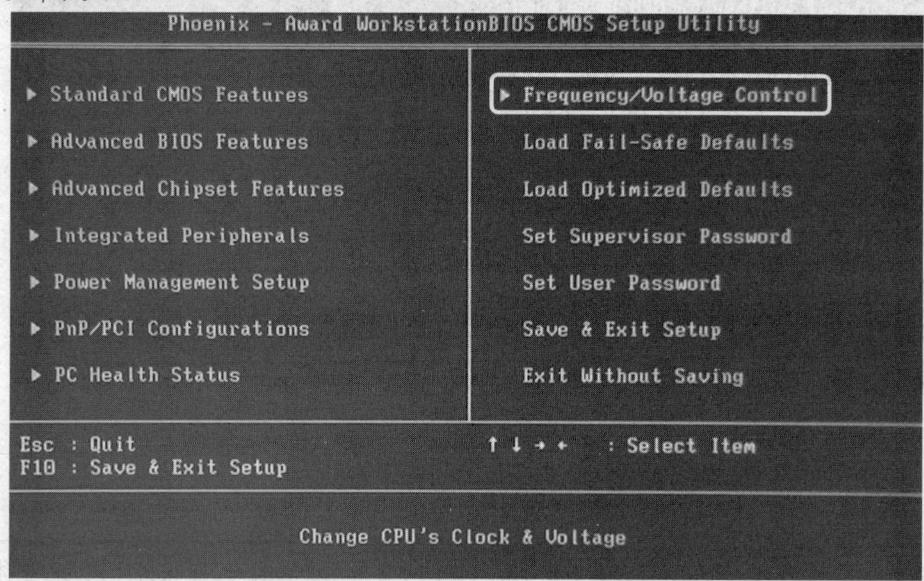


图4-30　选择【Frequency/Voltage Control】选项

（2）按 Enter 键，进入系统频率和电压控制的设置界面，如图 4-31 所示。

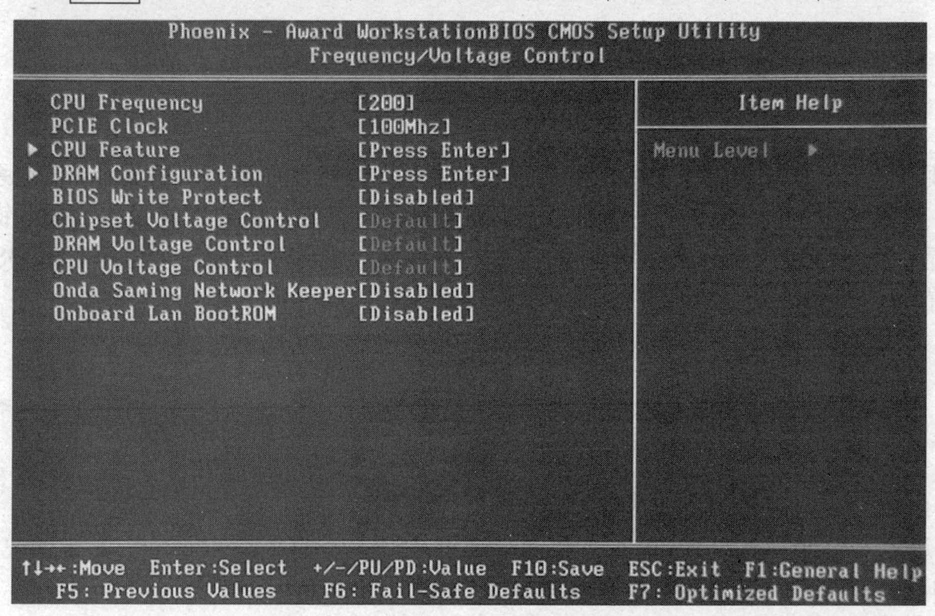


图4-31　系统频率和电压控制的设置界面

（3）使用方向键移动光标到【CPU Frequency】选项，然后按 Enter 键，弹出外频设置对话框，如图 4-32 所示。从中可知外频的最小值为 200MHz，最大值为 450MHz。

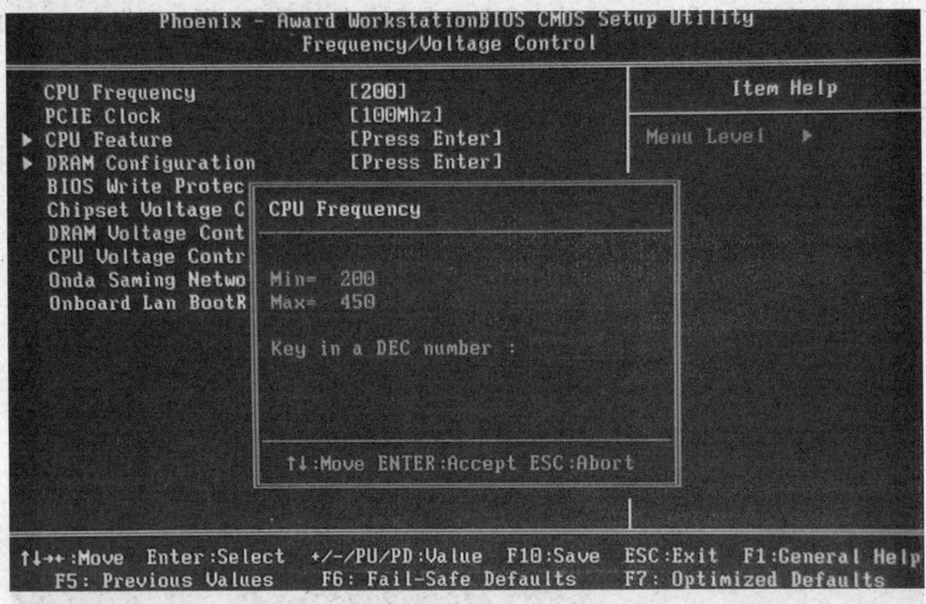


图4-32 外频设置对话框

（4） 在对话框中输入“220”，然后按Enter键确认。

（5） 按F10键保存设置并退出。

**重要提示**

外频不是越大越好，它与计算机其他硬件的承受力有关，要根据计算机的整体性能设置。设置完成后，重新启动计算机试运行，如计算机运行不稳定，则应恢复原来的外频。

# 小结

本项目介绍了计算机常用BIOS设置的操作方法，包括设置禁止软驱显示、设置系统从光盘启动、设置CPU保护温度、设置BIOS超级用户密码、恢复最优默认设置、设置键盘灵敏度、设置CPU超频。通过对这些设置的学习，读者应该能够举一反三，进行对BIOS其他功能的设置。

# 习题

1. 什么是BIOS？什么是CMOS？
2. 进入一台计算机的BIOS设置界面，通过【Standard CMOS Features】选项中的【Halt On】（中断）选项，设置系统自检暂停参数为“All，But Keyboard”。
3. 设置系统引导顺序为光盘启动。
4. 设置计算机的CPU保护温度。
5. 设置一个普通用户密码。

# 项目五　配置软件环境

在完成计算机的组装以后，各种配件已经成功地组成一个完整的体系了，但是这时的计算机是一台“裸机”，还不能正常工作，必须配置必要的软件环境。在计算机的所有软件中，操作系统是最重要也是最先需要安装的软件。

学习目标

★　掌握操作系统的安装方法。

★　掌握驱动程序的安装方法。

★　掌握常用软件的安装与卸载方法。

## 任务一　安装操作系统

操作系统是计算机的核心软件，是计算机能正常运行的基础。目前常用的主流操作系统是由美国 Microsoft 公司开发的 Windows XP 和 Windows 7。本项目将介绍这两种操作系统的安装方法。

### 操作一　硬盘的分区与格式化

尚未使用过的一块新硬盘在使用之前必须要先进行分区，然后分别对各个分区进行格式化，经过分区和格式化的硬盘上才能存储数据和进行正常的数据读写操作。

#### 1. 了解硬盘分区的基础知识

硬盘的分区主要有主分区和扩展分区两部分。要在硬盘上安装操作系统，则该硬盘必须有一个主分区，主分区中包含操作系统启动所必需的文件和数据；扩展分区是除主分区以外的分区，但它不能直接使用，必须再将它划分为若干个逻辑分区才能使用。逻辑分区也就是平常在操作系统中所看到的 D、E、F 等盘。这 3 种分区之间的关系示意图如图 5-1 所示。

#### 2. 了解分区格式的种类

分区格式是指文件命名、存储和组织的总体结构，通常又被叫为文件系统格式或磁盘格式。Windows 操作系统支持的分区格式主要有 FAT32 和 NTFS 两种。

（1） FAT32

这是目前使用最为广泛的分区格式，它采用 32 位的文件分配表，这样就使得磁盘的空间管理能力大大增强，最大支持容量为 4GB 的文件。

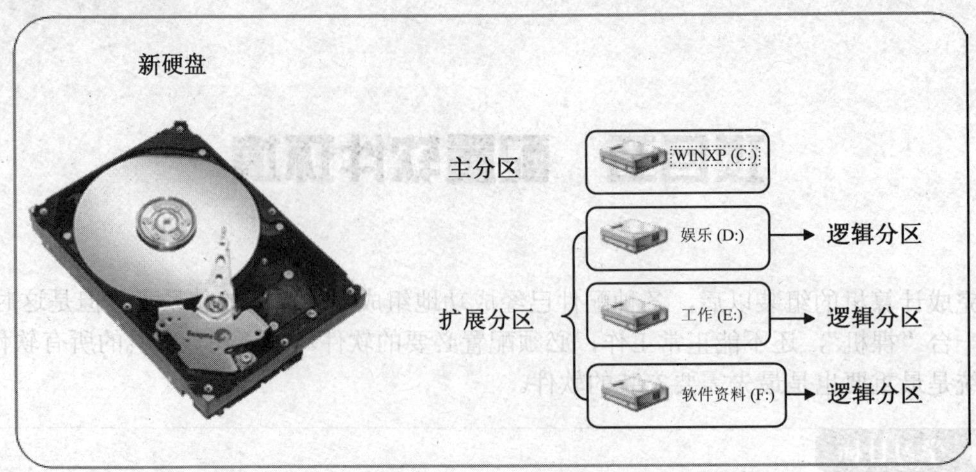


图5-1 3 种分区之间的关系

（2） NTFS

这是 Microsoft 公司为 Windows NT 操作系统设计的一种全新的分区格式，它的优点是安全性和稳定性极其出色，在使用中不易产生文件碎片，并且 NTFS 格式对所支持文件的容量不限。所以建议将系统分区设置为 NTFS 格式。

【操作步骤】

（1） 启动计算机进入 BIOS，将第一启动引导方式设置为从光盘启动，如图 5-2 所示。

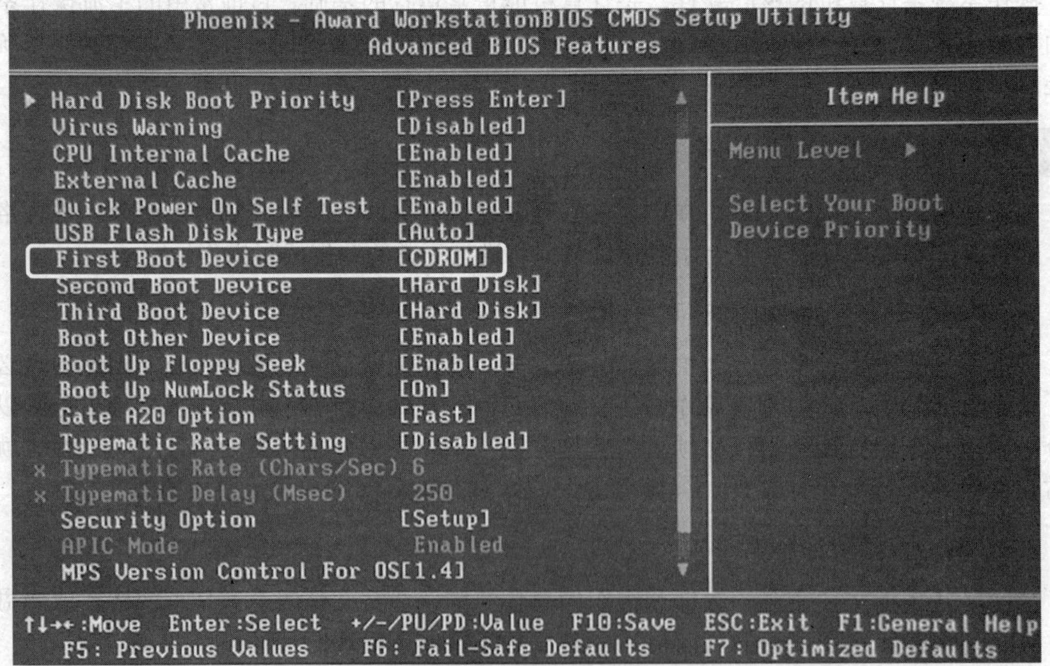


图5-2 设置为从光盘启动

（2） 将 Windows XP 操作系统安装光盘放入光驱，保存 BIOS 设置并重启计算机，计算机将自动从光盘启动，进入系统安装状态，如图 5-3 所示。

图5-3　光盘启动界面

（3）　启动完成后进入 Windows XP 操作安装程序选择界面，如图 5-4 所示。如果原来已经安装了一个操作系统，界面就会有“使用修复安装”还是“全新安装”的选择。现在是新安装系统前对硬盘进行分区和格式化的操作，所以这里按 Enter 键。

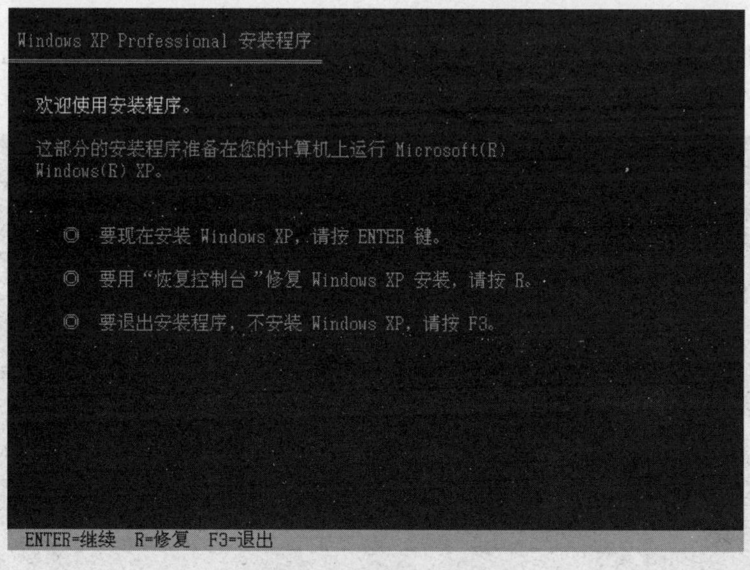


图5-4　安装程序选择界面

**重要提示**

当操作系统因为某种原因受到破坏（如缺失了系统文件）不能正常运行时，可以选择修复安装，修复安装可以保证当前系统的应用程序和系统盘中的用户文件不被破坏。当系统被破坏后，可以先尝试修复安装；如果修复安装不成功，就需要全新安装。全新安装因为需要格式化系统盘，所以系统盘（对大多数用户而言是 C 盘）上的内容会全部丢失（注意：“桌面”和“我的文档”属于系统盘中的内容），在重装系统时要注意备份系统盘上有用的资料。

（4）进入如图5-5所示的许可协议界面，按F8键表示继续安装，按Esc键表示退出安装程序。如果在安装之前要查看协议，按Page Down键翻页，这里按F8键表示同意许可协议，然后继续安装程序。

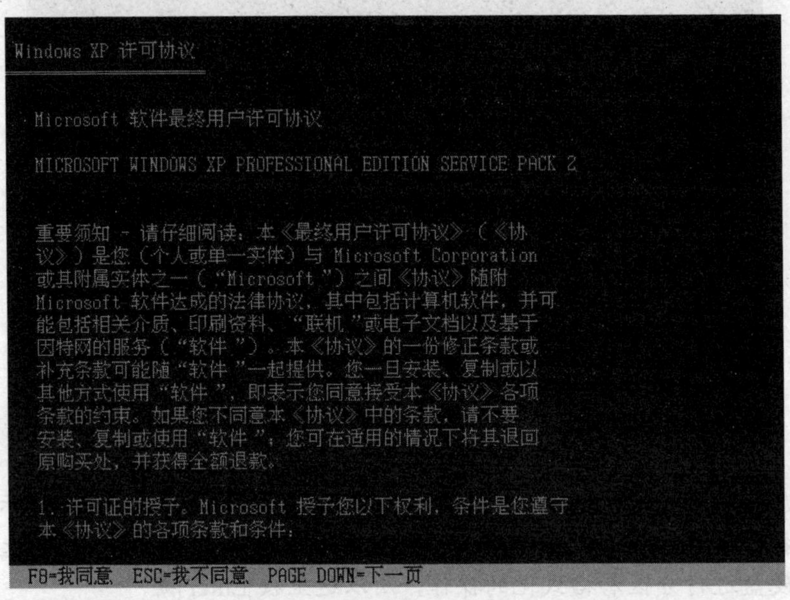


图5-5 Windows XP 操作系统安装程序许可协议界面

（5）随即进入磁盘分区界面，如图5-6所示，由于是全新配置的计算机，所以这里按C键对硬盘进行分区和分区格式化操作。

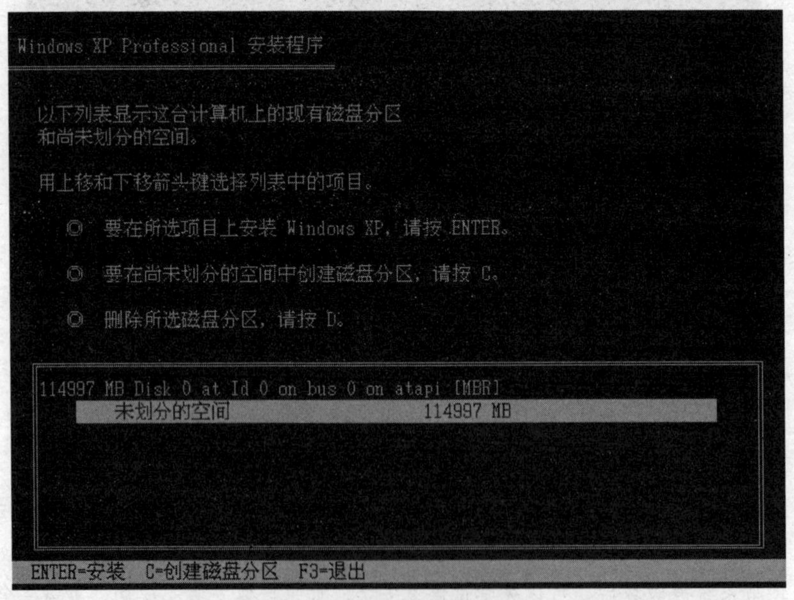


图5-6 磁盘分区界面（1）

（6）使用方向键移动光标到【未划分的空间】，按键盘上的C键后，进入如图5-7所示的创建分区界面。在【创建磁盘分区大小】文本框中输入所需的大小，如果不做修改，就是未划分空间的总大小。这里输入“10000”，然后按Enter键。

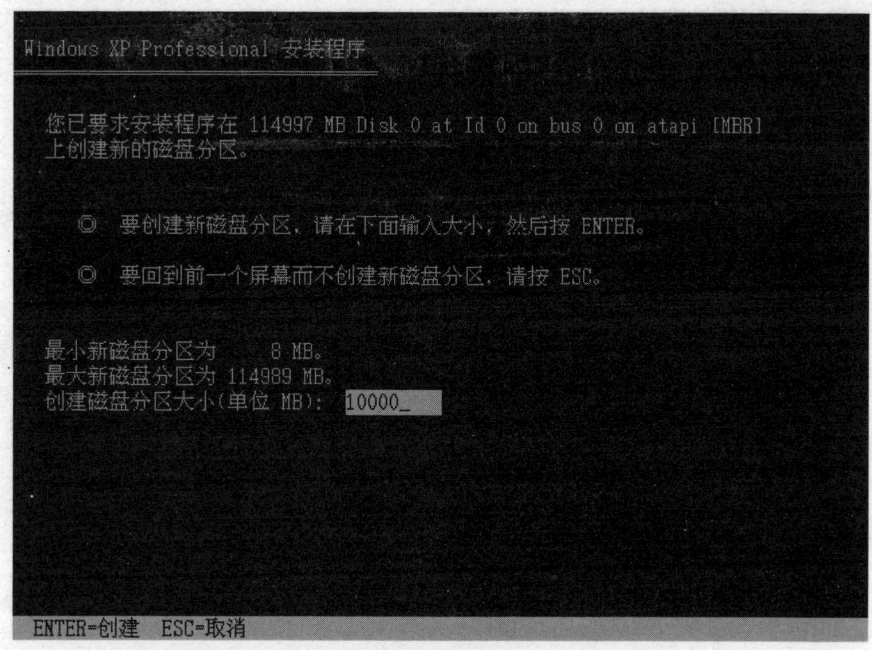


图5-7　创建分区界面

（7）　这时磁盘分区界面如图 5-8 所示，界面出现了刚刚划分出的 C 盘（分区 1）。

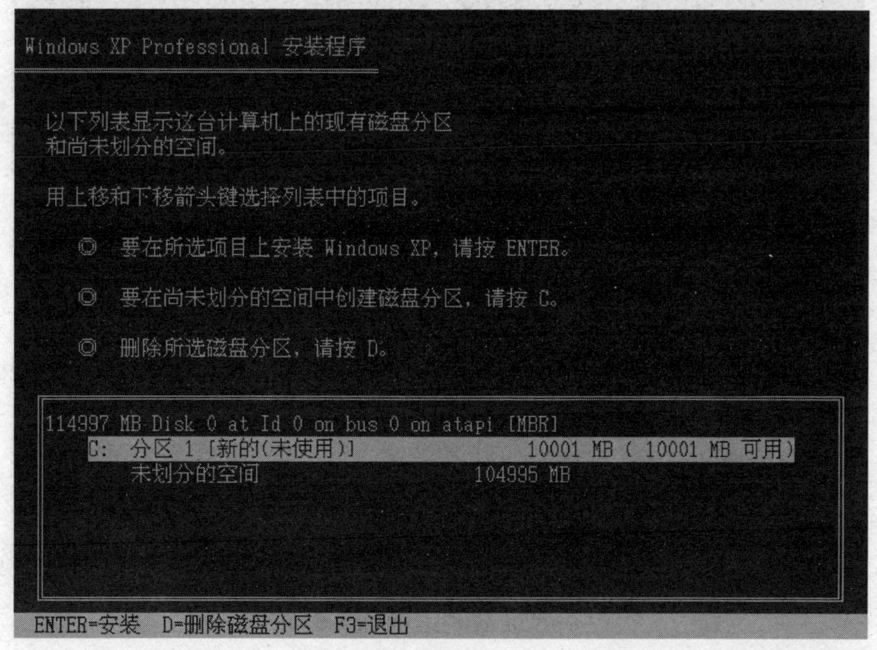


图5-8　磁盘分区界面（2）

（8）　使用同样方法创建 D 盘（30 004MB）、E 盘（30 004MB）、F 盘（44 979MB），最后得到如图 5-9 所示的界面。

（9）　至此，硬盘的分区已经完成，接下来是对分区进行格式化操作，使用键盘上的方向键将光标移动到 C 盘（分区 1）的位置，如图 5-9 所示，按 Enter 键，表示在 C 盘安装 Windows XP 操作系统，随后弹出安装程序的格式化界面，如图 5-10 所示。

Windows XP Professional 安装程序

以下列表显示这台计算机上的现有磁盘分区
和尚未划分的空间。

用上移和下移箭头键选择列表中的项目。

◎ 要在所选项目上安装 Windows XP，请按 ENTER。

◎ 要在尚未划分的空间中创建磁盘分区，请按 C。

◎ 删除所选磁盘分区，请按 D。

114997 MB Disk 0 at Id 0 on bus 0 on atapi [MBR]
C: 分区 1 [新的(未使用)] 10001 MB ( 10001 MB 可用)
D: 分区 2 [新的(未使用)] 30004 MB ( 30004 MB 可用)
E: 分区 3 [新的(未使用)] 30004 MB ( 30004 MB 可用)
F: 分区 4 [新的(未使用)] 44979 MB ( 44978 MB 可用)
未划分的空间 8 MB

ENTER=安装 D=删除磁盘分区 F3=退出

图5-9 磁盘分区界面（3）

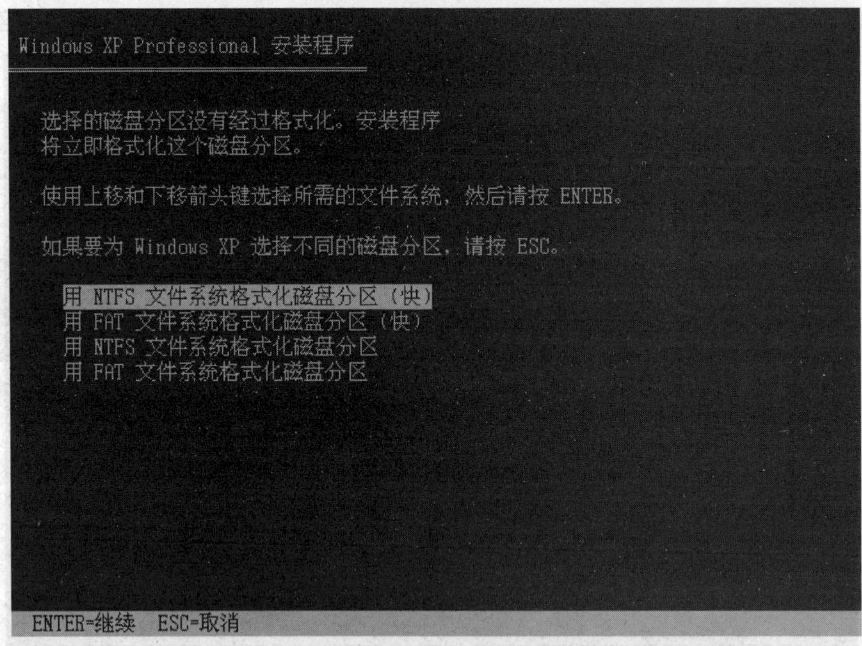


图5-10 选择分区格式化种类

（10）根据个人需要选择格式化方式，这里选择“NTFS”分区方式，将光标移动到【用NTFS文件系统格式化磁盘分区（快）】选项，然后按Enter键。开始格式化分区，如图5-11所示。

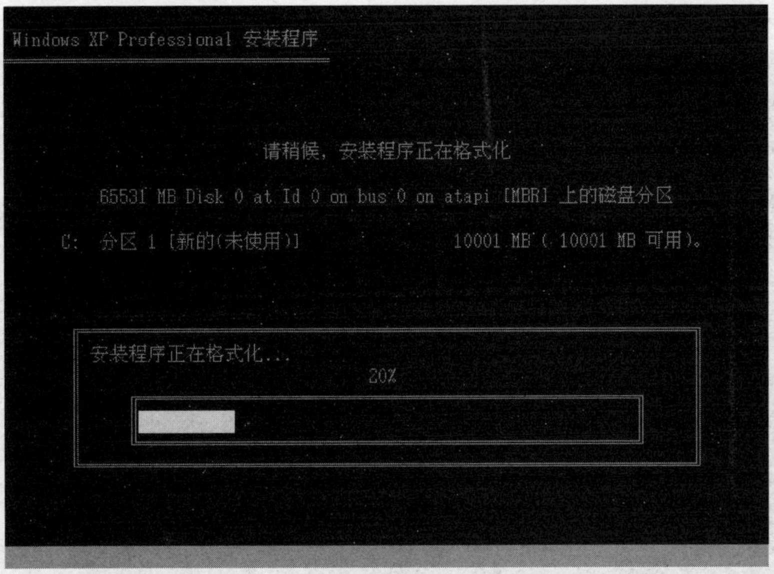

图5-11　分区格式化过程

## 操作二　安装 Windows XP 操作系统

Windows XP 操作系统的安装是前一个步骤的延续，现在操作系统的安装都比较容易，只要将磁盘的区域划分和格式化完成以后，后面的操作就迎刃而解了。

**重要提示**　安装前要将网线拔掉，以免在系统安装刚完成时计算机中毒。安装时尽量准备多张系统光盘，因为在安装操作系统时，有可能因为光盘中的程序出错而无法继续安装。

**【操作步骤】**

（1）硬盘分区和格式化完成后，安装程序开始复制安装文件，如图 5-12 所示。

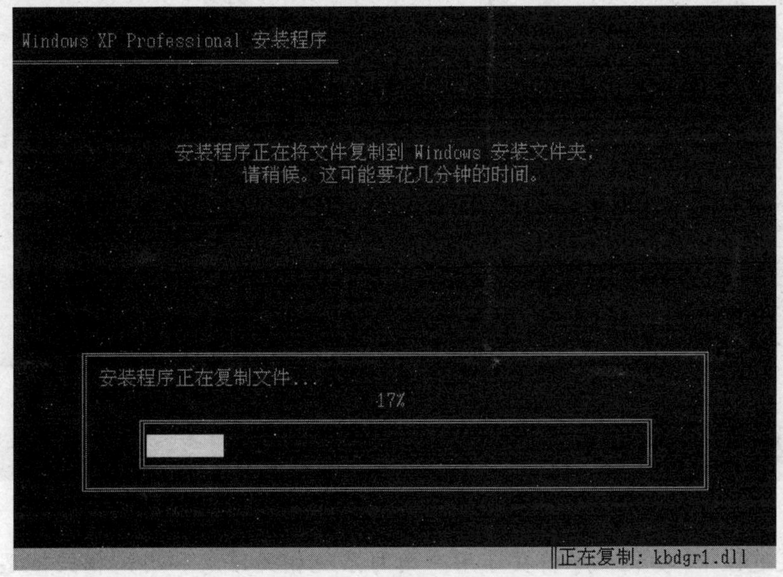


图5-12　开始复制文件

（2） 安装程序复制文件完成后，系统将重启计算机，如图 5-13 所示。

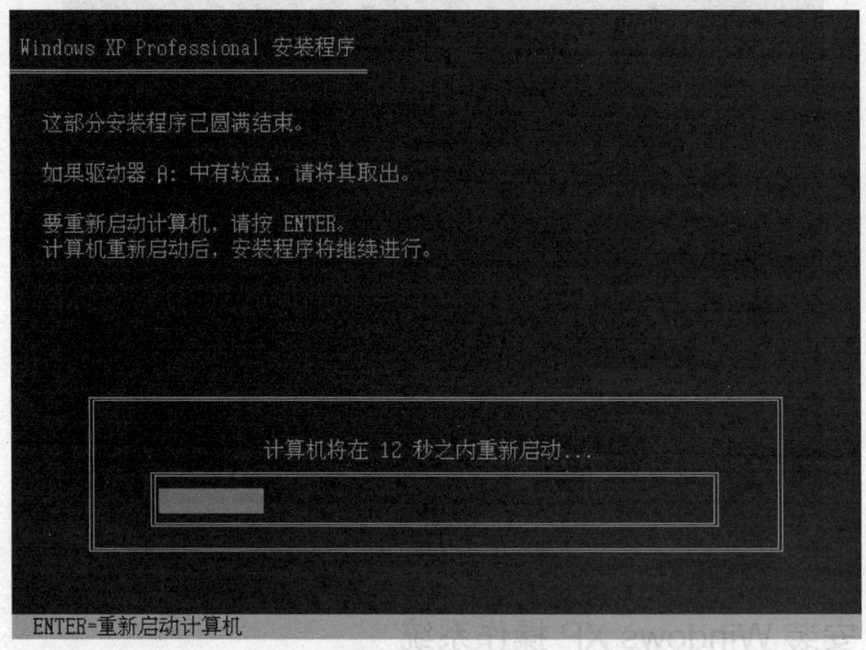


图5-13 重启计算机

（3） 重启计算机后，在开始界面上选择从硬盘启动计算机，然后进入系统安装界面，如图 5-14 所示。

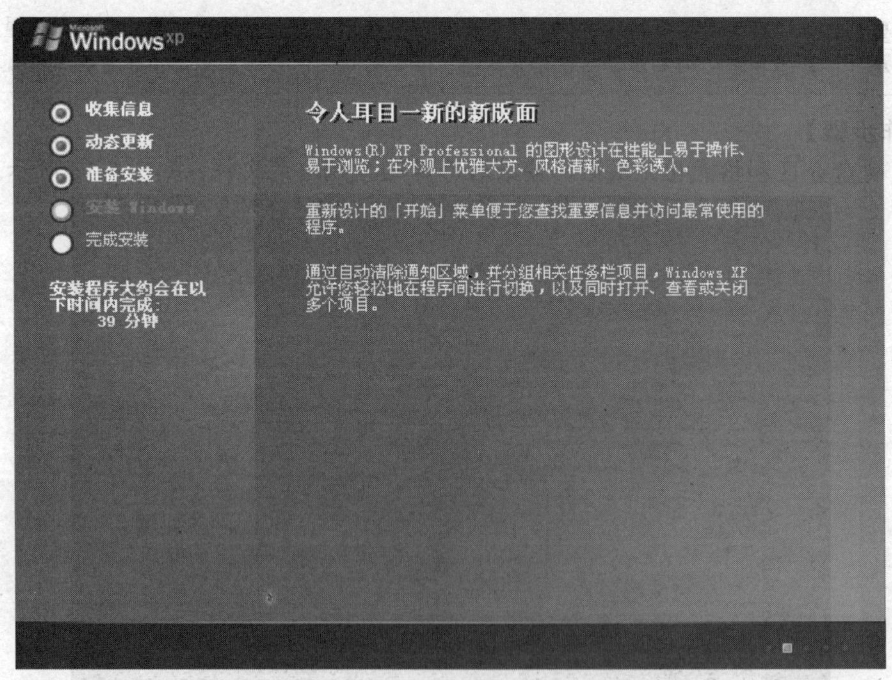


图5-14 安装 Windows XP 操作系统

（4） 安装过程中，安装程序将提示用户填写系统相关信息和用户相关信息等，如用户名、密码、时区及日期、网络连接情况等，如图 5-15 和图 5-16 所示。

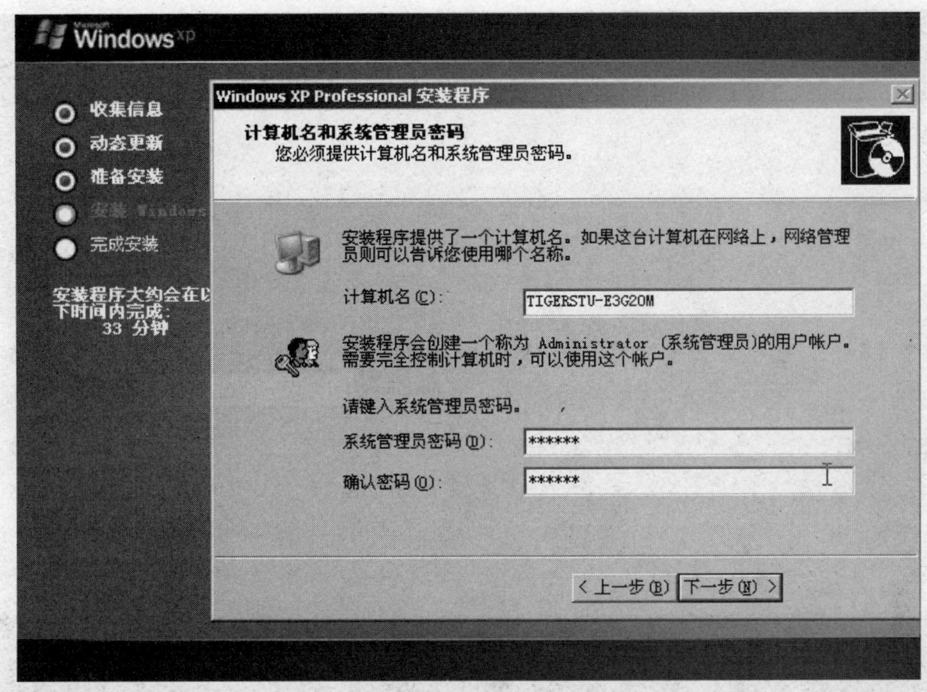


图5-15　设置计算机名和管理员密码

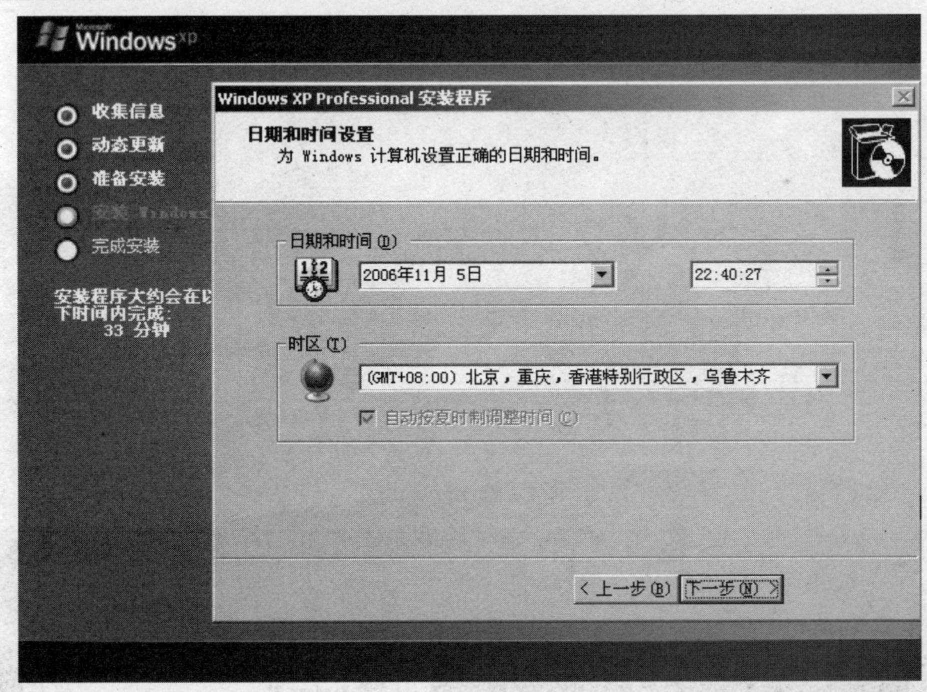


图5-16　设置日期/时间和时区

（5）设置完成后，重启计算机，再次选择从光盘启动，随后将出现 Windows XP 操作系统的登录界面，如图 5-17 所示。

图5-17　Windows XP 操作系统登录界面

（6）输入安装系统时设置的管理员密码登录系统，如图 5-18 所示。

图5-18　Windows XP 操作系统安装完成界面

## 操作三　安装 Windows 7 操作系统

Windows 7 是 Microsoft 公司最新发布的一款操作系统，它的操作界面更漂亮，运行速度更快，是目前相当优秀的一款操作系统。下面介绍 Windows 7 操作系统的安装步骤。

**【操作步骤】**

（1） 启动计算机进入 BIOS，将第一启动引导方式设置为从光盘启动。

（2） 将 Windows 7 操作系统安装光盘放入光驱，保存 BIOS 设置并重启计算机，计算机将自动从光盘启动，进入系统安装状态，如图 5-19 所示。

图5-19　光盘启动界面

（3） 启动完成后进入 Windows 7 操作系统安装界面，首先对语言、时间和输入方法等进行设置，如图 5-20 所示。

图5-20　设置语言、时间等

（4） 单击下一步(N)按钮，显示开始安装界面，如图 5-21 所示。

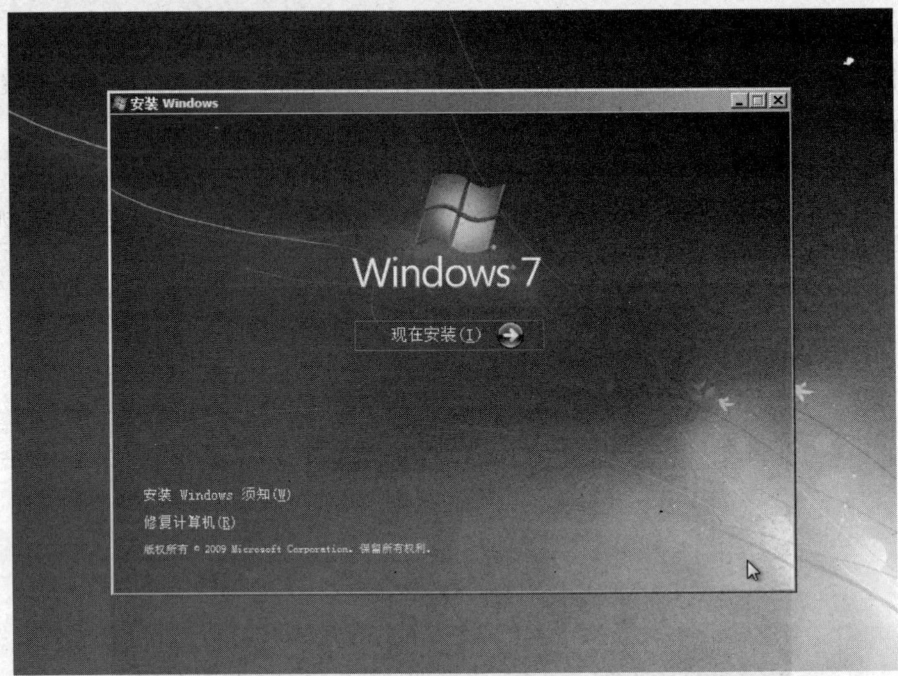


图5-21 开始安装界面

（5） 单击现在安装(I)按钮，启动安装程序，如图 5-22 所示。

图5-22 启动安装程序

（6） 启动完成后显示许可条款界面，如图 5-23 所示。

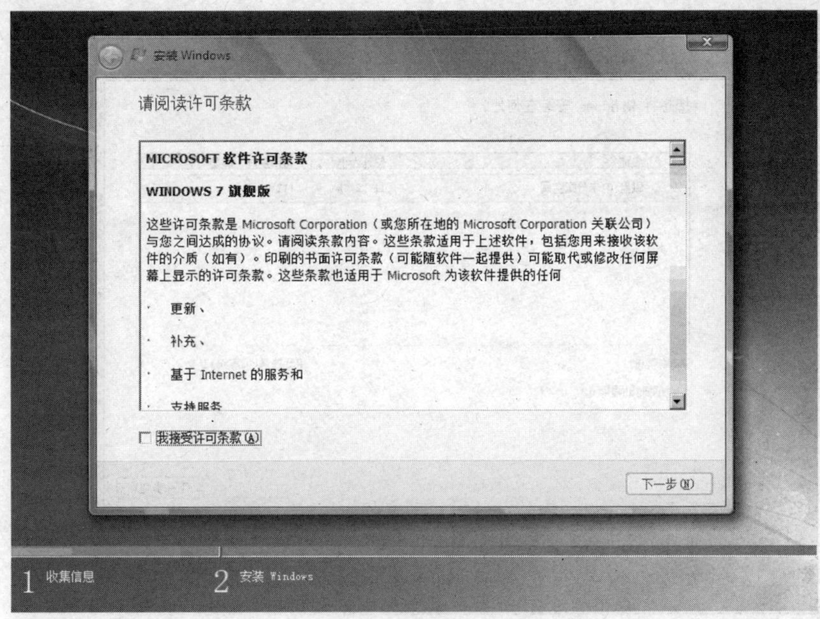


图5-23　许可条款界面

（7）勾选【我接受许可条款】复选框，单击 下一步(N) 按钮，显示安装类型的选择界面，如图 5-24 所示。

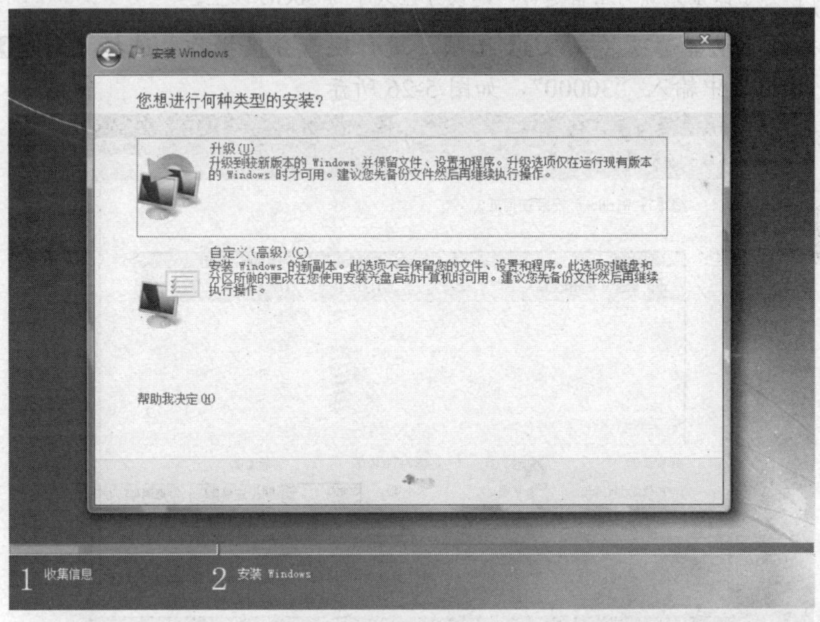


图5-24　安装类型选择界面

**重要提示**

Windows 7 的安装类型有升级安装和自定义安装，其中升级安装一般在计算机安装了 Windows Vista 或 Windows 7 的早期版本的基础上，保留一些相关设置的安装，而自定义安装则是进行全新的安装。

（8）选择“自定义”安装方式，显示磁盘分区界面，如图 5-25 所示。

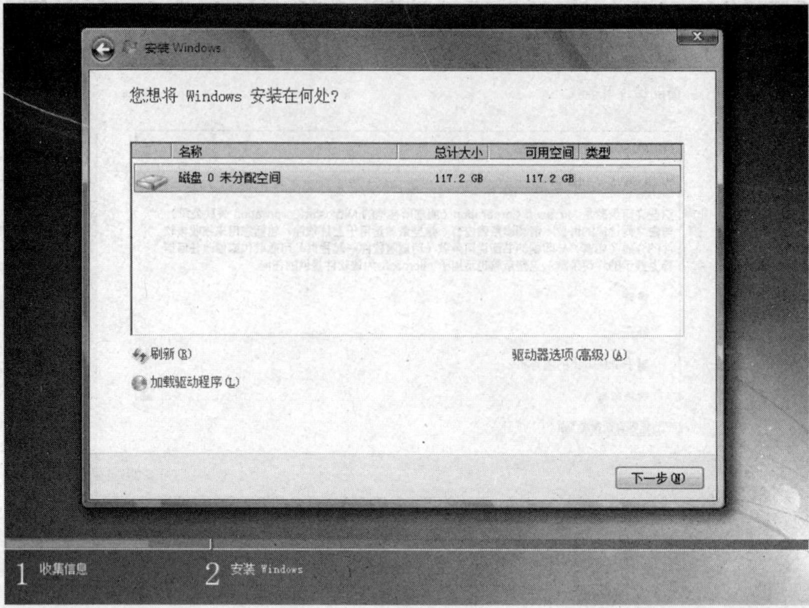


图5-25 磁盘分区界面

重要提示

若磁盘已有分区信息，则必须保证安装 Windows 7 的分区大小在 8GB 以上。另外，为了保证系统的正常运行，建议分区大小为 30GB 以上。

（9）选择【驱动器选项（高级)】选项，进行磁盘分区操作。选择【新建】选项，在弹出的【大小】数值框中输入“30000”，如图 5-26 所示。

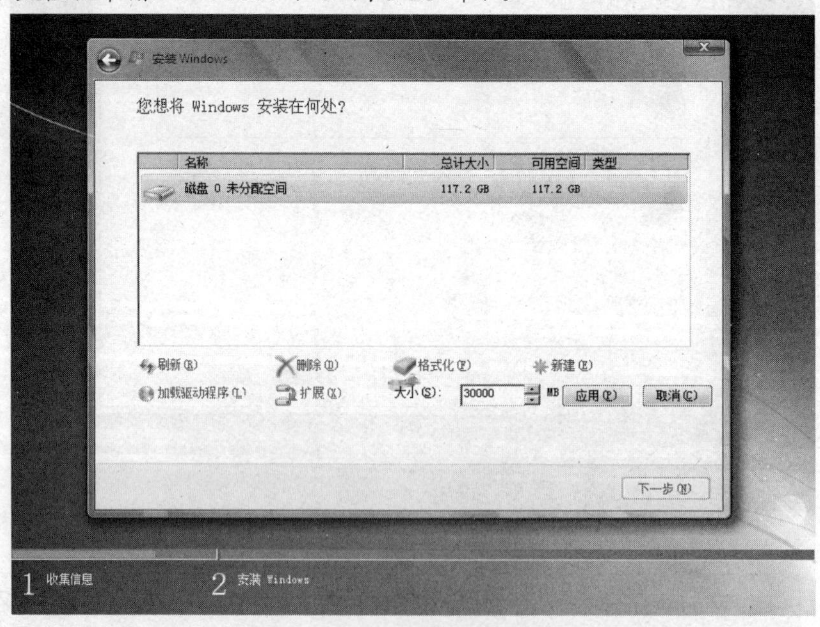


图5-26 新建分区

（10）单击 应用(P) 按钮新建分区，弹出如图 5-27 所示的提示对话框，单击 确定 按钮继续操作，分区结果如图 5-28 所示。

图5-27　提示对话框

（11）选择用于安装 Windows 7 的分区（这里选择“磁盘 0 分区 2”），单击 下一步(N) 按钮。

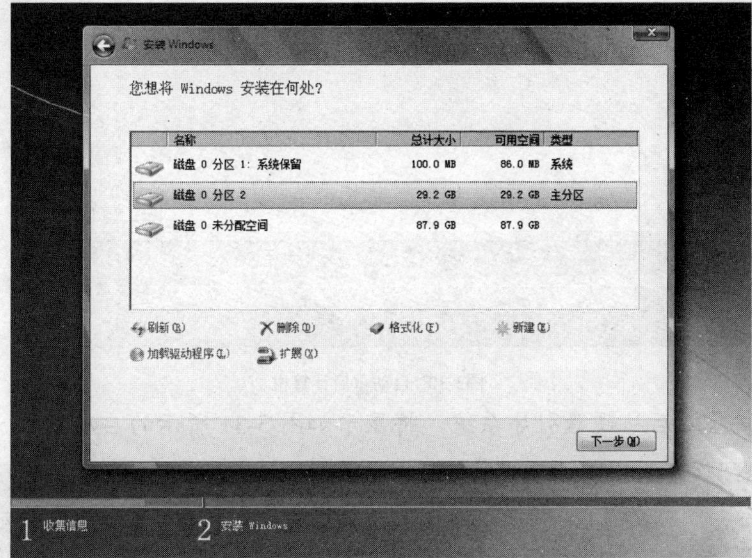


图5-28　选择安装分区

（12）安装程序将自动进行文件的复制和安装，此过程通常需要较长时间，如图 5-29 所示。

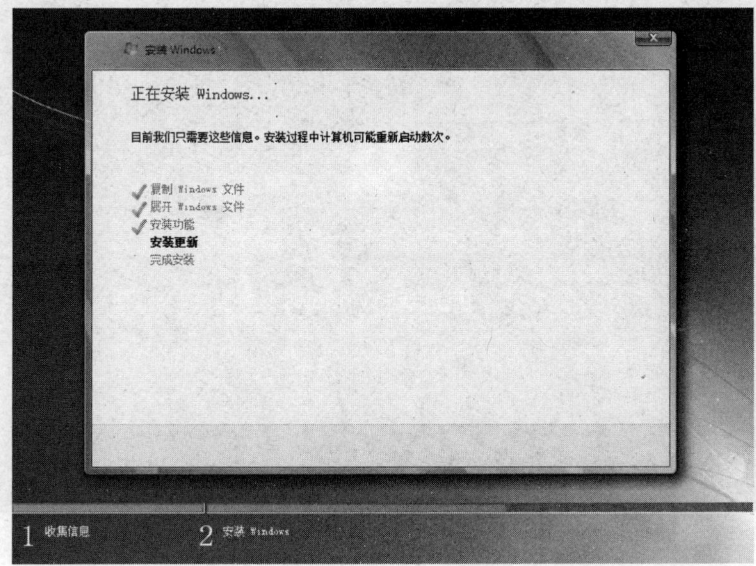


图5-29　复制文件并安装

（13）完成后安装程序将自动重启计算机，如图 5-30 所示。

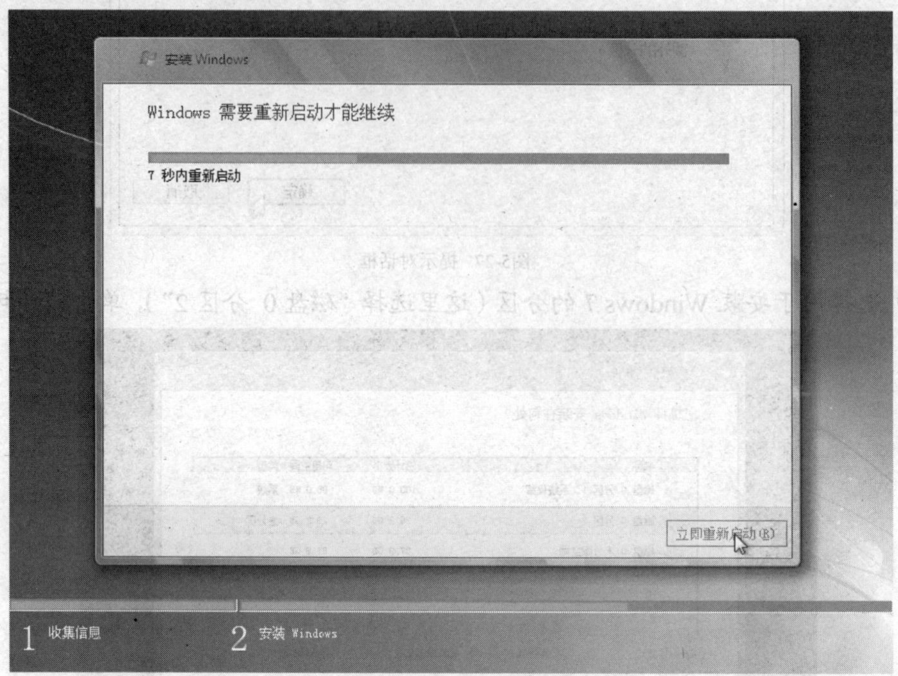


图5-30　自动重启计算机

（14）计算机重启后从硬盘引导系统，将显示如图 5-31 所示的启动界面。

图5-31　Windows 7 启动界面

（15）启动后将继续完成剩余的安装工作，此过程通常需要较长时间，如图 5-32 所示。

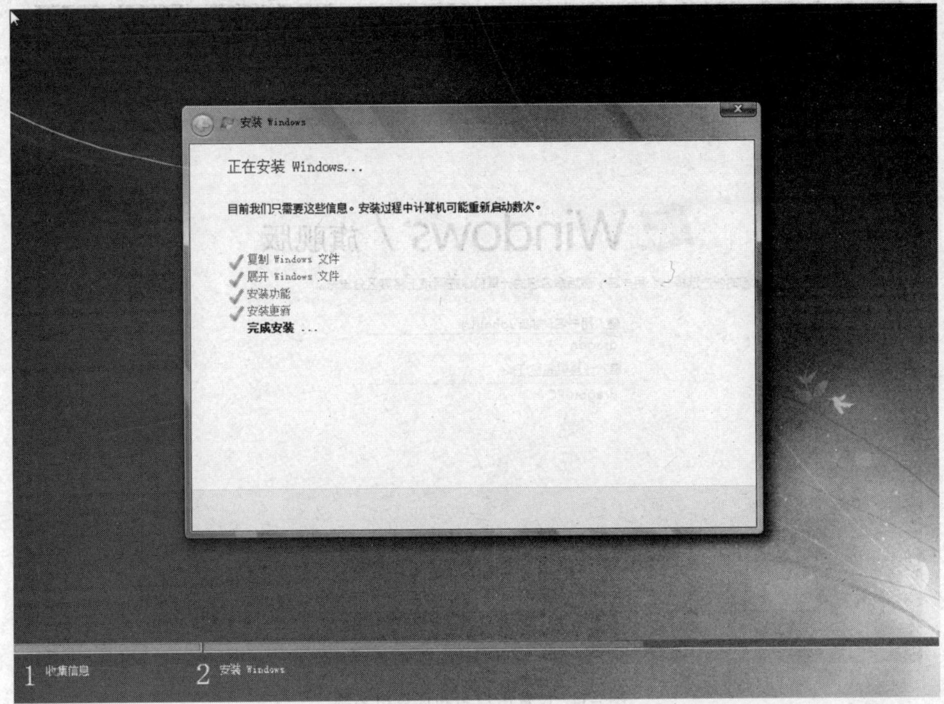


图5-32　安装界面

（16）完成后将再次重启计算机，如图 5-33 所示。

图5-33　再次重启计算机

（17）重启后从硬盘引导系统，安装程序将进行计算机用户名等设置，如图 5-34 所示。

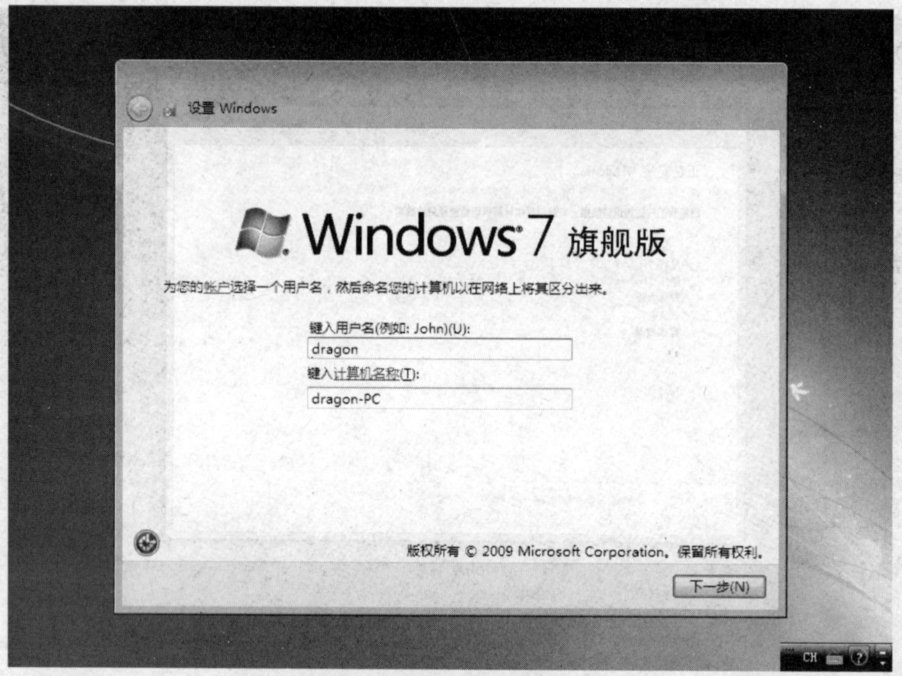


图5-34　设置用户名和计算机名称

（18）输入用户名和计算机名称后单击 下一步(N) 按钮，继续为账户设置密码，如图 5-35 所示。

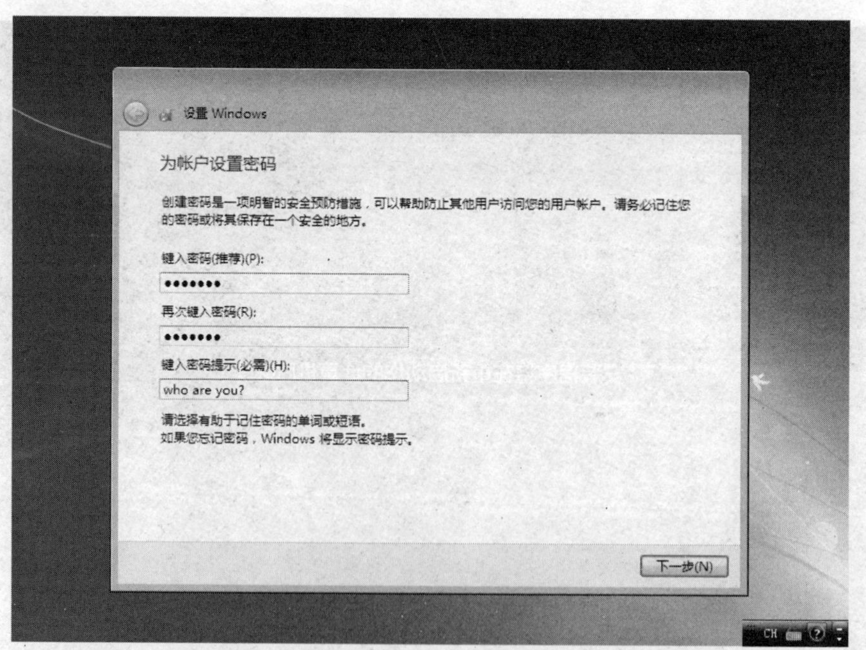


图5-35　设置账户密码

（19）单击 下一步(N) 按钮，输入 Windows 产品密钥，如图 5-36 所示。

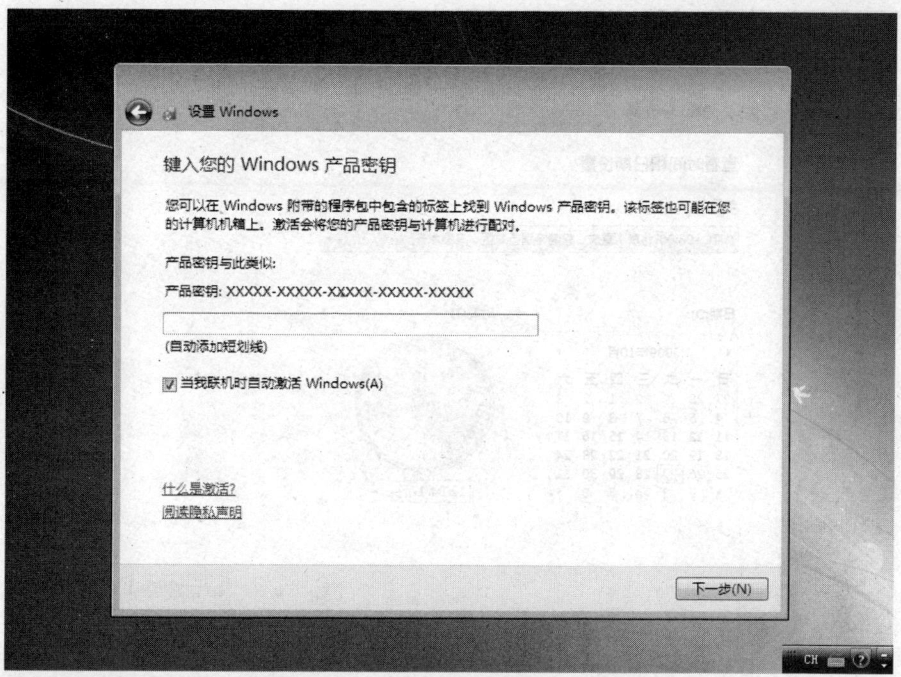


图5-36　输入产品密钥

**重要提示**　在此处产品密钥并不是必须输入，可以在操作系统安装完成后再使用产品密钥对系统进行激活。另外，不输入产品密钥也可以对 Windows 7 操作系统进行试用。

（20）单击 下一步(N) 按钮，继续进行更新方面的设置，如图 5-37 所示。

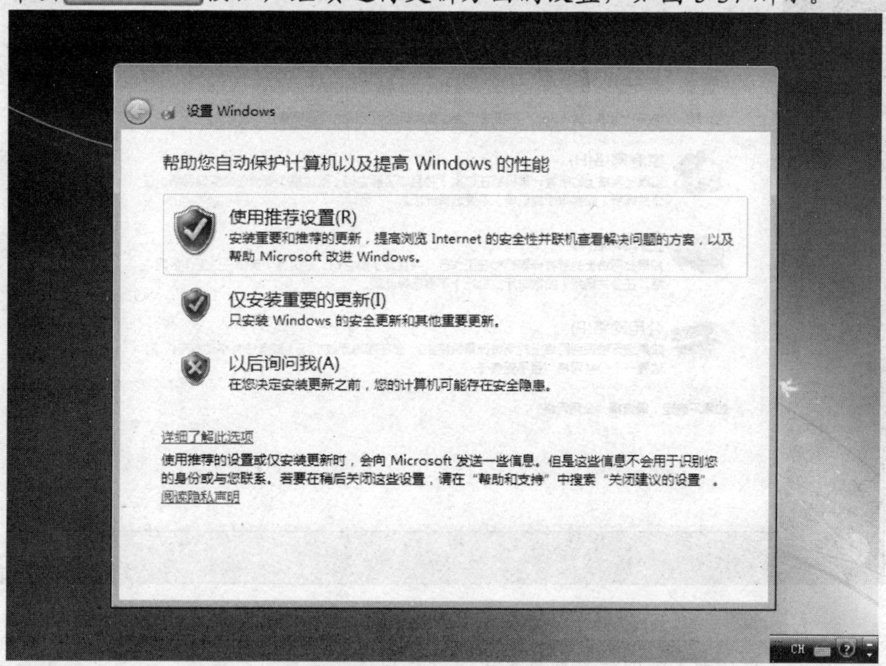


图5-37　设置更新

（21）选择【使用推荐设置】选项，接着进行时间和日期设置，如图 5-38 所示。

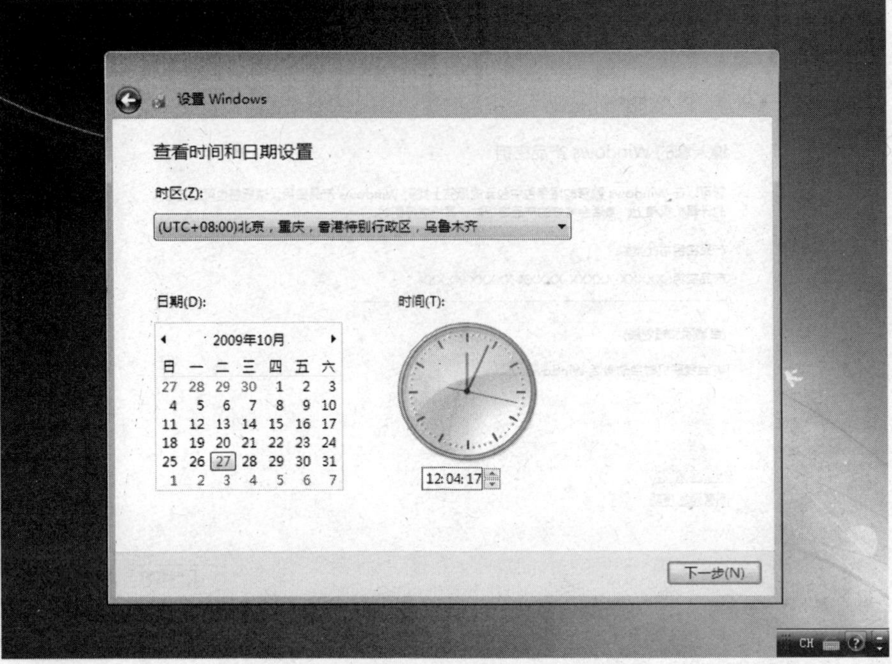


图5-38 设置时间和日期

（22）设置完成后单击 下一步(N) 按钮，进行网络设置，如图 5-39 所示。

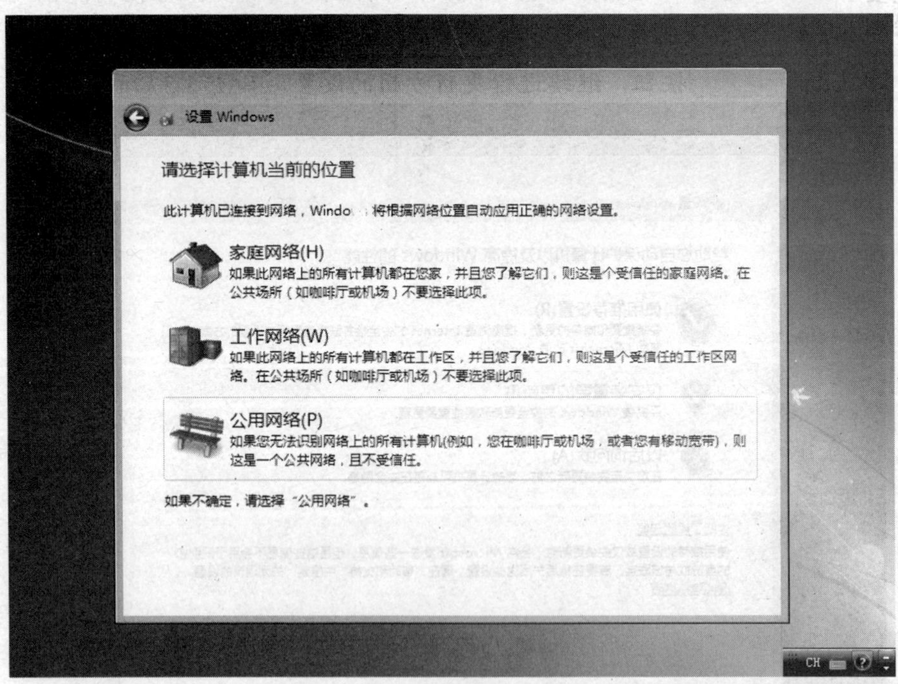


图5-39 网络设置

**重要提示**

此处有 3 种网络类型供选择，可根据提示信息进行选择。对于一般用户或对网络类型不清楚的用户通常选择默认的"公用网络"即可。

（23）选择【公用网络】选项，安装程序提示完成设置，如图 5-40 所示。

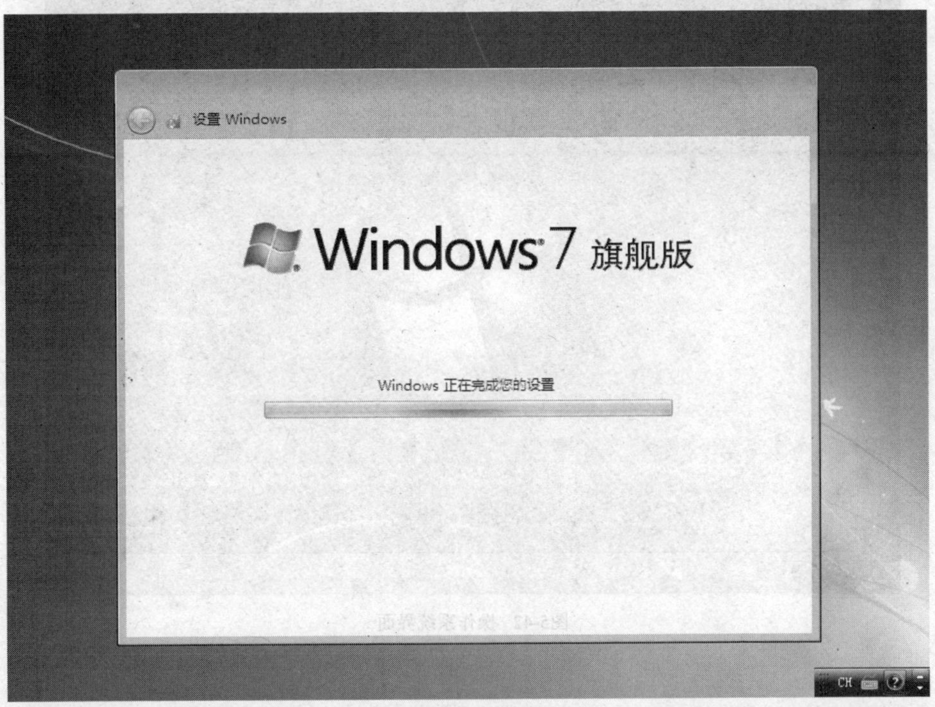


图5-40　完成设置

（24）完成设置后显示欢迎界面，最后进入操作系统界面，如图 5-41 和图 5-42 所示。

图5-41　欢迎界面

图5-42　操作系统界面

# 任务二　安装驱动程序

驱动程序是指允许操作系统和系统中的硬件设备通信的程序文件，它的作用是让计算机各硬件能正常工作。在安装了操作系统之后，若不安装相应的硬件驱动程序，那么该硬件将不能正常工作。

驱动程序获取主要有两个来源。

① 在购买配件的时候，一般都附带有驱动程序的光盘。例如，主板有主板驱动程序光盘，显卡有显卡驱动程序光盘。

② 从网上下载获得。在所购买设备的官方网站上一般有其产品的驱动程序。

**重要提示**

一定要注意保存配件的驱动光盘和说明书，在重装系统和排除系统故障时会经常用到。如果不小心丢了，也可以到网上下载相应的驱动程序和说明书。只要是正规厂商的主流产品，一般都能找到其驱动程序和说明书，但是杂牌产品就不一定了，这也是前面建议大家购买主流品牌的原因之一，因为驱动程序会直接影响硬件的性能表现，主流品牌的厂商会不断更新其产品的驱动程序，所以建议大家每隔一段时间都更新与硬件型号相对应的最新的驱动程序。

## 操作一　安装主板驱动程序

所有驱动程序中，主板驱动无疑是重中之重，这是由于主板在所有硬件中的地位所决定的。所以安装驱动程序的顺序，通常是先安装主板驱动程序，然后再安装显卡等其他驱动程序。

【操作步骤】

（1）将计算机的主板驱动光盘放入光驱，通常光盘会自动运行安装程序，否则可打开光盘目录，手动运行安装程序。图 5-43 所示为主板驱动程序安装界面。

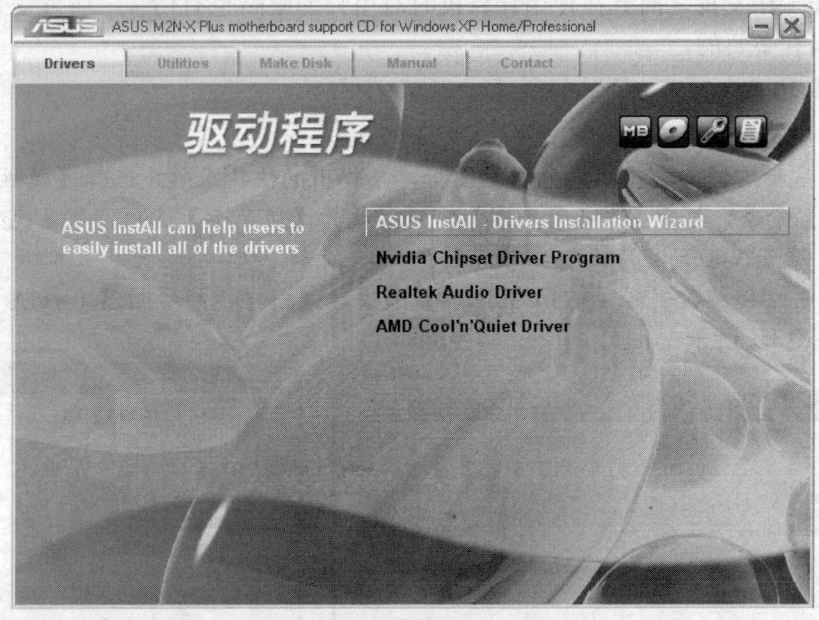


图5-43　主板驱动程序安装界面

（2）在图 5-43 所示的界面中有 4 个选项，后 3 个选项是关于芯片组、声卡等单独的驱动程序，这里选择第 1 项。单击 ASUS InstAll - Drivers Installation Wizard 按钮。

（3）安装过程中保持默认设置。安装完成后，重启计算机。

（4）用鼠标右键单击【我的电脑】图标，在弹出的快捷菜单中选择【属性】/【硬件】/【设备管理器】命令，打开如图 5-44 所示的【设备管理器】窗口，查看驱动程序是否安装成功。如果设备前面没有黄色问号，则说明主板驱动程序安装成功。

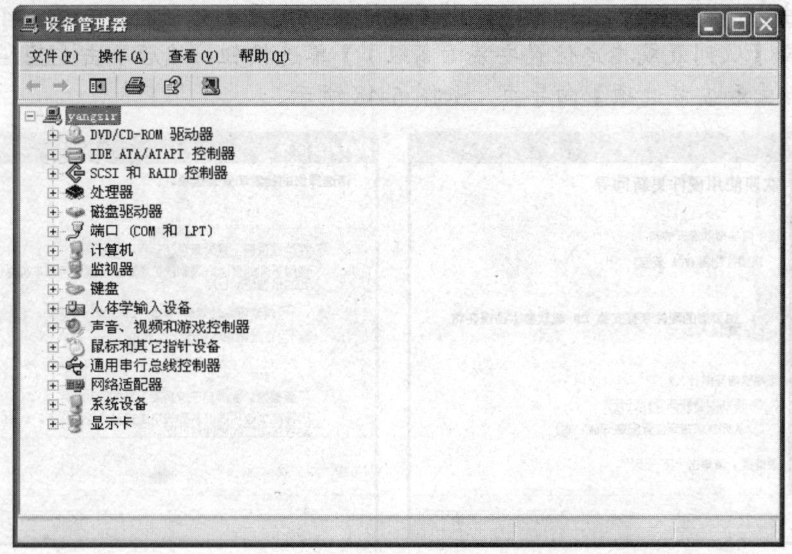


图5-44　【设备管理器】窗口

## 操作二　安装显卡驱动程序

显卡对计算机显示的效果起着决定性的作用，如果没有正确安装显卡驱动程序，不仅硬件本身的性能无法发挥，而且在使用计算机时对用户的眼睛也有伤害，所以安装匹配的显卡驱动程序是很有必要的。

【操作步骤】

（1） 将显卡驱动光盘放入光驱中。

（2） 用鼠标右键单击【我的电脑】图标，在弹出的快捷菜单中选择【属性】/【硬件】/【设备管理器】命令，打开【设备管理器】窗口，展开【显示卡】选项，可见视频控制器前面有黄色问号，表示其驱动程序没有安装，如图5-45所示。

（3） 双击【视频控制器（VGA兼容）】选项，弹出【视频控制器（VGA兼容）属性】对话框，如图5-46所示。

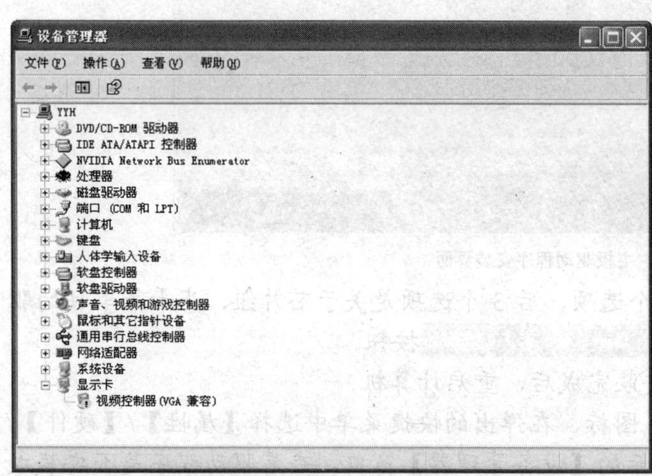


图5-45　未安装显卡驱动程序时的【设备管理器】窗口

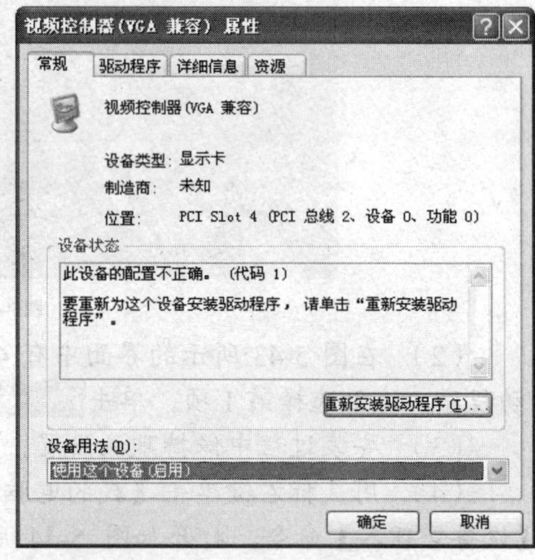


图5-46　【视频控制器（VGA兼容）属性】对话框

（4） 单击重新安装驱动程序(I)...按钮，弹出【硬件更新向导】对话框，如图5-47所示。

（5） 选择【从列表或指定位置安装（高级）】单选按钮，然后单击下一步(N) >按钮，进入【请选择您的搜索和安装选项】向导页，如图5-48所示。

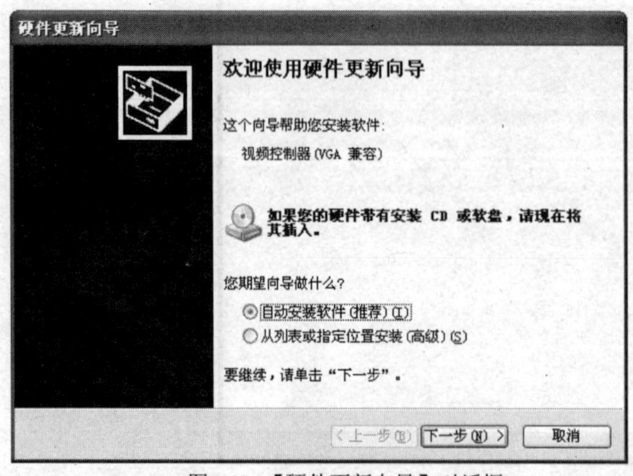


图5-47　【硬件更新向导】对话框

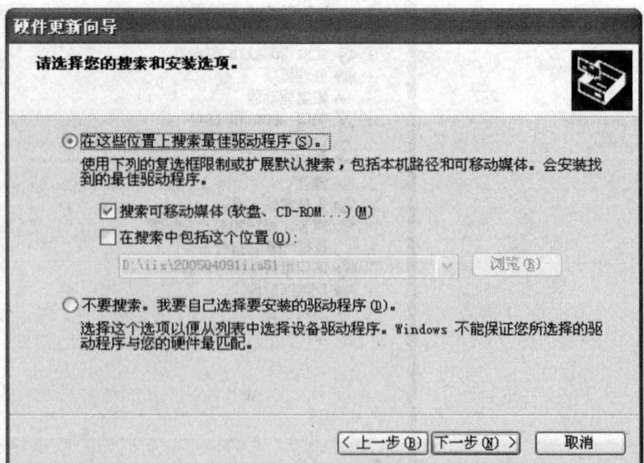


图5-48　选择驱动程序的位置

如果驱动程序是放在光盘中，则勾选【搜索可移动媒体（软盘、CD-ROM…）】复选框；如果驱动程序是放在硬盘的某个文件夹中，则勾选【在搜索中包括这个位置】复选框，然后单击浏览(R)按钮，找到相应的文件夹。

（6）单击下一步(N) >按钮，向导将会在指定的位置搜索驱动程序，如果找到驱动程序，会自动进行安装，最终效果如图 5-49 所示。

（7）单击完成按钮，再次打开【设备管理器】窗口，查看显卡驱动程序是否安装成功。图 5-50 所示的【显示卡】选项显示正常，说明驱动程序安装成功。

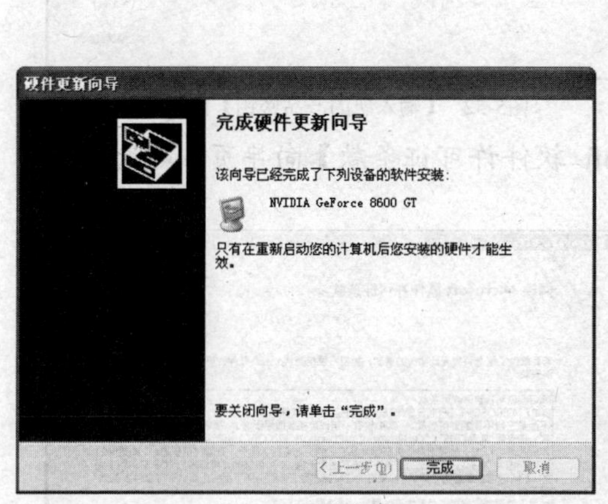


图5-49　完成安装

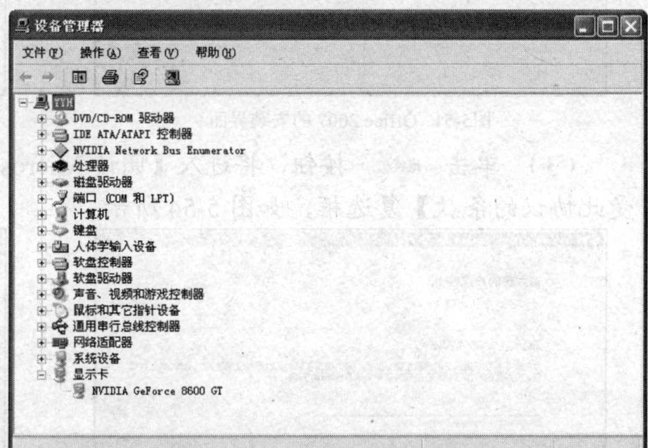


图5-50　安装显卡驱动程序后的【设备管理器】窗口

# 任务三　安装与卸载软件

操作系统和驱动程序安装完成后，还需要为系统安装必要的应用软件，如压缩软件、办公软件、通信软件等，软件的安装与卸载原理大致相同，只要掌握一种软件的安装与卸载方法，便可触类旁通。下面介绍 Office 办公软件的安装与卸载方法。

## 操作一　安装 Office 软件

Microsoft Office 办公软件可以应用于 Windows 和 Macintosh 操作系统，与其他办公应用程序一样，它包括联合的服务器和基于互联网的服务。

**【操作步骤】**

（1）将 Office 2007 的安装光盘放入光驱中，单击【Office 2007】安装图标，系统自动进入如图 5-51 所示的安装界面。

（2）随后进入如图 5-52 所示的【输入您的产品密钥】向导页，在文本框中输入正确的授权码。授权码一般都在光盘盒的背面，输入正确后会在文件框后面显示一个✔符号，如图 5-53 所示。

图5-51　Office 2007 的安装界面

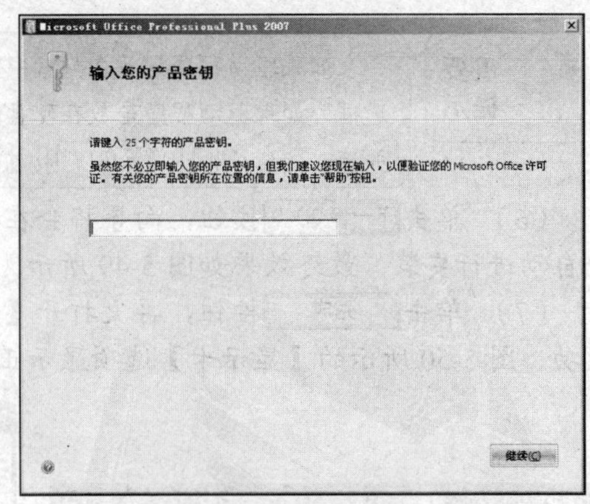


图5-52　【输入您的产品密钥】向导页

（3）单击 继续(C) 按钮，将进入【阅读 Microsoft 软件许可证条款】向导页，勾选【我接受此协议的条款】复选框，如图 5-54 所示。

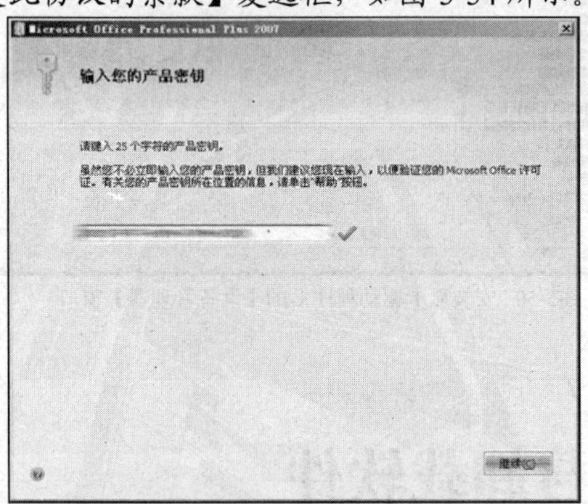


图5-53　输入正确的产品密钥

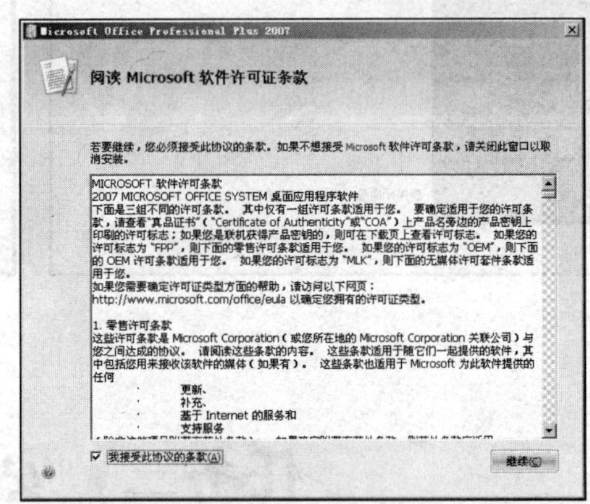


图5-54　【阅读 Microsoft 软件许可证条款】向导页

（4）单击 继续(C) 按钮，将进入【选择所需的安装】向导页，Office 2007 为用户提供了默认安装和自定义安装两种安装模式，如图 5-55 所示。单击 立即安装(I) 按钮，Office 2007 将被默认安装至计算机"C:\Program Files\Microsoft Office"目录下，如图 5-56 所示。这里采用【自定义】安装模式。

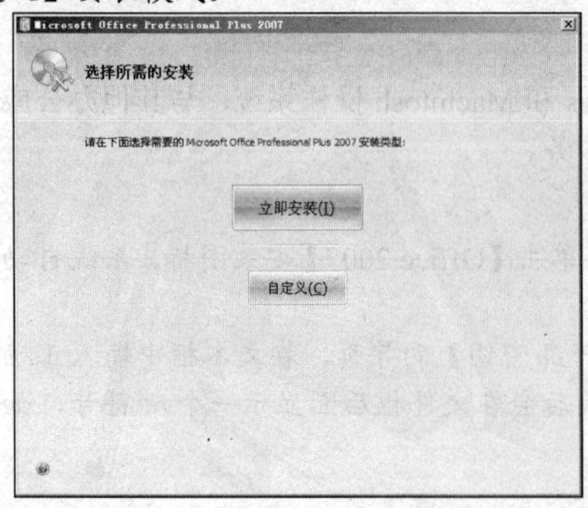


图5-55　【选择所需的安装】向导页

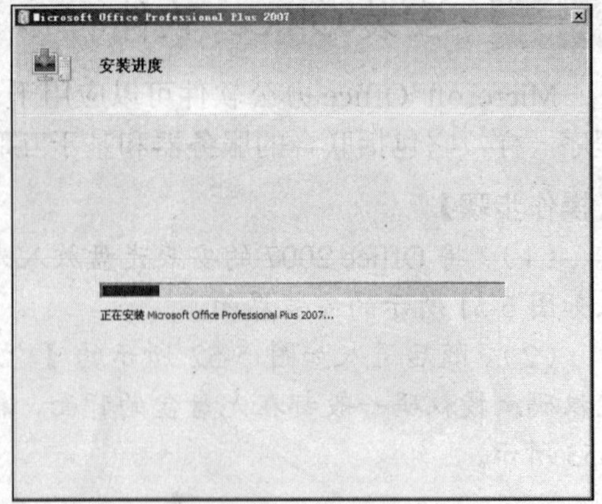


图5-56　默认安装方式

（5）单击 自定义(C) 按钮，进入【自定义设置】向导页，如图 5-57 所示。这里包括 3 个选项卡，在【安装选项】选项卡中可以选择需要安装的软件组件；在【文件位置】选项卡中可以选择软件安装路径，如图 5-58 所示；在【用户信息】选项卡中可以输入用户信息，如图 5-59 所示。

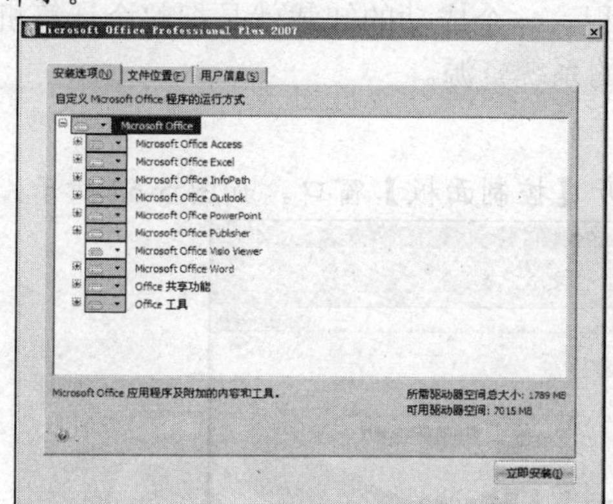

图5-57　【自定义设置】向导页

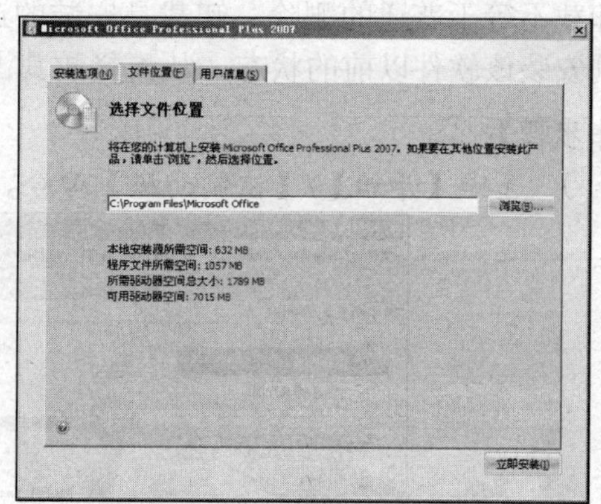

图5-58　【文件位置】选项卡

（6）选择并填写完成后，单击 立即安装(I) 按钮，将开始安装软件并显示软件安装进度，如图 5-60 所示。

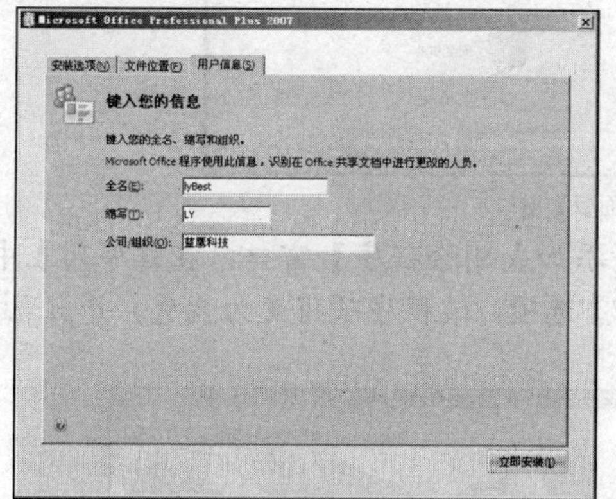

图5-59　【用户信息】选项卡

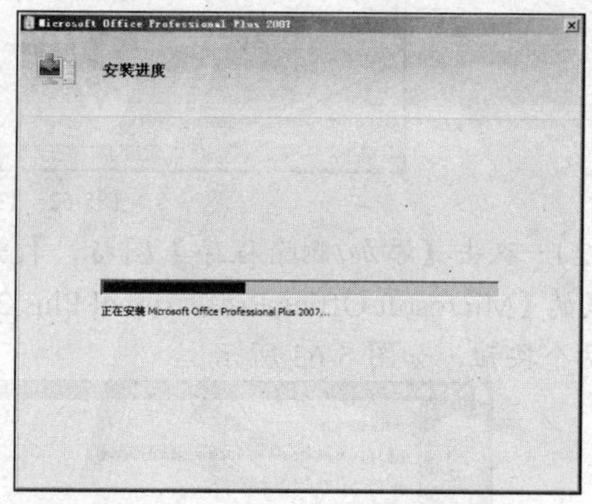

图5-60　安装进度

（7）安装完成后显示安装成功界面，如图 5-61 所示。

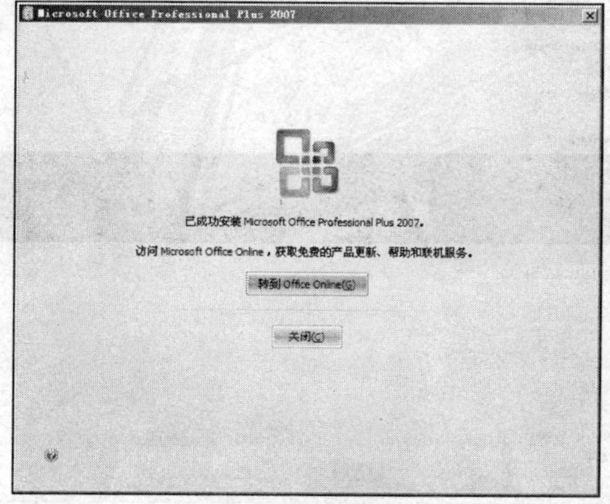

图5-61　安装成功

（8）单击 关闭(C) 按钮，完成 Office 2007 软件的安装。

## 操作二 卸载 Office 软件

在使用计算机时，有些软件只是暂时性的使用，使用完成后将不会再次使用；或者该软件在使用时出现了程序故障，这就需要将它们卸载。

卸载不等于普通的删除，卸载是安装的逆过程。一个成功的卸载就是把整个计算机系统恢复到安装该软件以前的状态，从而释放其占用的系统资源。

【操作步骤】

（1） 选择【开始】/【控制面板】命令，打开【控制面板】窗口，如图 5-62 所示。

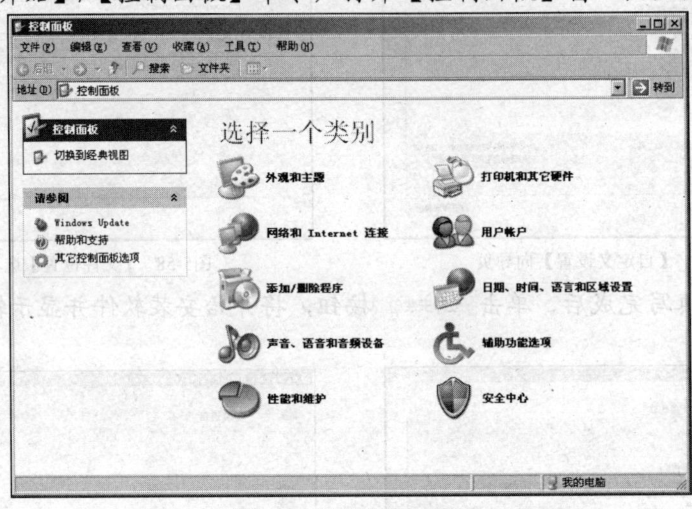


图5-62 【控制面板】窗口

（2） 双击【添加/删除程序】图标，打开【添加或删除程序】窗口，在程序列表中单击要卸载的【Microsoft Office Professional Plus 2007】选项，该程序项将变为蓝色，并出现更改和删除两个按钮，如图 5-63 所示。

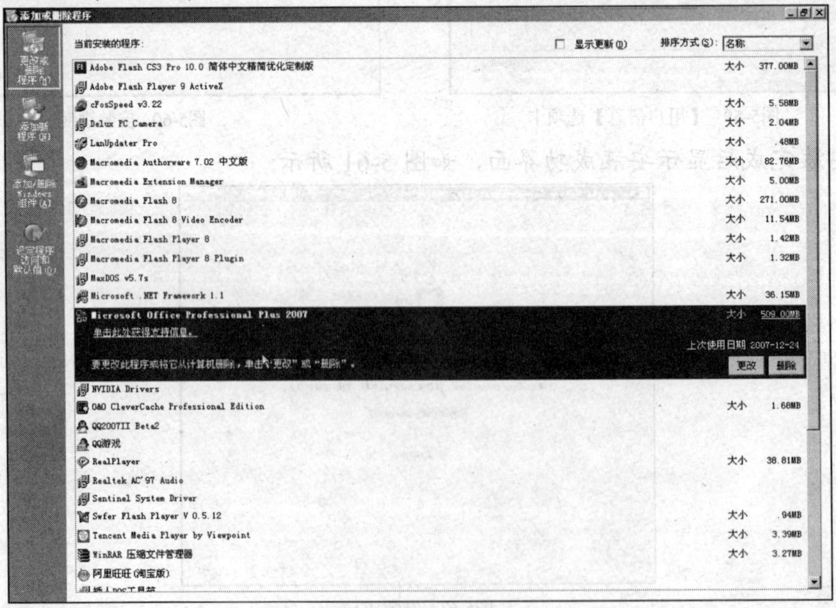

图5-63 【添加或删除程序】窗口

（3）单击删除按钮，弹出如图 5-64 所示的卸载确认对话框。

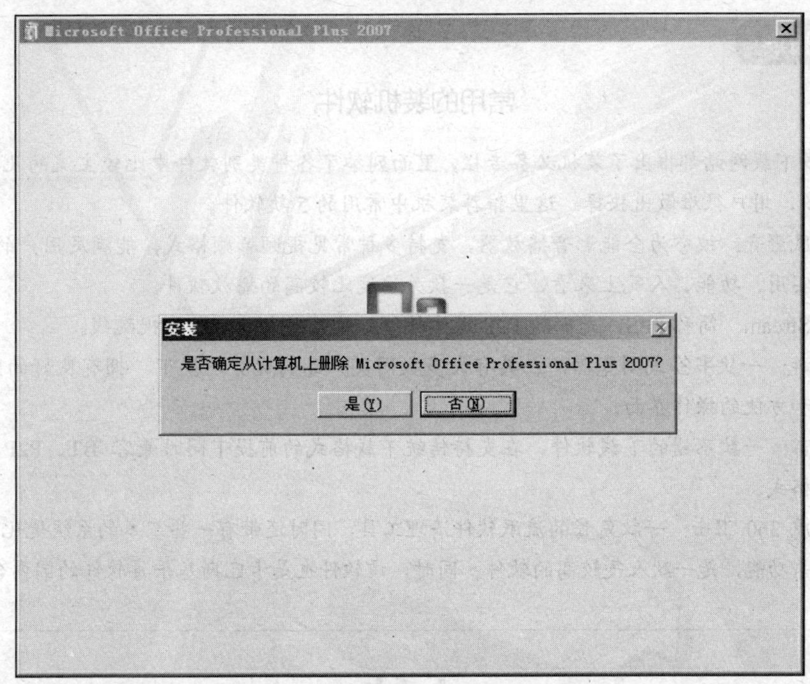


图5-64　卸载确认对话框

（4）单击是(Y)按钮，程序开始卸载，如图 5-65 所示。

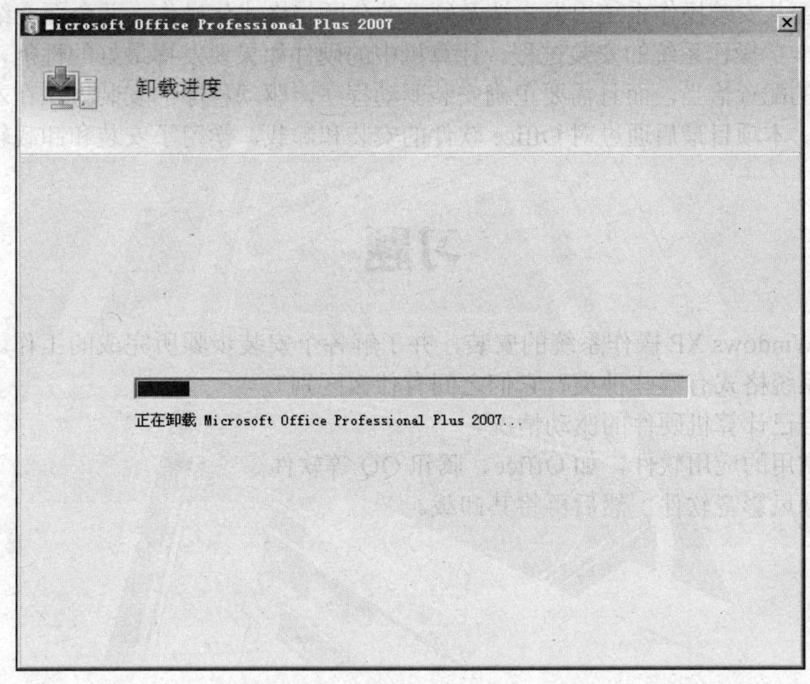


图5-65　卸载进度

（5）卸载完成后。可以再回到【添加或删除程序】窗口，此时，在程序列表中已经没有【Microsoft Office Professional Plus 2007】选项了。

视野拓展

### 常用的装机软件

现在很多下载网站都推出了装机必备专栏，里面列举了各种类别软件中比较主流的几款，但品种和数目比较多，用户很难做出抉择。这里推荐装机中常用的 5 款软件。

- 暴风影音：被誉为全能影音播放器，支持多种常见视频音频格式，能满足用户的播放需求。从实用、功能、人气上来看，它是一款关注度比较高的播放软件。
- PPStream：简称 PPS，是一款 P2P 媒体软件，收入了大量流行影视院线。
- 傲游：一款书签式浏览器，在具有大多数同类产品的优势前提下，拥有良好的网页管理功能和方便的操作界面。
- 迅雷：一款不错的下载软件。在支持传统下载格式的前提下同时兼容 BT、P2P、电驴等下载格式。
- 奇虎 360 卫士：一款免费的流氓软件清理工具，同时还带有一些基本的系统优化功能和木马查杀功能，是一款人气较高的软件。同时，该软件也是卡巴斯基杀毒软件的国内合作伙伴。

# 小结

本项目主要从安装操作系统出发，涉及硬盘的分区与格式化操作，并全面介绍了 Windows XP 和 Windows 7 操作系统的安装过程。计算机中的硬件如果要发挥最好的性能，不仅需要硬件与硬件之间的配置恰当，而且需要正确安装驱动程序，驱动程序的安装方法在本项目中也进行了详细介绍。本项目最后通过对 Office 软件的安装和卸载，学习了安装和卸载软件的方法。

# 习题

1. 完成 Windows XP 操作系统的安装，并了解各个安装步骤所完成的工作。
2. 文件系统格式有哪些种类？它们之间有什么区别？
3. 查看自己计算机硬件的驱动情况。
4. 安装常用的应用软件，如 Office、腾讯 QQ 等软件。
5. 安装暴风影音软件，然后再将其卸载。

# 项目六　常用外设的选购和安装

计算机作为一种具有多功能的电子设备，其外设产品也相当丰富，不管是在图形图像的输入、输出方面，还是在多媒体应用方面，都为不同的用户提供多种选择。在选择余地增加的同时，也就需要用户了解不同设备的种类和性能，以便选择适合自己的产品。

**学习目标**

- ★　了解常用外设的种类和性能参数。
- ★　掌握常用外设的选购方法。
- ★　掌握常用外设驱动程序的安装方法。

## 任务一　选购计算机外设

由于外设产品的种类多种多样，而每种产品的性能参数又各不相同，所以用户在选购时可能会感觉无从下手。下面详细介绍常用外设的种类和性能参数，并提供选购外设的一般步骤和方法。

### 操作一　选购打印机

打印机是将计算机中的文字或图像打印到相关介质上的一种输出设备。在办公、财务等方面应用广泛，而且在打印质量提高的同时，价格却越来越低，因此越来越受到个人用户的青睐。

#### 1. 打印机的分类

从打印原理来看，市面上常见的打印机可分为喷墨打印机、激光打印机和针式打印机。

（1）　喷墨打印机

喷墨打印机按工作原理又可分为固体喷墨和液体喷墨两种类型，而常见的是液体喷墨打印机。喷墨打印机通过喷嘴将墨水喷到打印纸上，实现文字或图形的输出。图 6-1 和图 6-2 所示为常见的喷墨打印机。

图6-1　惠普 Officejet Pro K5400dn 彩色喷墨打印机

图6-2　爱普生 Stylus Photo R270 彩色喷墨打印机

在彩色打印方面，喷墨打印机可以使用 3 种颜色以上的墨水，所以其颜色范围已超过传统 CMYK 颜色的局限，可以应用到专业彩色图形图像输出的工作环境。图 6-3 所示为常用彩色喷墨打印机的供墨系统。

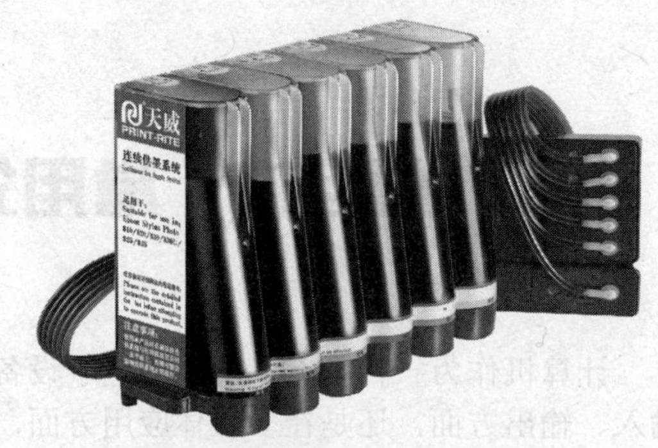

图6-3 彩色喷墨打印机的供墨系统

喷墨打印机具有购机成本较低、体型较小、打印颜色丰富等特点，但打印使用的墨水等耗材比较昂贵，特别是对于一些专业打印机所用的耗材。另外，喷墨打印机打印速度较慢，还要经常保持打印机的使用状态，以防止墨水凝固堵塞喷嘴，并定期对其进行维护和保养。

（2） 激光打印机

激光打印机的主要部件为装有碳粉的感光鼓和定影主件两部分。打印时感光鼓接收激光束，产生电子以吸引碳粉，然后印在打印纸上，再传输到定影主件加热成型。

激光打印机也可分为黑白激光打印机和彩色激光打印机两种类型，如图 6-4 和图 6-5 所示。在彩色打印方面，虽然在色彩方面没有喷墨打印机丰富，但打印成本较低，而且随着技术水平的提高，使得彩色激光打印机的打印效果越来越接近真彩。

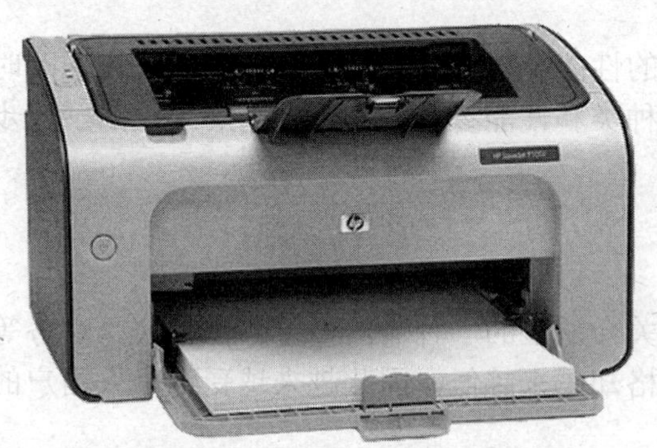
图6-4 HP LaserJet P1007(CC365A)黑白激光打印机

图6-5 三星 CLP-315 彩色激光打印机

激光打印机不管是在黑白打印还是在彩色打印方面，都具有打印成本低、打印速度快、打印精度高、对纸张无特殊要求、低噪声等特点。

（3） 针式打印机

针式打印机也称为点阵式打印机，是一种机械打印机，其工作方式是利用打印头内的点阵撞针撞击色带和纸张以产生打印效果。图 6-6 所示为常见针式打印机的外观。

针式打印机具有结构简单、价格适中、形式多样、适用面广等特点，主要应用于打印工程图、电路图等工程领域，以及票据、报表等需要多份同时打印的场合。

图6-6 联想 DP600+针式打印机

**2. 打印机的主要参数**

对于不同类型的打印机，标注的性能参数也有所不同，其共有的性能参数主要有打印速度、分辨率和内存。

（1）　打印速度

对于喷墨打印机和激光打印机，打印速度是指打印机每分钟打印输出的纸张页数，单位用“页/分”（Pages Per Minute，PPM）表示。对于针式打印机，打印速度通常指单位时间内能够打印的“字体数”或者“行数”，用“字/秒”或“行/分”表示。

（2）　分辨率

分辨率又称输出分辨率，是指在打印输出时横向和纵向两个方向上每英寸最多能够打印的点数，通常以“点/英寸”（dot per inch，dpi）表示。分辨率是衡量打印机打印质量的重要指标，它决定打印机打印图像时所能表现的精细程度和输出质量。

（3）　内存

打印机中的内存用于存储要打印的数据，其大小是决定打印速度的重要指标，特别是在处理数据量大的文档时，更能体现内存的作用。

打印机的内存一般在2～32MB，最大可扩展内存可达512MB。

**3. 打印机的选购要点**

（1）　确定打印机类型

根据应用场合选择不同类型的打印机，如果需要打印票据等，应选用针式打印机；如果需要快速打印数量较多的内容（如办公室内），则应选用激光打印机；如果是在家庭使用，打印数量有限，一般购买比较便宜的喷墨打印机即可。

根据是否需要打印彩色图像选择黑白打印机或彩色打印机，一般彩色打印机在机器价格和耗材价格上都比黑白打印机贵，所以在选购时应仔细考虑。

（2）　确定打印机性能

对于同种类型的打印机产品，性能不同在价格上会有较大差别，在选购时不应盲目追求高性能，而应该根据打印需要选择性能适宜的产品。例如，在分辨率方面，对于文本打印而言，600像素就已经达到相当出色的打印质量；而对于照片打印而言，更高的分辨率可以打印更加丰富的色彩层次和更平滑的中间色调过渡，通常需要1 200像素以上的分辨率。

（3）　确定打印机的品牌

知名品牌的打印机质量有保证，售后服务一般较好，通常保修时间为1年，而且耗材也比较容易购买。目前市场上知名的打印机品牌主要有联想（Lenovo）、惠普（HP）、三星（Samsung）、爱普生（EPSON）、松下（Panasonic）、佳能（Canon）、方正（Founder）等。

## 操作二　选购扫描仪

扫描仪能够方便地对现有的图书或图像资料进行扫描，将其转换成图像数据，以方便使用计算机进行存储和传输。

**1. 扫描仪的分类**

根据扫描原理的不同，扫描仪有很多种类型，一般常用的扫描仪类型有平板式扫描仪、便携式扫描仪和滚筒式扫描仪3种。

（1） 平板式扫描仪

平板式扫描仪在扫描时由配套软件控制扫描过程，具有扫描速度快、精度高等优点，广泛应用于平面设计、广告制作、办公应用、文学出版等众多领域，如图 6-7 所示。

佳能 CanoScan 5600F

惠普 Scanjet G3010

图6-7 平板扫描仪

（2） 便携式扫描仪

便携式扫描仪具有体积小、质量轻、携带方便等优点，如图 6-8 所示。

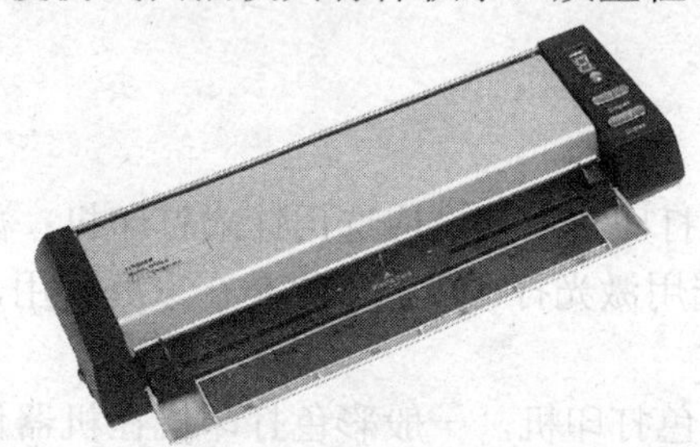
方正 Z28d

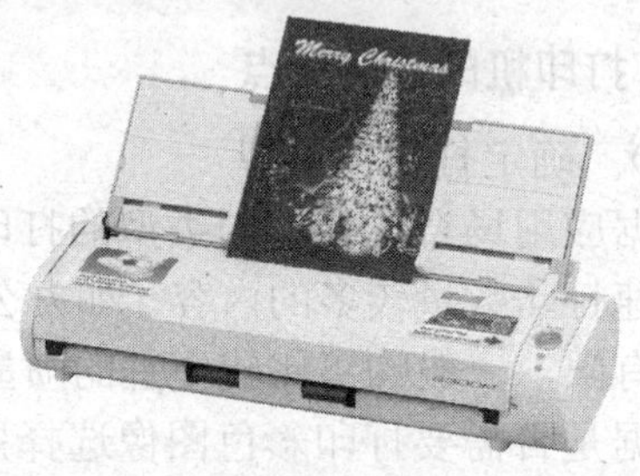

富士通 ScanSnap S300M

图6-8 便携式扫描仪

（3） 滚筒式扫描仪

滚筒式扫描仪一般应用在大幅面的扫描领域中，其分辨率高，能快速处理大面积的图像，输出的图像普遍具有色彩还原逼真、放大效果优秀、阴影区域细节丰富等优点，如图 6-9 所示。

图6-9 松下 KV-S2045CCN

**2. 扫描仪的主要参数**

不同类型的扫描仪，通常都具有以下几个主要的性能参数。

① 分辨率。扫描仪的分辨率又分为光学分辨率和最大分辨率，在实际购买时应以光学分辨率为准，最大分辨率只在光学分辨率相同时作为一种参考。

光学分辨率是指扫描仪物理器件所具有的真实分辨率，用横向分辨率与纵向分辨率两个数字相乘表示，如 600 像素×1200 像素。

② 色彩位数。它是指扫描仪对图像进行采样的数据位数，也就是扫描仪所能辨析的色彩范围。扫描仪的色彩位数越高，扫描所得的图像色彩与实物的真实色彩越接近。目前市场上扫描仪的色彩位数主要有 18 位、24 位、30 位、42 位和 48 位等。

③ 扫描范围。它是指扫描仪最大的扫描尺寸范围，它由扫描仪内部机构设计和扫描仪的外部物理尺寸决定。通常可分为 A4、A4 加长、A3、A1、A0 等，一般的平板扫描仪为 A4 纸大小。

### 3. 扫描仪的选购要点

（1） 确定扫描仪的种类

对于一般的个人用户，选择 A4 纸大小的平板式扫描仪或便携式扫描仪就足以满足需要；而对于需要扫描大幅面图像的商业应用，则应选用滚筒式扫描仪。

（2） 确定扫描仪的性能

如果是家庭使用，仅扫描一些文档或照片等，那么选购分辨率为 600 像素×1 200 像素，色彩位数为 32 位的扫描仪即可满足需要。

如果是广告以及图形图像处理等专业用途，则应当选购分辨率为 1 200 像素×2 400 像素，色彩位数为 48 位或以上的扫描仪。

（3） 确定扫描仪的品牌

知名品牌的扫描仪产品，一般质量较高，售后服务也有保障。当前知名的扫描仪品牌主要有清华紫光（Thunis）、方正科技（Founder）、中晶、爱普生（EPSON）、佳能（Canon）、尼康（Nikon）、惠普（HP）、明基（BenQ）等。

## 操作三　选购摄像头

摄像头是一种数字视频的输入设备，如图 6-10 和图 6-11 所示。在现今的数字化时代，它的应用已相当普遍，常见的应用场合主要有视频聊天、网络会议、远程监控等。

图6-10　罗技快看畅想版

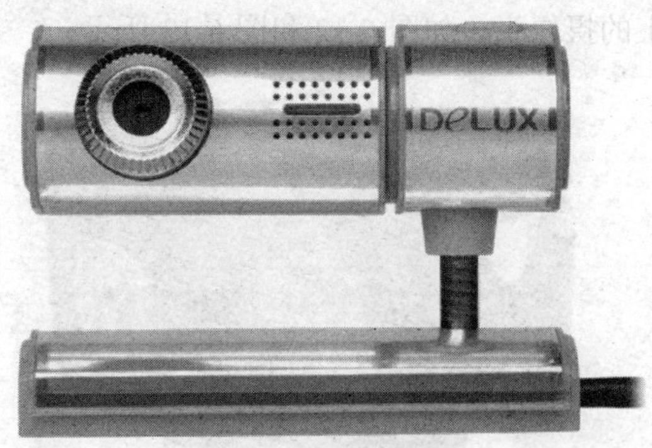


图6-11　多彩 DLV-C33 摄神

### 1. 摄像头的主要参数

（1） 最高分辨率

摄像头的最高分辨率是指摄像头解析图像的最大能力，即摄像头的最高像素数。它是摄像头的主要性能指标之一。像素越高，摄像头捕捉到的图像信息就越多，图像分辨率就越高，相应的屏幕图像就越清晰。

目前市场上常见摄像头有 800 万像素、1 000 万像素等。

（2） 色彩位数

色彩位数又称彩色深度，数码摄像头的色彩位数反映了摄像头能正确记录色调的多少，其值越高，就越可能更真实地还原亮部及暗部的细节特征。

色彩位数以二进制的位（bit）为单位，如常见的摄像头的色彩位数为24位，说明其性能表示2的24次方种颜色。

（3） 传输接口

传输接口决定了是否能够得到清晰流畅的图像，特别是对于像素数较高的摄像头。现在市面上主流的摄像头都是采用 USB 接口，支持热插拔，USB 2.0 规范的接口传输率可达480Mbit/s。

（4） 图像调节能力

质量好的摄像头通常具有调焦能力、自动补偿曝光能力，能够保证在不同距离以及不同光照环境下得到清晰的图像。

**2．选购摄像头的要点**

现在的摄像头很多都是不需要安装驱动的无驱摄像头，所以选购时应注意以下两点。

（1） 查看摄像头的分辨率

一般情况下，在可以接受的价格范围内，摄像头的分辨率越大越好。但要注意有些摄像头的实际分辨率只有200万像素，而通过软件增值后的最高分辨率可达到800万像素，在选购时应对这两个参数进行正确区分。

（2） 注重实际效果

一般摄像头的调焦能力、曝光能力等不容易通过参数看出来，所以在选购时应在现场实地测试一下，如可以将摄像头分别放在强光处和暗处，以测试其曝光能力。

关于外形，主要考虑其大小和安放位置，如对于笔记本电脑用户，可选用能夹在显示屏上的摄像头，如图6-12和图6-13所示。

图6-12 蓝色妖姬 T999

图6-13 ANC 酷客超强版

## 操作四 选购投影仪

继背投、等离子和液晶电视之后，在商业与教育行业应用得最为广泛的投影仪也逐渐受到普通用户的关注。常见投影仪的外观如图6-14和图6-15所示。

图6-14　纽曼 NM-PT01

图6-15　索尼 VPL-CX130

与高端电视产品相比，投影仪具有画面大、亮度好、无辐射，可兼容多种视频信号，播放尺寸不受限制，重量轻等特点。它能连接有线电视或普通电视，直接接收多达 100 套电视节目，还可以接收 DVD、VCD、LD 等设备的视频信号和计算机的数字信号。当投影仪与音响组合成多媒体家庭影院时，其视听效果可以与真正的影院媲美，其应用如图 6-16 所示。

图6-16　投影仪的应用

目前市场上的投影仪都是使用和显示器一样的视频接口，不需要安装驱动程序，使用很方便，直接连接到计算机的视频接口即可。

### 1. 投影仪的使用方式

在选择购买投影仪之前，首先应熟悉投影仪的使用方式。投影仪在使用时分为台面正向投射、天花板吊顶正向投射、台面背面投射、吊顶背面投射、背投一体箱式等类型。

正向投射是指投影仪与观看者处于同一侧；背面投射是指投影仪与观看者分别在屏幕两端，这时需要使用背投屏幕，如果空间较小，可选择背面反射镜折射的方法。如果需要固定安装使用，可选择吊顶方式，但必须注意防尘和散热。

### 2. 投影仪的主要参数

投影仪的性能参数较多，在选购投影仪之前正确认识这些参数的含义，才能分清投影仪的档次，有针对性地选择适合的投影仪。

（1）　画面尺寸

画面尺寸是指投影仪投出画面的大小，主要有最小图像尺寸和最大图像尺寸，一般用对角线的尺寸表示，单位是英寸。最小画面尺寸和最大画面尺寸是由镜头的焦距决定的，在这两个尺寸之间投射的画面可以清晰聚焦，如果超出这个范围，则会出现画面不清晰和投影效果差等情况。

（2）　输出分辨率

输出分辨率指投影仪投出图像的分辨率，可分为物理分辨率和压缩分辨率。物理分辨率决定图像的清晰程度，而压缩分辨率决定投影仪的适用范围。

物理分辨率越高，则可接收分辨率的范围也越大，投影仪的适应范围也就越广。目前，市场上应用最多的为 SVGA（分辨率为 800 像素×600 像素）和 XGA（分辨率为 1 024 像素×768 像素）两种，其中 XGA 的产品价格比 SVGA 的价格高一倍左右。

（3） 水平扫描频率

电子束在屏幕上从左至右的运动称为水平扫描，每秒钟扫描的次数就叫做水平扫描频率。水平扫描频率是区分投影仪档次的重要指标。

视频投影仪的水平扫描频率是固定的，为 15.625kHz（PAL 制）或 15.725kHz（NTSC 制），频率范围为 15～60kHz 的投影仪通常叫做数据投影仪，上限频率超过 60kHz 的通常叫做图形投影仪。

（4） 垂直扫描频率

电子束在进行水平扫描的同时，会从上向下作扫描运动，这一过程称为垂直扫描，每扫描一次形成一幅图像。每秒钟扫描的次数就叫垂直扫描频率，也叫做刷新频率，单位用 Hz 表示。垂直扫描频率越高，图像越稳定，并且一般不能低于 50Hz，否则图像会有闪烁感。

（5） 亮度

亮度是投影仪的一个重要性能参数，使用单位 lm（流明）表示。投影仪的亮度表现受环境影响很大，并且画面尺寸越大，亮度也越暗。目前，市场上 LCD 投影仪的亮度都在 500lm 以上，主流产品的亮度在 1 000lm 左右。

（6） 对比度

对比度反映投影仪所投影出的画面最亮与最暗区域之比，其对视觉效果的影响仅次于亮度参数。一般来说，对比度越大，图像越清晰醒目，色彩也越鲜明艳丽。

（7） 灯泡类型和寿命

投影仪的灯泡是耗材，一般能正常使用 3 年以上。灯泡的种类主要有金属卤素灯泡、UHE 灯泡和 UHP 高能灯。

❖ 金属卤素灯泡价格便宜但半衰期短，一般使用 2 000h 左右亮度会降低到原来的一半左右。

❖ UHE 灯泡价格适中且发热量低，在使用 2 000h 后亮度几乎不衰减，是目前中档投影仪中广泛采用的理想光源。

❖ UHP 高能灯发热较少且使用寿命长，一般可以正常使用 4 000h 以上，并且亮度衰减很小，但价格昂贵，一般应用于高档投影仪上。

**3. 投影仪的选购要点**

（1） 根据使用方式确定机型

在选购前应根据使用环境，确定购买机器的类型，避免造成购买后使用不便。

**重要提示**

由于摆放位置的限制，投射的影像可能变成梯形，因此，购买的投影仪最好具备梯形矫正功能，该功能一般通过数码影像变形技术，将投射的影像变回正方形。

（2） 亮度与对比度要适中

高亮度可以使投影仪投射图像清晰亮丽，不过亮度越高，价格越贵，而且高亮度的投影仪在家庭房间等小环境中使用时会很刺眼，容易造成眼睛疲劳，长期观看会影响用户健康。因此，根据客厅具体面积的不同，选购的家用投影仪亮度一般控制在 500～1 000lm，亮度太高或太低都不太适合在光线较暗的环境中使用。

目前，对比度和亮度是相关联的一个因素，如果亮度在 500～1 000lm，对比度选择为 400:1 左右即可。

（3） 选择分辨率合适的投影仪

分辨率越高，投影仪的图像越清晰，价格也越高。虽然 SVGA 的效果已经能满足家庭的需要，但是从长远的角度看，如果经济条件允许，最好购买物理分辨率为 XGA 标准的投影仪，它的显示效果更清晰、亮丽。

（4） 注意投射距离

对于家庭用户来说，居住的面积十分有限，安装的投影仪到屏幕之间的距离并不大，因此对于空间狭窄的家居环境而言，投射距离成为选购投影仪的重要条件之一，用户应对比不同的投影仪在相同的投射对角尺寸下的投射距离，而不能只注意规格表上的最短投射距离。

（5） 耗材及售后服务

对于投影仪而言，灯泡作为唯一的耗材，其寿命直接关系到投影仪的使用成本，所以在购买时一定要咨询灯泡寿命和更换成本。不同类型的灯泡价格相差较大，在选购时应根据预算选择合适的投影仪。

不同品牌投影仪使用的灯泡一般不能互换使用，因此，购买投影仪时应选择购买知名品牌的投影仪，这样可以避免后顾之忧。

# 任务二　安装外设驱动程序

对于计算机的外部设备，大都需要安装相应的驱动程序才能正常使用，而不同的外设其驱动程序的安装方法也有所不同。下面介绍几种常见外设驱动程序的安装方法。

## 操作一　安装打印机驱动程序

打印机已经成为办公中不可缺少的外部设备，当第一次将打印机连接到计算机时，系统会自动识别硬件设备，并提示安装相应的驱动程序。下面介绍 Canon LBP3018 打印机驱动的安装方法。

**【操作步骤】**

1. 采用系统引导方式安装驱动程序。

（1） 将打印机连接到计算机上，然后重启计算机，系统会弹出【找到新的硬件向导】对话框，如图 6-17 所示。

（2） 将打印机附送的 CD 光盘插入光驱，选择第 1 项，然后单击 下一步(N) > 按钮，弹出如图 6-18 所示的对话框。

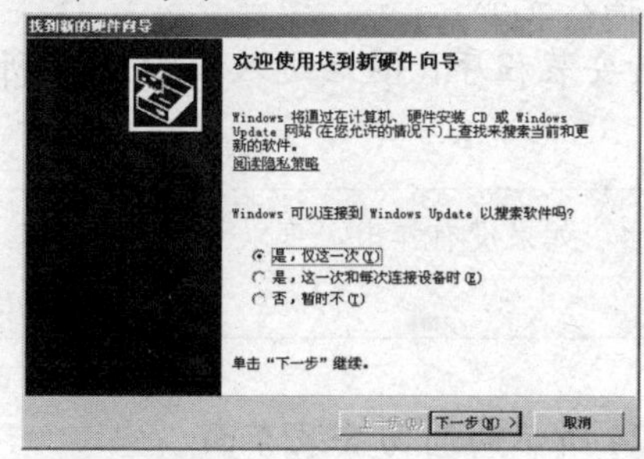


图6-17 【找到新的硬件向导】对话框

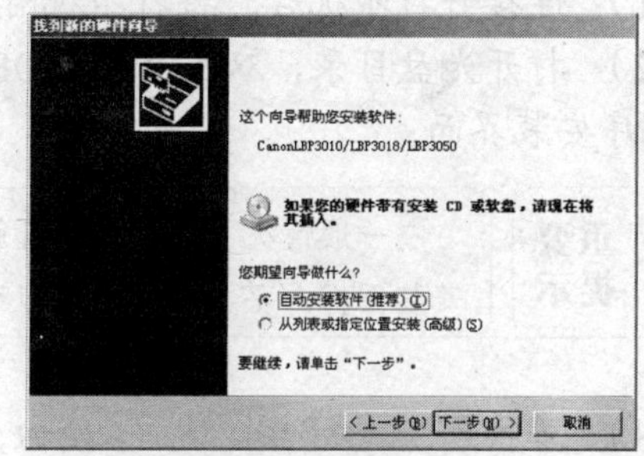


图6-18 选择 CD 位置

**重要提示**

如果用户对计算机比较熟悉，可以选择第 2 项，直接找到驱动程序的位置进行安装，这样可以省去计算机搜索的时间。

（3） 保持默认设置，单击下一步(N) >按钮，系统开始自动搜索驱动程序，如图 6-19 所示。

（4） 当系统搜索到相应的程序后，会列出搜索到的相关信息，如图 6-20 所示。

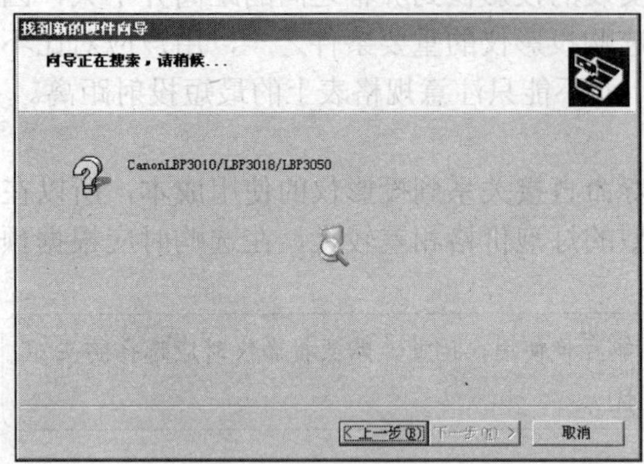


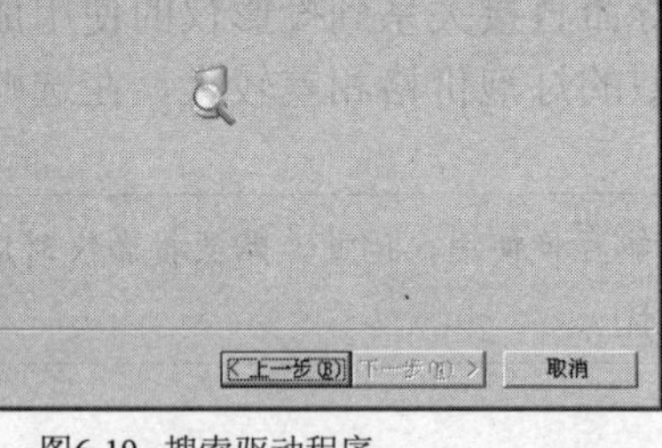

图6-19 搜索驱动程序

图6-20 选择所需安装的驱动程序

（5） 由于打印机的型号不同，其驱动程序也不同，请读者参见打印机的说明书进行选择，这里选择最后一项，然后单击下一步(N) >按钮，开始复制文件，如图 6-21 所示。

（6） 文件复制完成后，弹出如图 6-22 所示的完成对话框。

（7） 重启计算机，打印机的驱动程序安装完成。

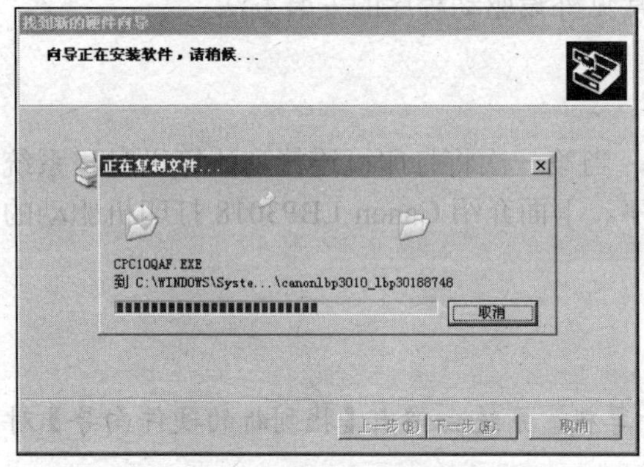


图6-21 复制驱动安装文件

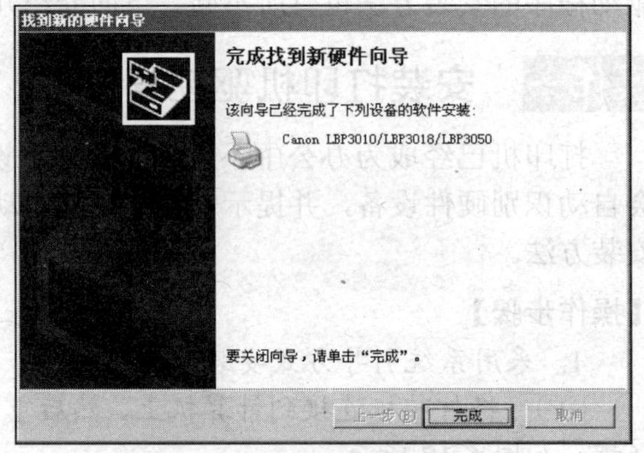


图6-22 完成驱动程序的安装

2. 使用光盘直接安装驱动程序。

（1） 连接好打印机后，将打印机附送的 CD 光盘插入光驱。

（2） 打开光盘目录，双击“AUTORUN.exe”运行安装程序，随后进入如图 6-23 所示的驱动程序安装界面。

**重要提示**

一般情况下，插入光盘就会弹出安装界面，如果没有弹出，可以寻找安装目录下的安装图标，双击进行安装即可。

（3） 单击简易安装按钮，进入如图 6-24 所示的简易安装界面。

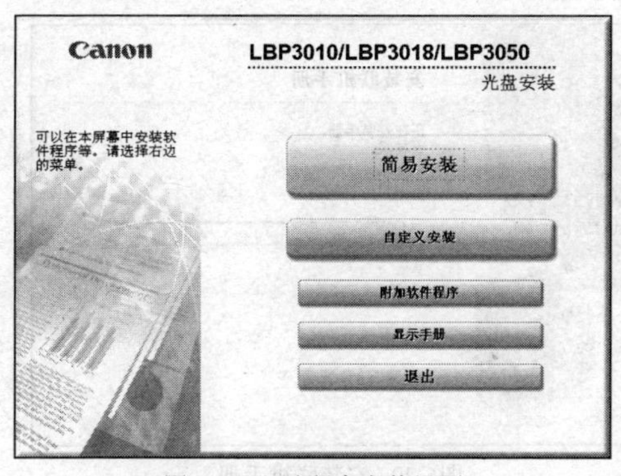

图6-23　驱动程序安装界面

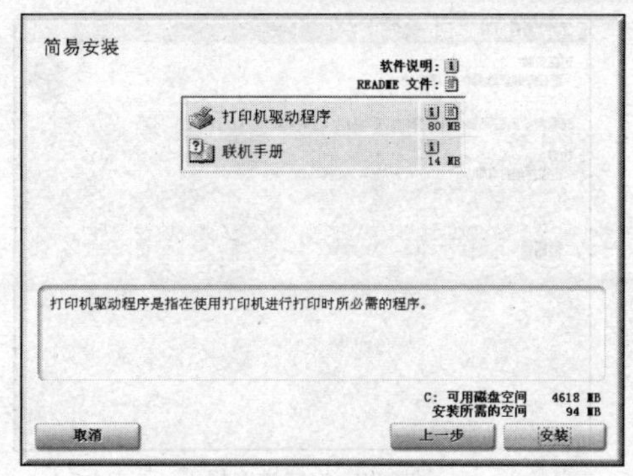

图6-24　简易安装界面

（4）单击 安装 按钮，进入许可协议界面，如图 6-25 所示。

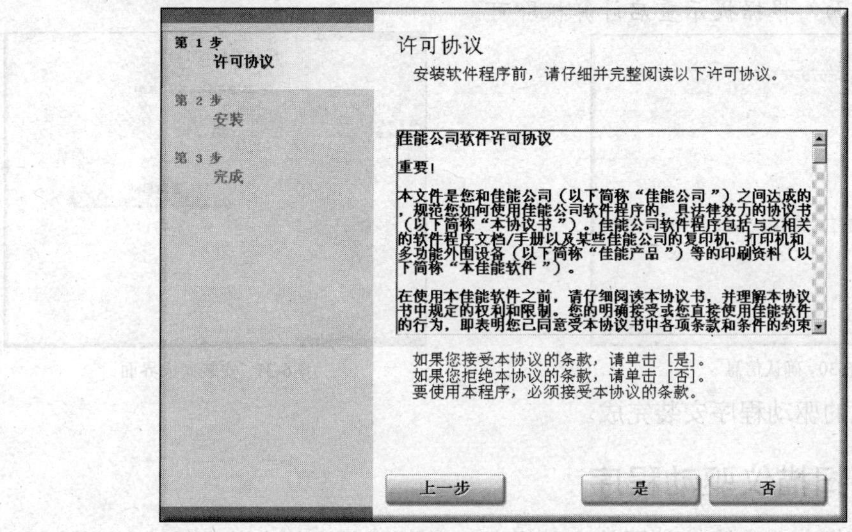

图6-25　许可协议界面

（5）单击 是 按钮，进入打印机驱动程序安装向导，如图 6-26 所示。

（6）选择【手动设置要安装的端口】单选按钮，然后单击 下一步(N) > 按钮，选择连接打印机的端口，这里选择的端口是 USB001，如图 6-27 所示。

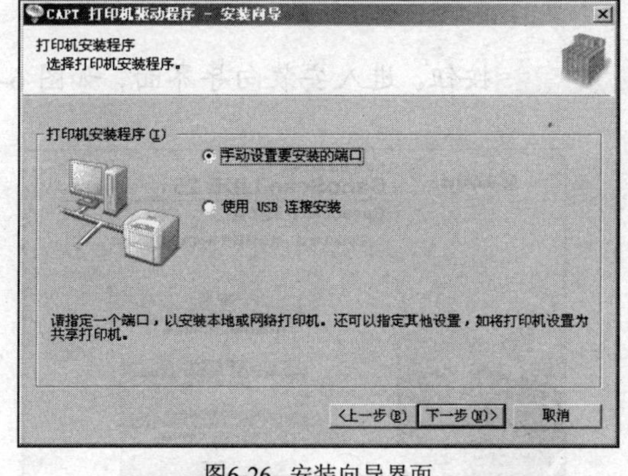

图6-26　安装向导界面

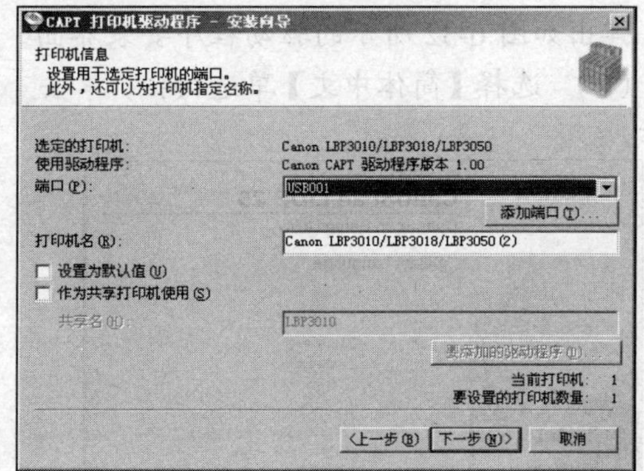

图6-27　选择打印机端口

（7）单击 下一步(N) > 按钮，系统开始安装驱动程序，如图 6-28 所示。

（8）驱动程序安装完成后将安装联机手册，如图 6-29 所示。

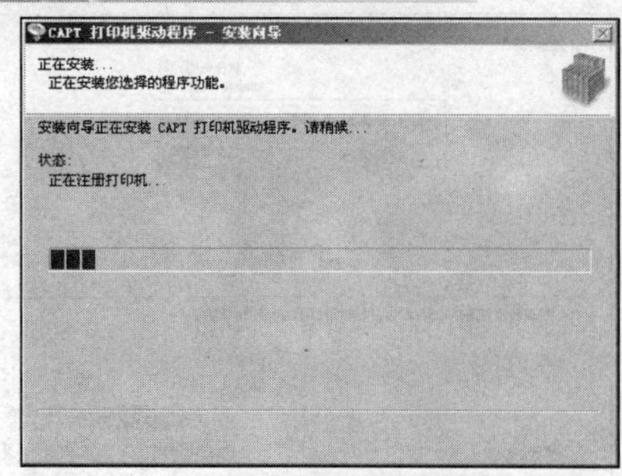


图6-28 安装进度提示

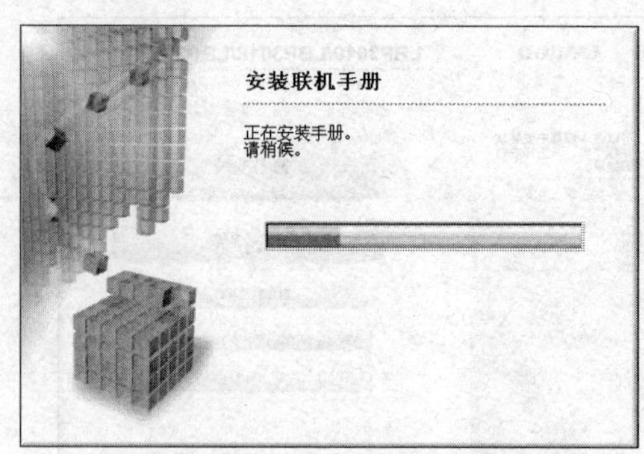


图6-29 安装联机手册

（9） 安装完成后将显示确认信息，如图 6-30 所示。单击 下一步 按钮，进入如图 6-31 所示的安装完成界面，根据提示重启计算机即可。

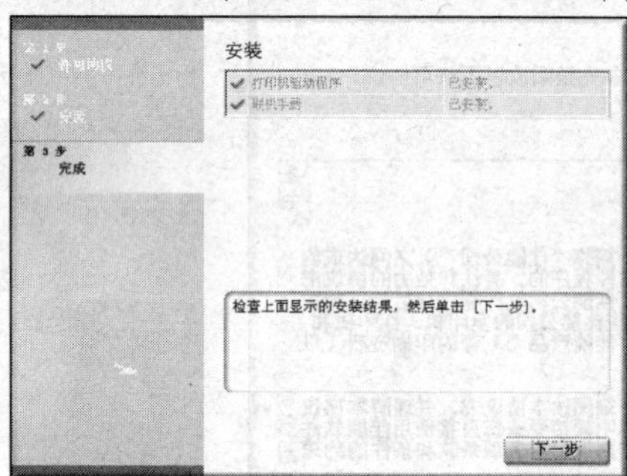


图6-30 确认信息

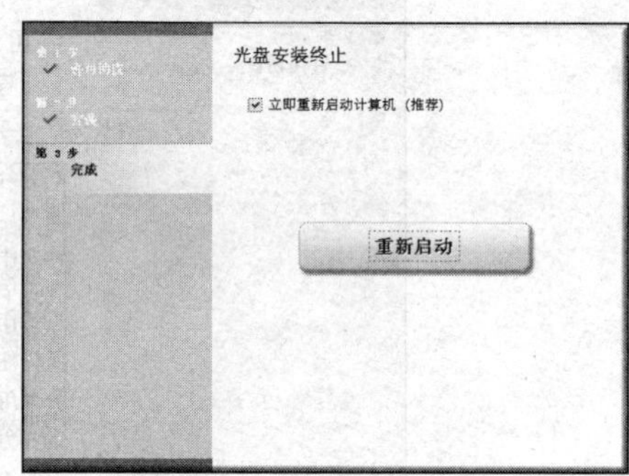


图6-31 安装完成界面

至此，打印机的驱动程序安装完成。

## 操作二 安装扫描仪驱动程序

扫描仪作为现代办公中比较常用的一种设备，其驱动程序的安装方法也较为简单。下面以佳能（Canon）LiDE 25 扫描仪为例，介绍扫描仪驱动程序的安装方法。

**【操作步骤】**

（1） 首先将扫描仪的驱动光盘放入光驱，打开光盘目录，双击“setup.exe”运行安装程序，弹出如图 6-32 所示的驱动程序安装界面。

（2） 选择【简体中文】单选按钮，单击 OK 按钮，进入安装向导界面，如图 6-33 所示。

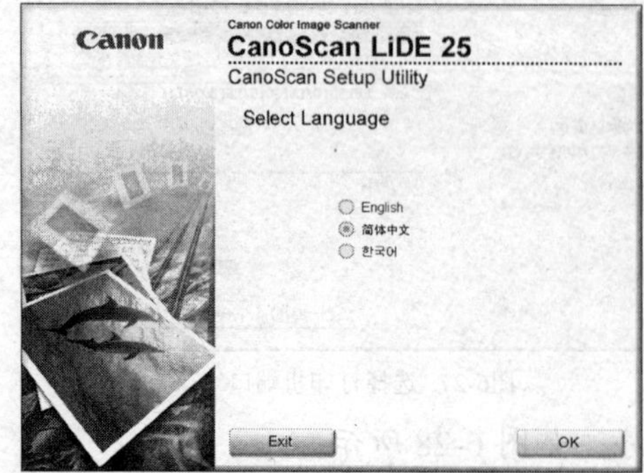


图6-32 驱动程序安装界面

图6-33 安装向导界面

（3）　单击 安装 按钮，进入安装软件的注意事项界面，如图 6-34 所示。

（4）　单击 下一步 > 按钮，进入组件选择界面，如图 6-35 所示，在此选择要安装的组件。

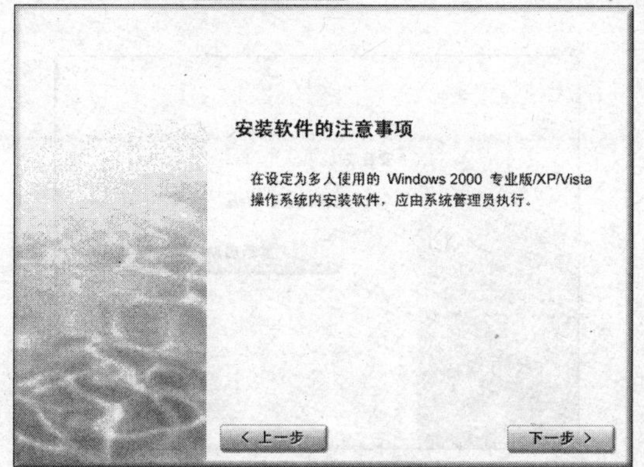


图6-34　注意事项界面

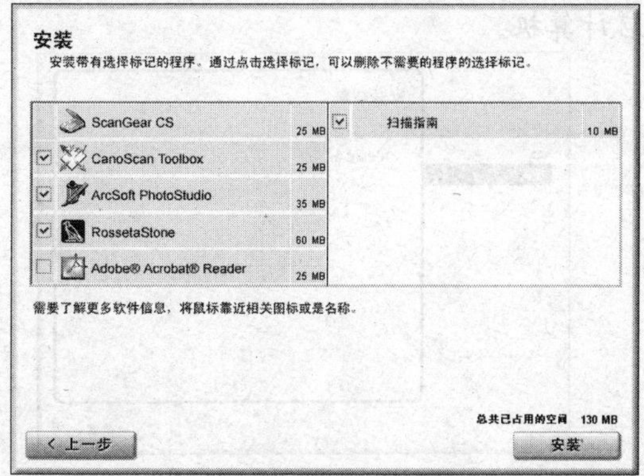


图6-35　组件选择界面

（5）　根据需要选择要使用的组件，一般情况下可保持默认设置。单击 安装 按钮，开始进行安装。

（6）　安装程序分 3 个步骤完成，首先将进入许可协议界面，如图 6-36 所示。

（7）　单击 是 按钮，同意许可协议并继续进行步骤 2 的安装，如图 6-37 所示。

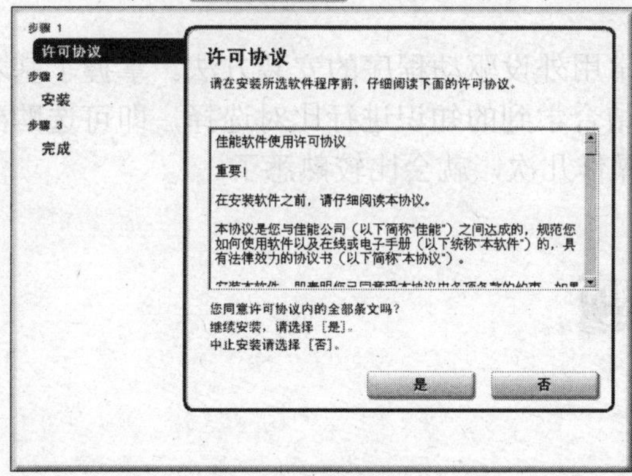


图6-36　许可协议界面

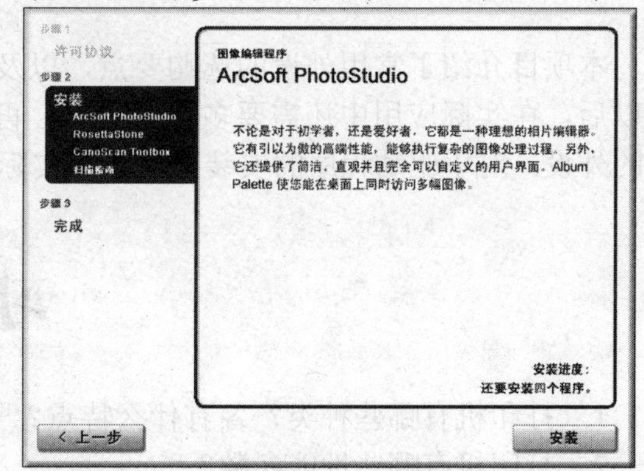


图6-37　安装界面

（8）　在步骤 2 中将完成所有被选择组件的安装。单击 安装 按钮，进行第 1 个组件的安装。

（9）　安装程序将运行相应的组件程序，根据提示完成第 1 个组件的安装，如图 6-38 所示。

（10）单击 下一步 > 按钮，继续完成第 2 个组件的安装，如图 6-39 所示。

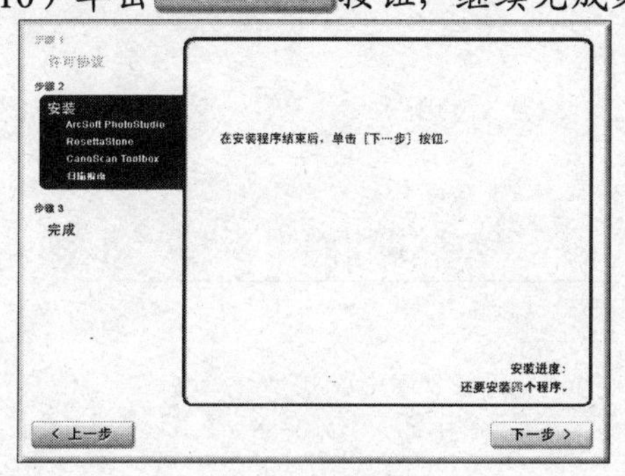


图6-38　完成组件 1 的安装

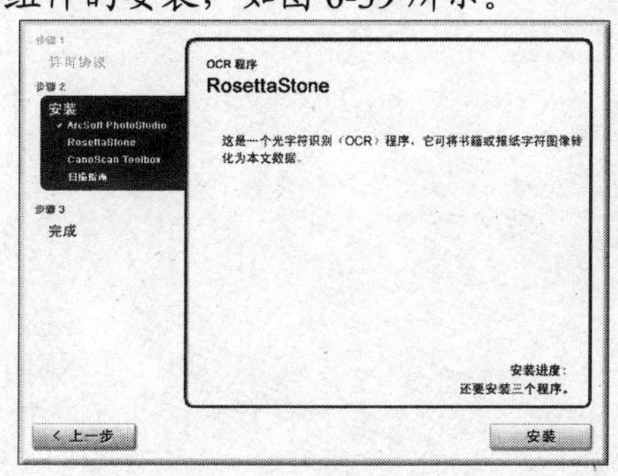


图6-39　完成组件 2 的安装

（11）使用同样的方法，依次完成所有组件的安装，如图 6-40 所示。

（12）单击 确定 按钮，显示如图 6-41 所示的安装成功界面。单击 重新启动 按钮，重启计算机。

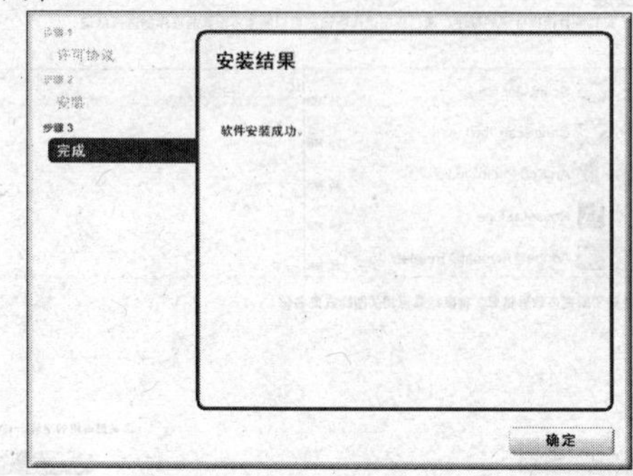


图6-40　完成所有组件安装

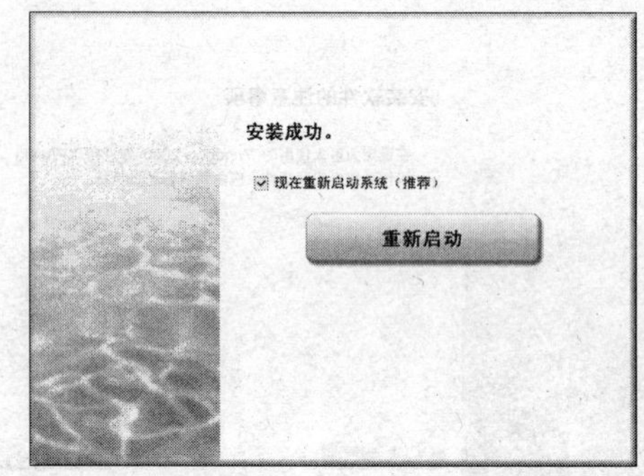


图6-41　安装成功界面

至此，扫描仪的驱动程序安装完成。

# 小结

本项目介绍了常用外设的选购要点，以及常用外设驱动程序的安装方法。掌握了基本知识以后，在实际应用中还需要多看多比较，再结合学到的知识进行比对选择，即可选购到合适的外设。对于驱动程序的安装，只要多实际操作几次，就会比较熟悉了。

# 习题

1. 打印机有哪些种类？各有什么特点？
2. 打印机有哪些性能参数？
3. 简述打印机的选购方法。
4. 扫描仪有哪些种类？各有什么特点？
5. 完成打印机驱动程序的安装操作。

# 项目七　系统性能测试与优化

用户若要更全面地熟悉计算机的性能、识别硬件的真伪以及让计算机长期保持最佳的工作状态，就需要对系统的性能进行测试和优化。本项目主要介绍运用软件测试计算机系统的性能以及优化系统的方法，以使用户对系统进行优化时更加方便和快捷。

**学习目标**

★　熟练运用 EVEREST 和 3DMark 对系统的性能进行测试。

★　掌握对系统进行优化的常用方法。

## 任务一　测试系统性能

通过对系统性能的全面测试，能够为用户提供详细的系统信息（包括硬件和软件），为用户优化系统、管理硬件和软件提供必要依据，同时为识别硬件真伪提供了可靠依据。下面将以两款常用的测试软件为例来进行介绍。

### 操作一　用 EVEREST 对整机性能进行测试

EVEREST Ultimate Edition 是国外一款很专业的性能测试软件，它可以详细地显示出计算机每一个方面的信息，而且它还能帮助用户检测并口、串口、USB 这些 PNP 设备，进行各式各样的 CPU 和浮点运算单元（Float Point Unit，FPU）侦测。

**【操作步骤】**

1. 在本机上安装 EVEREST。
2. 检测所有硬件信息。启动 EVEREST，其主界面如图 7-1 所示。

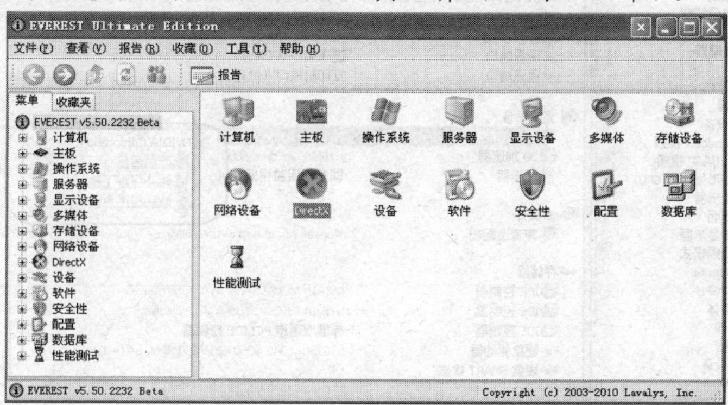


图7-1　EVEREST 界面

（1） 在左侧的【菜单】栏展开【计算机】/【系统摘要】选项，此时界面右侧显示本机的详细信息，如图 7-2 所示。其中包括计算机、主板、显示设备、多媒体、存储器、网络设备、设备、安全性等全方位的信息。

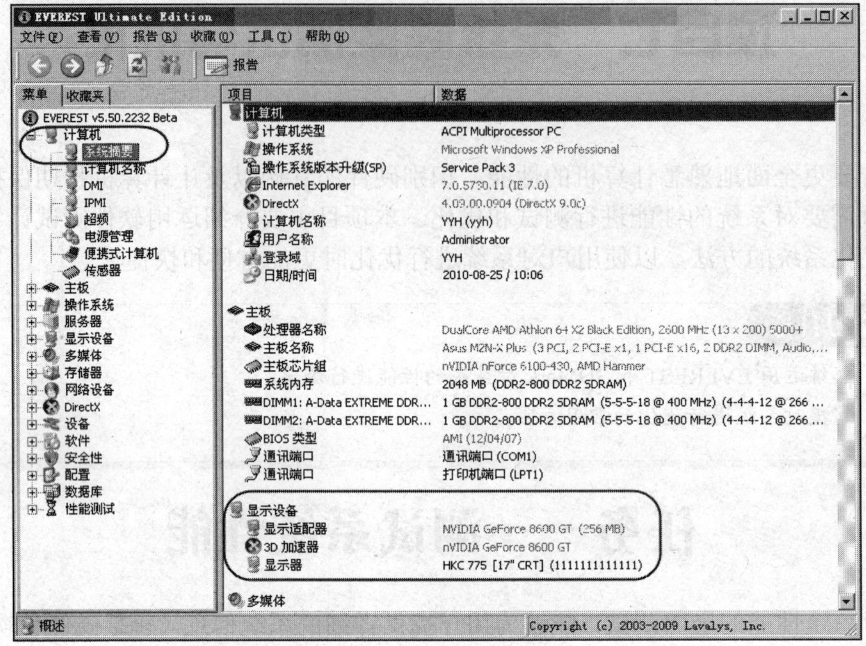


图7-2 计算机的详细信息

例如，从显示设备项，可以看出以下信息。

- ❖ 显卡芯片：GeForce 8600GT
- ❖ 芯片厂商：NVIDIA
- ❖ 显存容量：256MB

（2） 单击“显示适配器”的参数，还可以进行驱动程序更新等快捷操作，如图 7-3 所示。

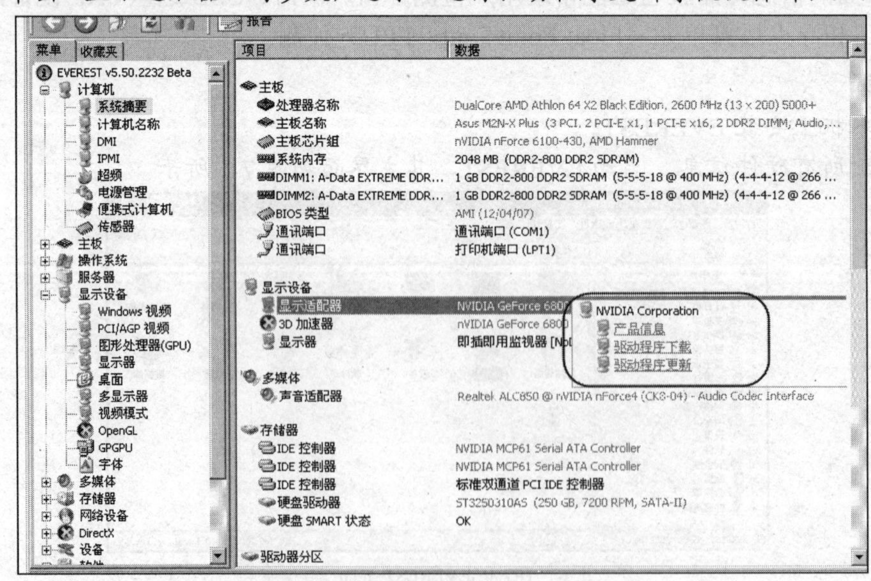


图7-3 快捷操作

3. 检测 CPU。在左侧的【菜单】栏中展开【主板】/【中央处理器（CPU）】选项，此时界面右侧显示 CPU 的详细信息，如图 7-4 所示。

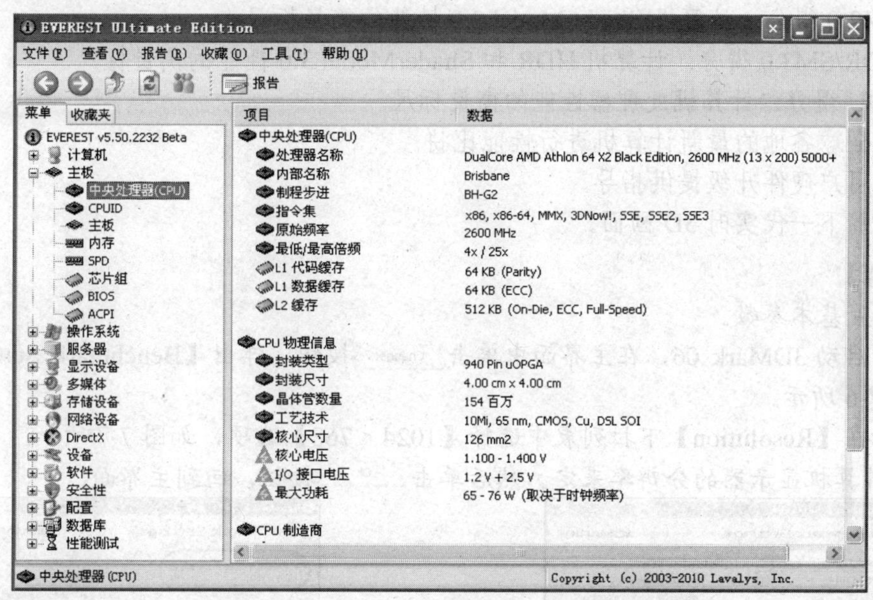

图7-4　CPU 详细信息

从中可得知 CPU 的主要参数如下。

- CPU 名称：AMD Athlon 64 X2 Black Edition，2600 MHz（13*200）5000+(65nm)/黑盒
- 指令集：x86，x86-64，MMX，3DNow!，SSE，SSE2，SSE3
- 原始频率：2600 MHz
- L1 代码缓存：64KB（Parity）
- L1 数据缓存：64KB（ECC）

## 操作二　用 3DMark 对显卡性能进行测试

由于影响显卡性能的因素很多，即使同一型号的显卡它们的性能也会有一些小的差异，所以测试显卡的性能是很有必要的。FutureMark 推出的 3DMark 系统测试软件经过多年的发展，已经成为标准显卡的专业测试软件。其测试的主要方式是通过运行几个测试游戏以从中获得显卡的各个参数，并给出最终的得分，其界面如图 7-5 所示。

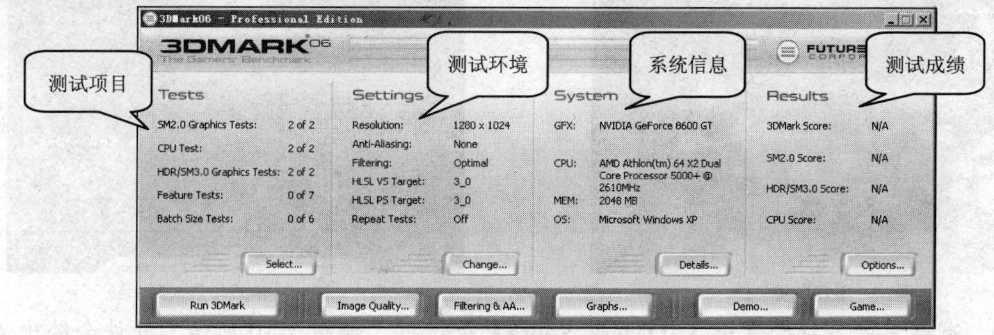

图7-5　3DMark 06 主界面

通过 3DMark 06 对计算机的测试，用户可以获得以下信息。

- 3DMark 得分：计算机 3D 性能的衡量标尺。
- SM2.0 得分：计算机 ShaderModel 2.0 性能的衡量标尺。
- HDR/SM3.0 得分：计算机 HDR 和 ShaderModel 3.0 性能的衡量标尺。
- CPU 得分：计算机处理器性能的衡量标尺。
- 与全球各地的最新计算机进行性能比拼。
- 为用户硬件升级提供指导。
- 欣赏下一代实时 3D 画面。

**【操作步骤】**

1. 设置基本参数。

（1） 启动 3DMark 06，在主界面中单击 Change... 按钮，弹出【Benchmark Settings】对话框，如图 7-6 所示。

（2） 在【Resolution】下拉列表中选择【1024 × 768】选项，如图 7-7 所示。当前设置要根据用户计算机显示器的分辨率来定。然后单击 OK 按钮，回到主界面。

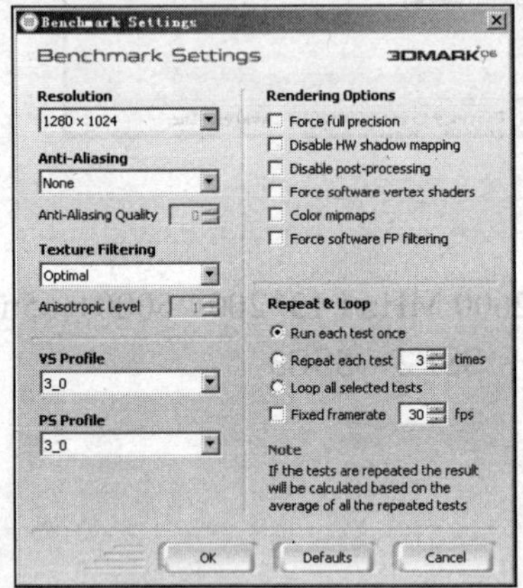

图7-6 【Benchmark Settings】对话框

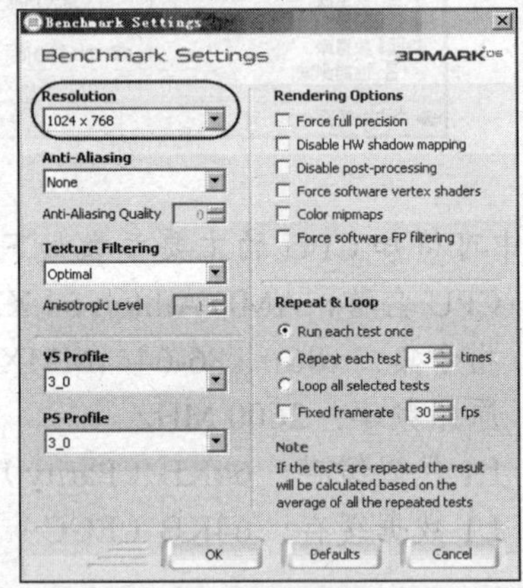

图7-7 设置参数

2. 运行测试。

（1） 单击 Run 3DMark 按钮，软件将自动开始测试用户的计算机。测试过程中可以观赏美轮美奂的游戏场景，如图 7-8 和图 7-9 所示。

图7-8 游戏场景（1）

图7-9 游戏场景（2）

（2） 测试完成，将会弹出【3DMark Score】对话框，如图 7-10 所示。软件会给出 4 个得分：3DMark 得分、SM2.0 得分、HDR/SM3.0 得分以及 CPU 得分。

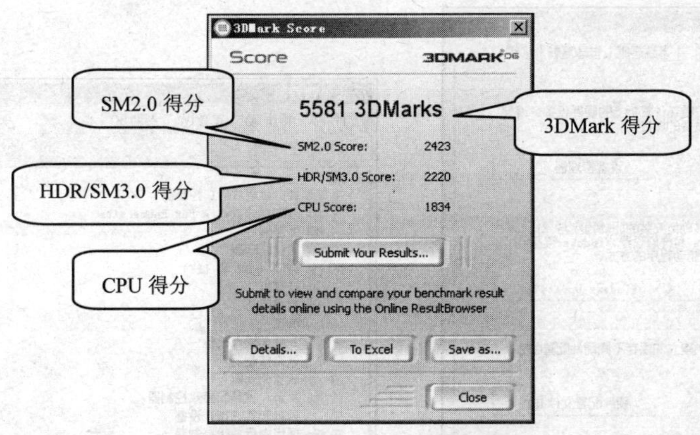


图7-10　【3DMark Score】对话框

（3） 如果是注册用户，可单击 Submit Your Results... 按钮，把分数通过软件上传到 Internet，和世界各地的计算机作对比。

# 任务二　优化计算机系统

计算机系统本身极为庞大、复杂，使用一段时间后难免会出现系统性能下降、出现故障等情况，所以需要经常对系统进行优化设置。本任务的主要内容包括对硬盘的优化、开机速度的优化、网络优化以及 BIOS 优化。

## 操作一　使用系统自带功能优化系统

Windows 操作系统本身就自带了许多优化功能，只要用户进行一些简单的设置就可以优化系统，其主要是针对硬盘性能、开机速度以及网络等方面进行优化。下面介绍使用一些常用的 Windows 操作系统自带功能优化系统的方法。

### 1. 优化硬盘性能

硬盘是一台计算机最主要的存储设备，硬盘的性能在很大程度上影响整个计算机数据交换的速度，因此对硬盘的优化是很重要的。

目前，常见的硬盘都支持 DMA 传输模式，DMA 是快速的传输模式，打开硬盘的 DMA 传输模式不仅能提高传输速率，减少寻道时间，而且还可降低硬盘读取数据时 CPU 的占用率。

**【操作步骤】**

（1） 用鼠标右键单击【我的电脑】图标，在弹出的快捷菜单中选择【属性】命令，弹出【系统属性】对话框，切换到【硬件】选项卡，如图 7-11 所示。

（2） 单击 设备管理器(D) 按钮，打开【设备管理器】窗口，如图 7-12 所示。

（3） 展开【IDE ATA/ATAPI 控制器】选项，如图 7-13 所示。

（4） 双击【主要 IDE 通道】选项，弹出【主要 IDE 通道属性】对话框，然后切换到【高级设置】选项卡，将其中的【设备类型】设置为“自动检测”，将【传送模式】设置为“DMA（若可用）”，如图 7-14 所示。

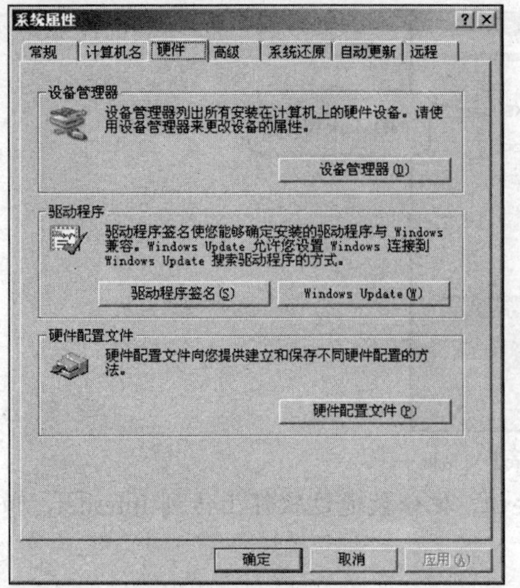

图7-11 【硬件】选项卡

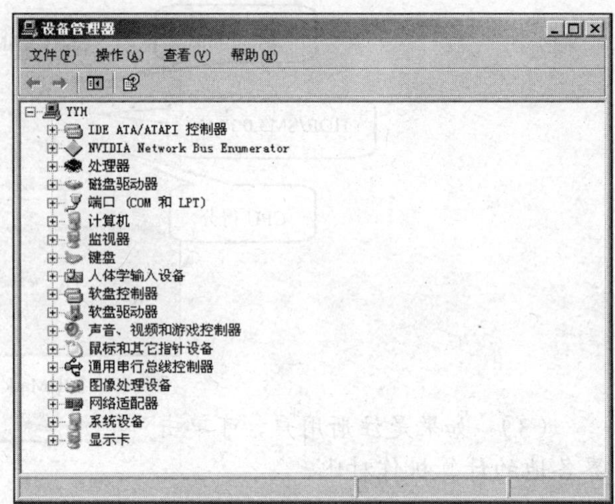

图7-12 【设备管理器】窗口

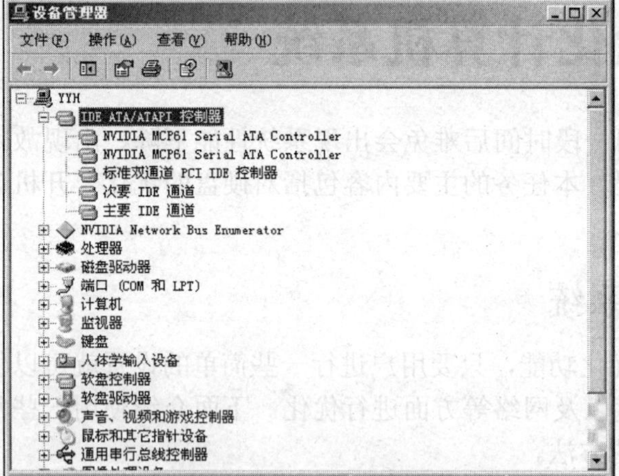

图7-13 展开【IDE ATA/ATAPI 控制器】选项

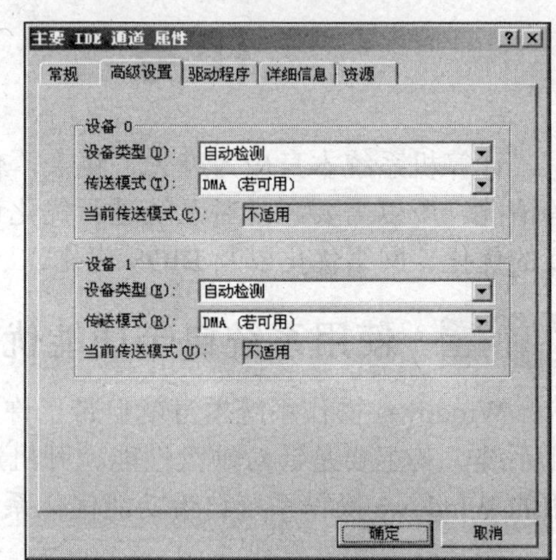

图7-14 设置属性参数

（5） 单击 确定 按钮，完成设置。然后使用相同的方法设置【次要 IDE 通道属性】对话框中的选项。

### 2. 整理磁盘碎片

系统在长时间的运行过程中，由于不断地增加和删除文件，磁盘上的碎片文件会越来越多，这样系统运行速度和使用效率都会明显下降，因此，每隔一两个月就应该对磁盘进行一次碎片整理，清除磁盘上的碎片。

**【操作步骤】**

（1） 在桌面工具栏中选择【开始】/【程序】/【附件】/【系统工具】/【磁盘碎片整理程序】命令，打开【磁盘碎片整理程序】窗口，如图 7-15 所示。

（2） 选择要进行分析的磁盘，这里选择 D 盘，如图 7-16 所示。

（3） 单击 分析 按钮，开始对该盘进行分析，如图 7-17 所示。分析完成后，就会弹出碎片分析结果并提示用户是否应该进行碎片整理，如图 7-18 所示。

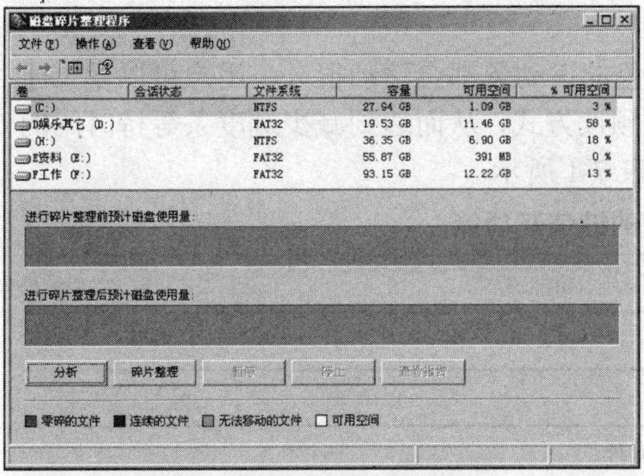

图7-15　【磁盘碎片整理程序】窗口

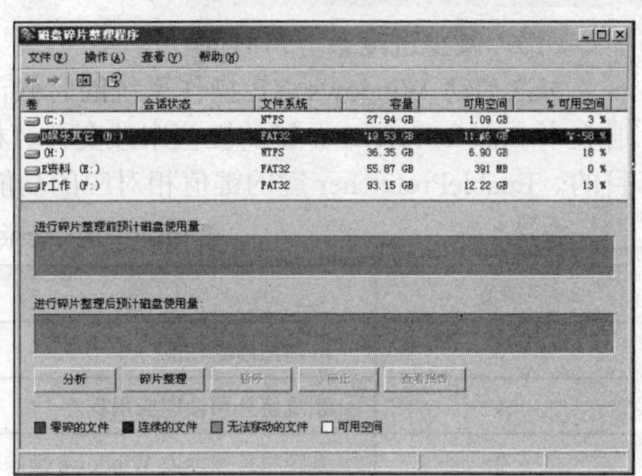


图7-16　选择D盘

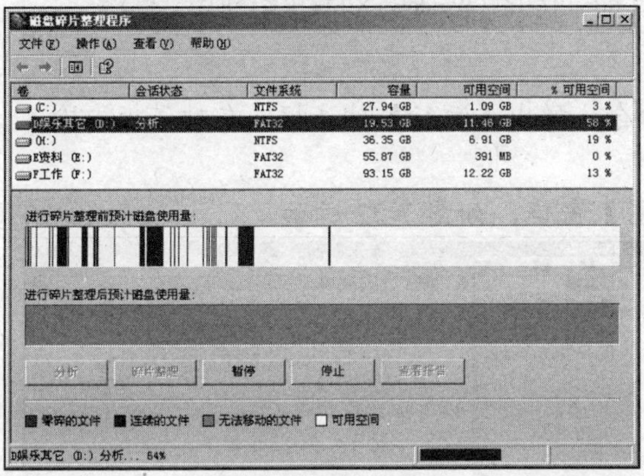

图7-17　分析D盘

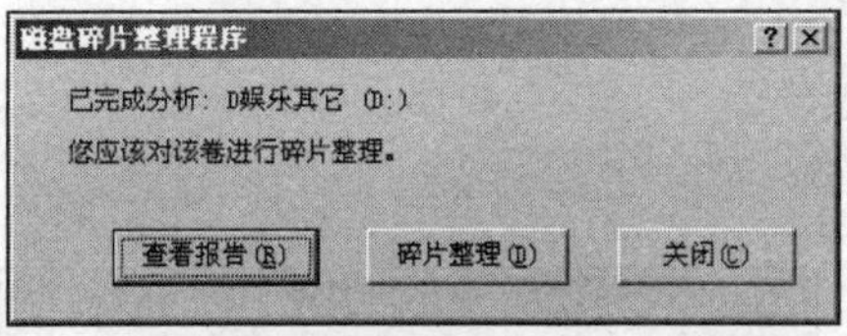

图7-18　分析完成

（4）　单击 碎片整理(D) 按钮，开始整理该盘，如图7-19所示。整理完成后，将弹出如图7-20所示的对话框，单击 关闭(C) 按钮，即可完成对该磁盘的整理，使用相同的方法可对其他磁盘进行整理。

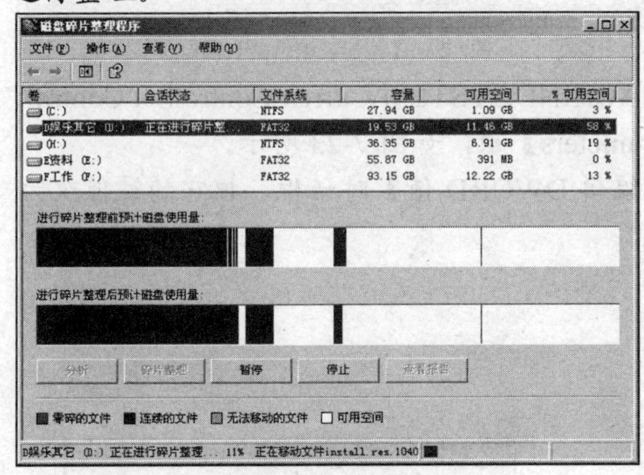


图7-19　正在整理碎片

图7-20　整理完成

### 3. 优化开机速度

随着系统中安装的软件增多，计算机的开机速度通常会变得越来越慢，许多用户在开机后往往会花大量的时间等待进入系统。为了减少开机进入系统的时间，则应对系统的开机速度进行优化。下面介绍几种优化开机速度的方法。

（1） 减少进度条等待时间

每次启动 Windows XP 操作系统的时候，蓝色的滚动条都会滚动很久，用户可以设置注册表中 EnablePrefetcher 键的键值来改变计算机的预读方式，从而达到减少进度条等待时间的目的。EnablePrefetcher 键的键值相对应的功能如表 7-1 所示。

表 7-1 EnablePrefetcher 键的键值及功能

| 键值 | 功能 |
|---|---|
| 0 | 取消预读取功能 |
| 1 | 系统将只预读取应用程序 |
| 2 | 系统将只预读取 Windows 操作系统文件 |
| 3 | 系统将预读取 Windows 操作系统文件和应用程序（Windows XP 操作系统的默认值） |

【操作步骤】

① 在桌面工具栏中选择【开始】/【运行】命令，弹出【运行】对话框，在对话框中输入“regedit”，如图 7-21 所示。

② 单击 确定 按钮，打开【注册表编辑器】窗口，如图 7-22 所示。

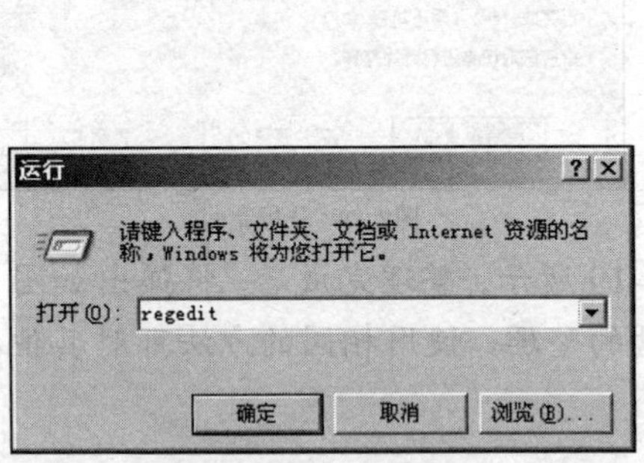


图7-21 输入“regedit”

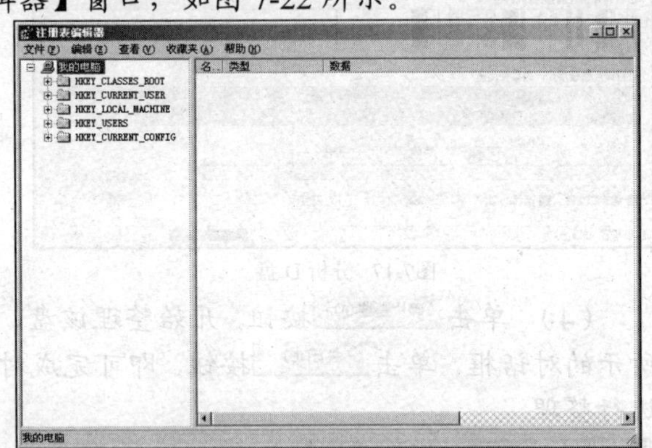


图7-22 【注册表编辑器】窗口

③ 在该窗口中依次展开【HKEY_LOCAL_MACHINE\SYSTEM\CurrentControlSet\Control\Session Manager\Memory Management\PrefetchParameters】项，如图 7-23 所示。

④ 双击右侧的 EnablePrefetcher 键，弹出【编辑 DWORD 值】对话框，把它的键值改为“1”，如图 7-24 所示。

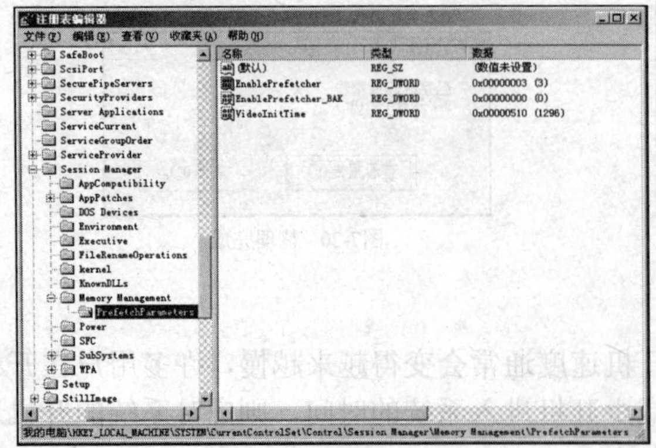

图7-23 展开注册表项

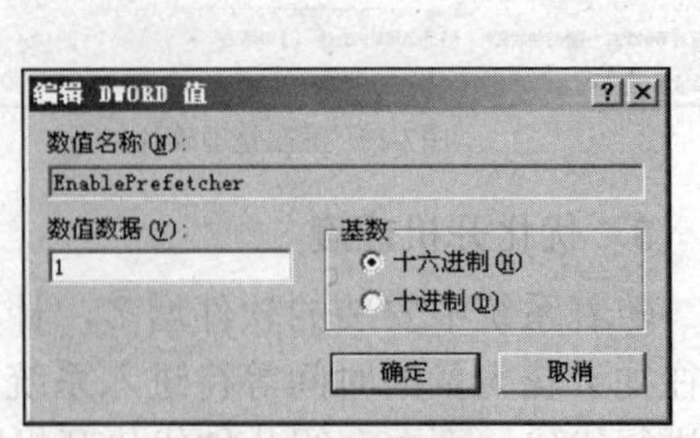


图7-24 修改键值

⑤ 单击 确定 按钮，完成修改。

（2） 取消多余的启动项

某些软件在安装之后会默认随系统的启动而运行，这样会使系统启动的速度变慢。为了加快系统的启动速度，需要关闭一些不必要软件的自动运行程序。

【操作步骤】

① 在桌面工具栏中选择【开始】/【运行】命令，弹出【运行】对话框，在对话框中输入“msconfig”，如图 7-25 所示。

② 单击 确定 按钮，弹出【系统配置实用程序】对话框，如图 7-26 所示。

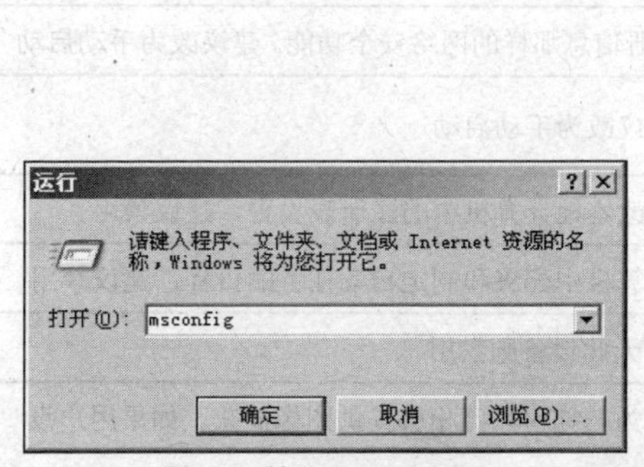


图7-25　输入“msconfig”

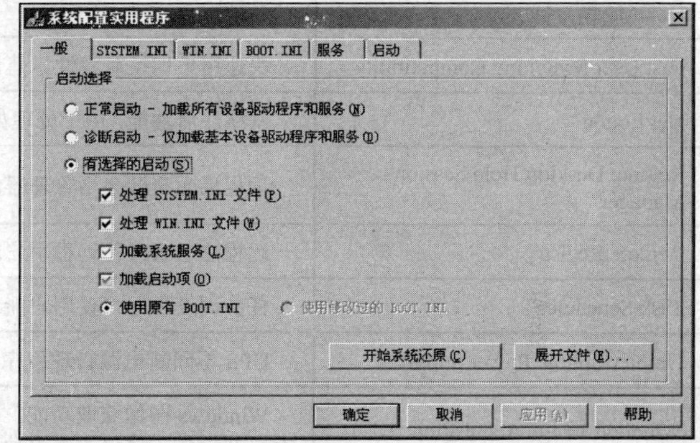


图7-26　【系统配置实用程序】对话框

③ 切换到【启动】选项卡，在【启动项目】列表框中列出了随系统启动而自动运行的程序，如图 7-27 所示。

④ 取消多余启动项前面复选框的勾选，如图 7-28 所示。一般情况下，只保留 ctfmon 和杀毒软件启动项即可。

图7-27　【启动】选项卡

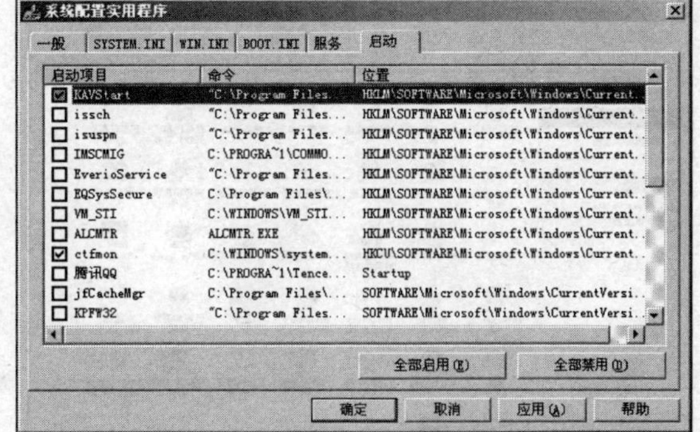


图7-28　取消多余启动项

⑤ 设置完成后，单击 确定 按钮，按照提示重新启动计算机。重启计算机后，未勾选的启动项就不会随系统的启动而运行了。

（3） 关闭多余的服务

操作系统在默认情况下加载了很多服务，这些服务在系统、网络中发挥了很大的作用，但并不是每个用户都需要这些服务，因此，有必要将一些不需要或用不到的服务关闭，以加快开机速度并节省内存资源。

在 Windows XP 操作系统中可禁止或停用的组件服务如表 7-2 所示。

表 7-2　　在 Windows XP 操作系统中可禁止或停用的组件服务

| 可禁止或停用的组件服务 | 功能 |
| --- | --- |
| Clipbook Server | 该服务允许网络中的其他用户看到本机剪切板中的内容，建议改为手动启动 |
| Error Reporting Service | 服务和应用程序在非标准环境下运行时提供错误报告，建议改为手动启动 |
| Automatic Updates | 自动更新。若不使用系统自带的更新功能，应禁用 |
| Printer Spooler | 打印后台处理程序。若用户没有配置打印机，应禁用 |
| Network DDE 和 Network DDE DSDM | 动态数据交换。除非用户准备在网上共享自己的 Office，否则应该将它改为手动启动 |
| Fast User Switching Compatibility | 快速用户切换兼容性。建议改为手动启动 |
| Net Logon | 网络注册功能，用于处理如注册信息那样的网络安全功能。建议改为手动启动 |
| Remote Desktop Help Session Manager | 远程桌面帮助会话管理器。建议改为手动启动 |
| Remote Registry | 远程注册表。使远程用户能修改本地计算机中的注册表设置，建议禁用 |
| Task Scheduler | 任务调度程序，使用户能在计算机中配置和制定自动任务的日程，建议禁用 |
| Uninterruptible Power Supply | UPS 不间断电源管理程序，若无此设备则禁用 |
| Windows Image Acquisition | Windows 图像获取功能，用于为扫描仪和照相机提供图像捕获。如果用户没有这些设备，建议改为手动启动 |

**【操作步骤】**

① 在桌面工具栏中选择【开始】/【控制面板】命令，打开【控制面板】窗口，如图 7-29 所示。

② 双击【管理工具】选项，打开【管理工具】窗口，如图 7-30 所示。

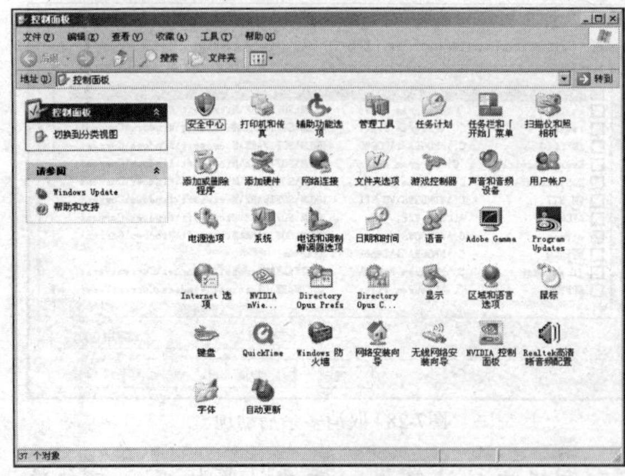

图7-29　【控制面板】窗口

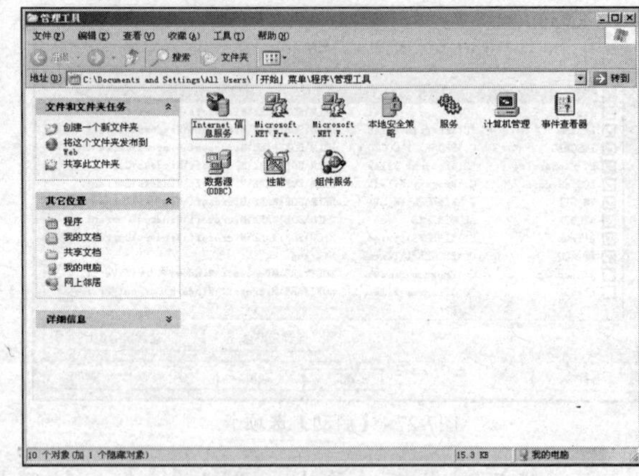

图7-30　【管理工具】窗口

③ 在【管理工具】窗口中双击【服务】选项，打开【服务】窗口，其中包含了 Windows 操作系统提供的各种服务，如图 7-31 所示。

④ 若要禁用【Messenger】服务，可以双击【Messenger】选项，弹出【Messenger 的属性（本地计算机）】对话框，如图 7-32 所示。

⑤ 在对话框中的【启动类型】下拉列表中选择“已禁用”选项，即可将【Messenger】服务停止，如图 7-33 所示。

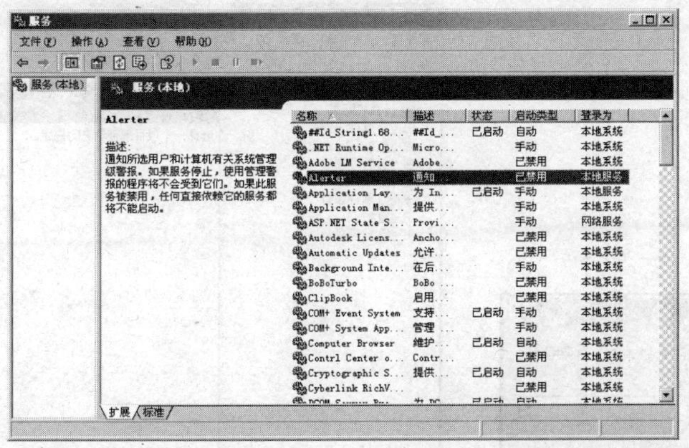


图7-31　【服务】窗口

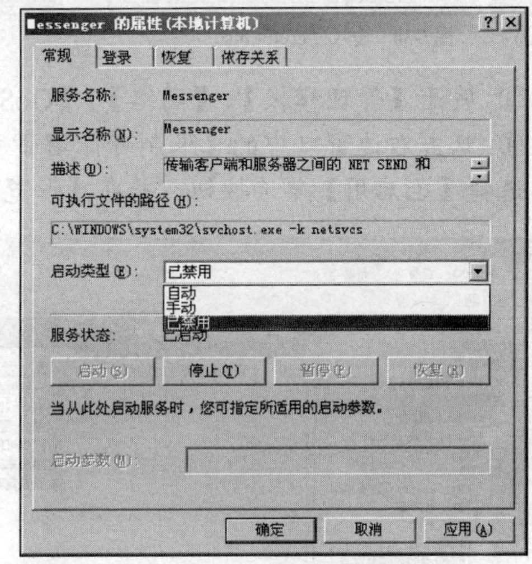


图7-32　【Messenger 的属性（本地对话框）】对话框　　图7-33　禁用该服务

⑥ 单击 确定 按钮，完成操作。

### 4. 优化网络

网络已经成为现在非常流行的词语，网上聊天、网上购物、网上查阅资料、网上下载资源等都是计算机用户常做的事。为了让用户更好地享受网络世界带来的乐趣，下面介绍两个网络优化的操作。

（1）　解除带宽限制

在计算机网络中，带宽用来表示网络的通信线路所能传送数据的能力，因此，网络带宽表示在单位时间内从网络中的某一点到另一点所能通过的“最高数据率”。在默认情况下，Windows XP 操作系统会保留一块网卡 20%的带宽，为了让用户拥有全部的带宽，需要解除计算机上的带宽限制。

**【操作步骤】**

① 在桌面工具栏中选择【开始】/【运行】命令，弹出【运行】对话框，在对话框中输入“gpedit.msc”，如图 7-34 所示。

② 单击 确定 按钮，打开【组策略】窗口，如图 7-35 所示。

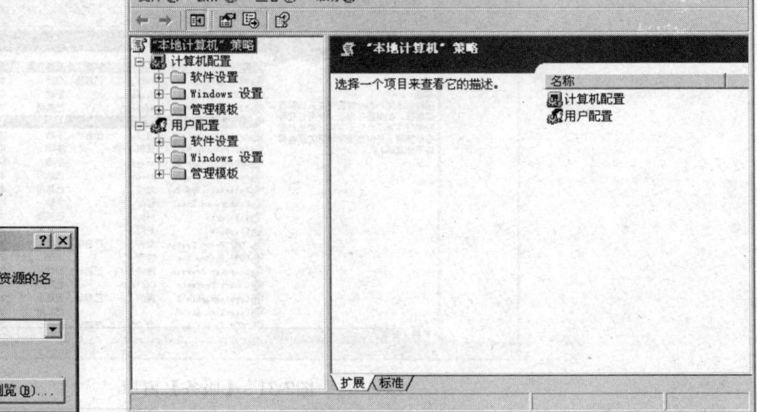

图7-34　输入“gredit.msc”　　图7-35　【组策略】窗口

③ 展开【管理模板】/【网络】/【QoS 数据包调度程序】选项，如图 7-36 所示。

④ 双击右边窗口中的【限制可保留带宽】选项，弹出【限制可保留带宽 属性】对话框，然后选择【已启用】单选按钮，并在【带宽限制】数值框中输入“0”，如图 7-37 所示。

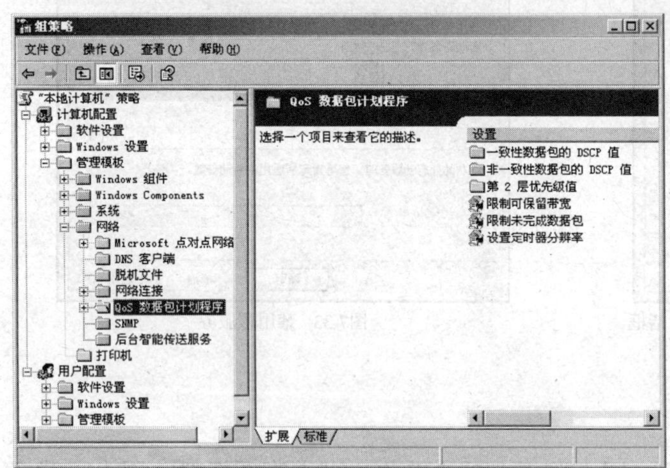

图7-36　展开【QoS 数据包调度程序】选项

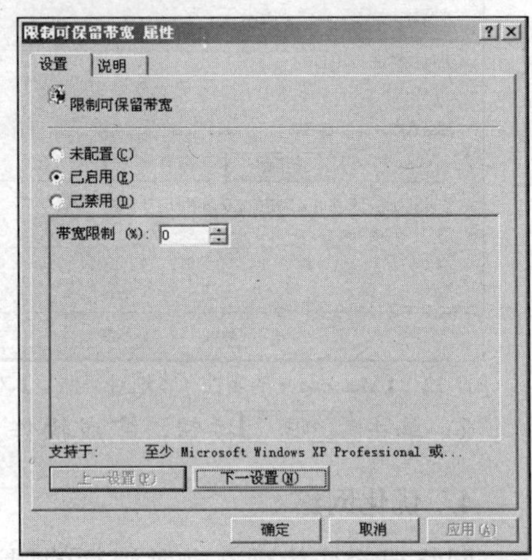

图7-37　设置属性参数

⑤ 单击 确定 按钮，完成设置。

（2） 加速共享

文件共享是指在网络环境下文件、文件夹或某个硬盘分区使用时的一种设置属性，一般指多个用户可以同时打开或使用同一个文件或数据。当用户通过共享连接其他计算机时，计算机会检查对方计算机上所有预定的任务，而且还会让用户经过漫长地等待后才显示其共享目录，这对共享的使用带来了许多不便，用户可以通过注册表设置来加速共享。

**【操作步骤】**

① 在桌面工具栏中选择【开始】/【运行】命令，弹出【运行】对话框，在对话框中输入“regedit”，如图 7-38 所示。

② 单击 确定 按钮，打开【注册表编辑器】窗口，如图 7-39 所示。

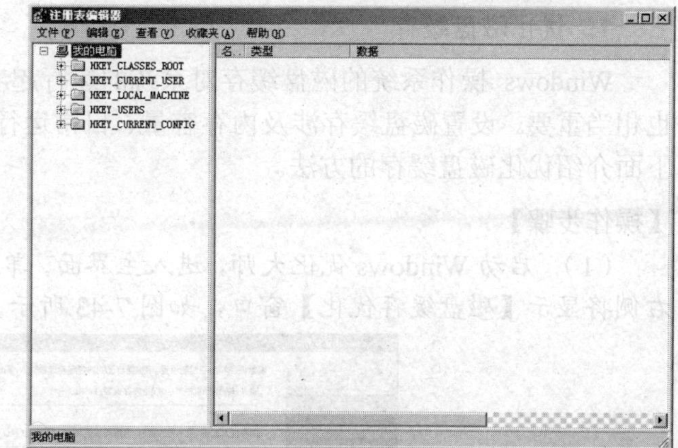

图7-38　输入“regedit”

图7-39　【注册表编辑器】窗口

③ 依次展开【HKEY_LOCAL_MACHINE\SOFTWARE\Microsoft\Windows\CurrentVersion\Explorer\RemoteComputer\NameSpace】项，如图 7-40 所示。

④ 删除【{D6277990-4C6A-11CF-8D87-00AA0060F5BF}】项，如图 7-41 所示，重新启动计算机后，即可完成设置。

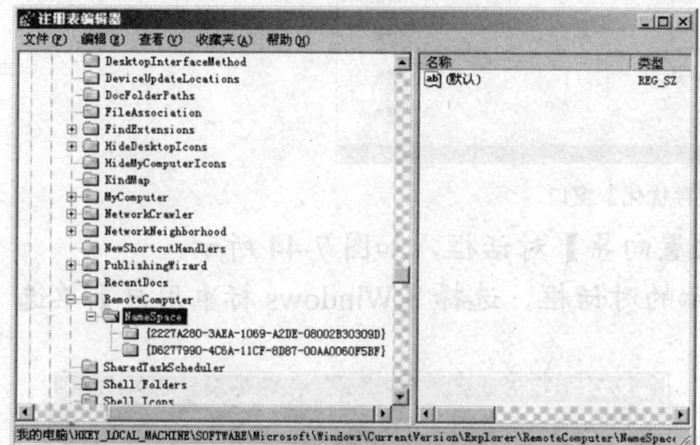

图7-40　展开注册表项

图7-41　删除键

## 操作二　使用软件优化系统

用户仅使用系统自带的功能优化系统是远远不够的，还需要掌握一些系统优化软件来优化系统，软件优化相对于系统自身的优化功能而言更加全面和简单，能更好地提高计算机的运行速度。

Windows 优化大师是一款功能强大的系统工具软件，其主界面如图 7-42 所示。它提供了全面有效且简便安全的系统检测、系统优化、系统清理、系统维护 4 大功能模块及数个附加的工具软件。

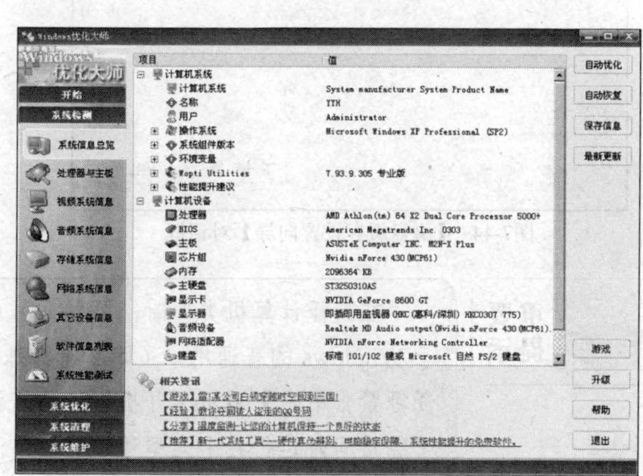

图7-42　Windows 优化大师界面

### 1. 优化磁盘缓存

Windows 操作系统的磁盘缓存对系统的运行起着至关重要的作用，对其进行合理的设置也相当重要。设置磁盘缓存涉及内存容量、日常运行任务的多少等问题，因此操作比较烦琐。下面介绍优化磁盘缓存的方法。

【操作步骤】

（1） 启动 Windows 优化大师，进入主界面。单击【系统优化】模块下的 磁盘缓存优化 按钮，右侧将显示【磁盘缓存优化】窗口，如图 7-43 所示。

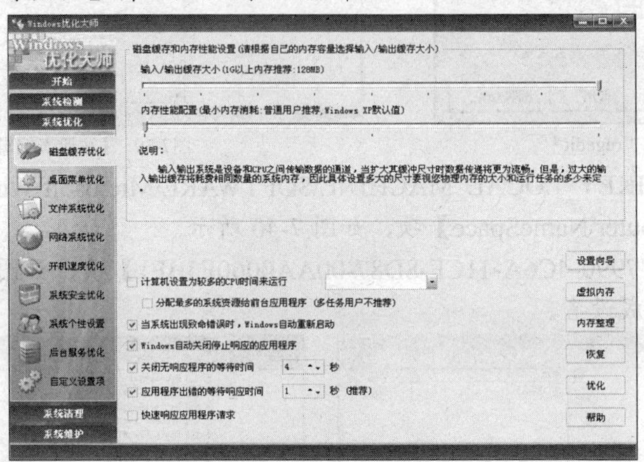

图7-43 【磁盘缓存优化】窗口

（2） 单击 设置向导 按钮，弹出【磁盘缓存设置向导】对话框，如图 7-44 所示。

（3） 单击 下一步 按钮，弹出如图 7-45 所示的对话框，选择【Windows 标准用户】单选按钮，选择计算机类型。

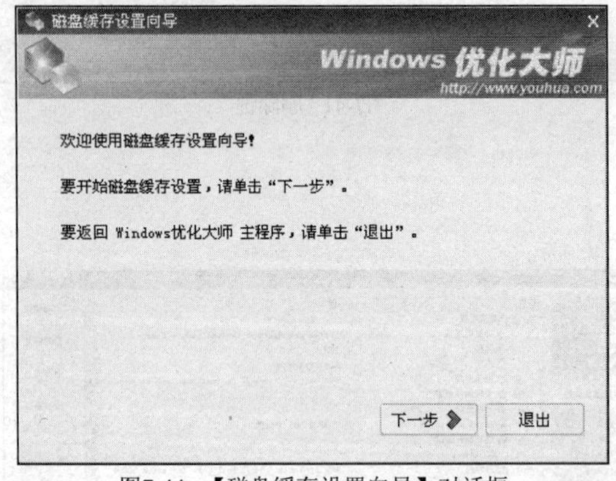


图7-44 【磁盘缓存设置向导】对话框

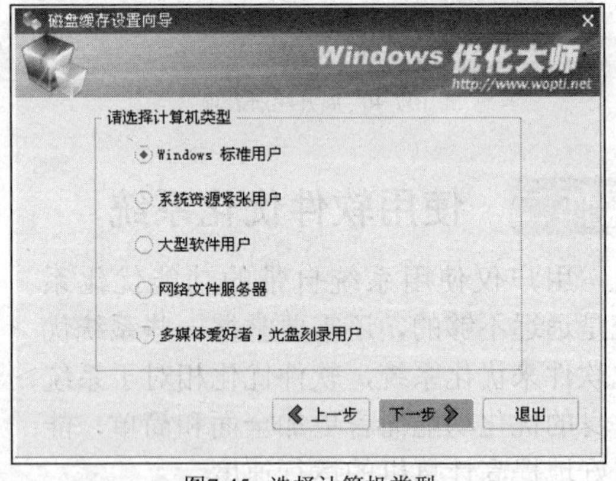


图7-45 选择计算机类型

在选择计算机类型时，要根据用户的实际情况而决定。【Windows 标准用户】适用于 Windows 的普通用户（即没有特殊需求的用户，建议大多数用户选择此项）；【系统资源紧张用户】适用于开机后系统资源的可用空间较小的用户；【大型软件用户】适用于经常同时运行几个大型程序的用户；【多媒体爱好者，光盘刻录用户】适用于经常进行光盘刻录或经常运行多媒体程序的用户。

（4） 单击 下一步 按钮，弹出如图 7-46 所示的对话框，软件将给出对计算机的优化建议。

（5） 单击 下一步 按钮，完成磁盘优化设置向导，如图 7-47 所示。

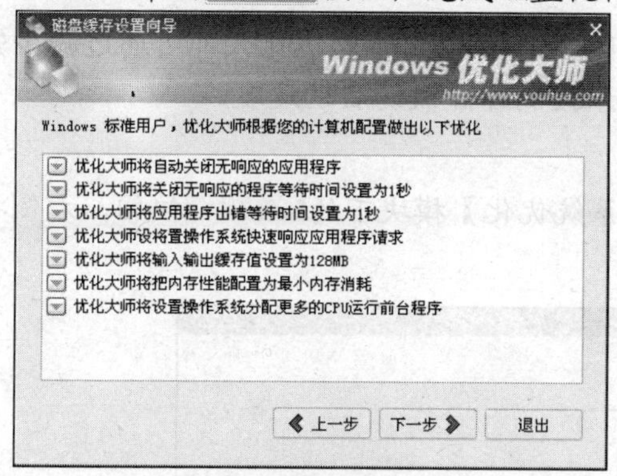


图7-46　优化建议

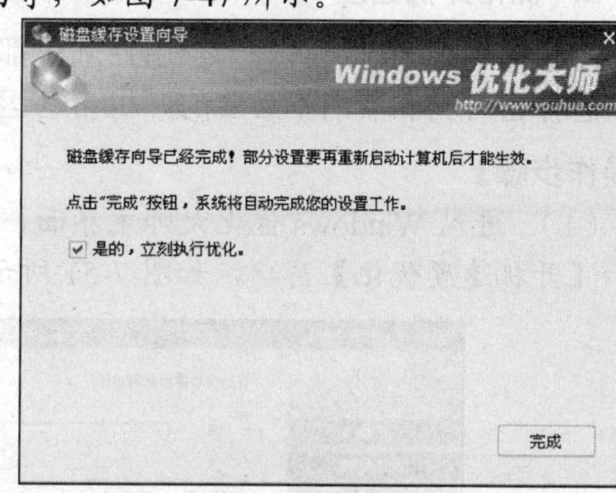


图7-47　完成设置向导

（6） 单击 完成 按钮，将弹出【提示】对话框，如图 7-48 所示。

（7） 单击 确定 按钮，返回到【磁盘缓存优化】窗口，此时优化参数已经设置完成，如图 7-49 所示。

图7-48　【提示】对话框

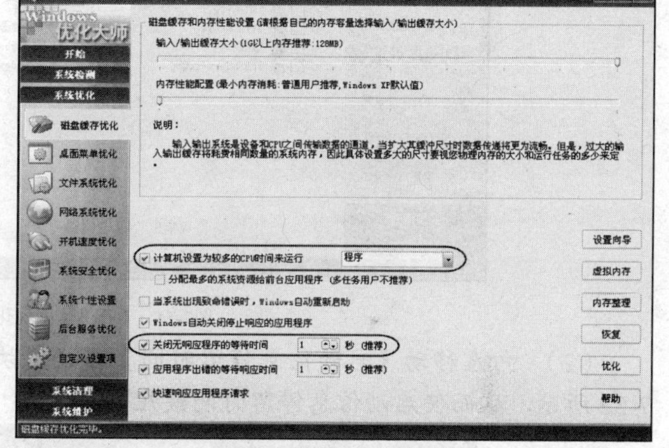

图7-49　优化参数设置完成

（8） 单击 优化 按钮，软件将对磁盘进行优化，优化完成后左下角会显示“磁盘缓存优化完毕”的字样，如图 7-50 所示。

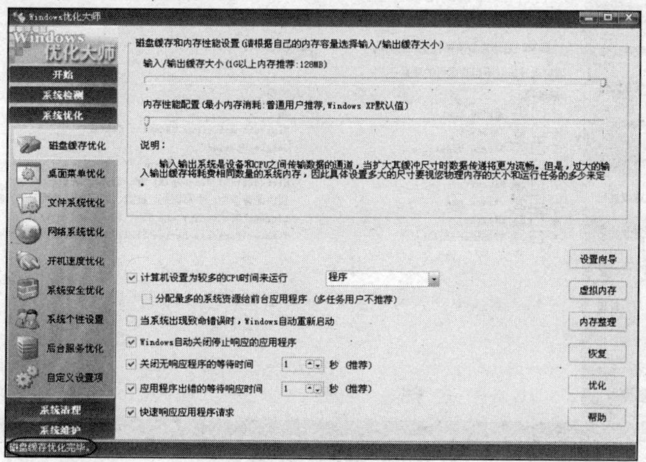

图7-50　完成优化

## 2. 优化开机速度

漫长的开机等待，对每一个用户来说都是头痛的事情，Windows 优化大师可通过减少引导信息停留时间和取消不必要的开机自动运行程序来提高计算机的启动速度。

**【操作步骤】**

（1） 进入 Windows 优化大师主界面，单击【系统优化】模块下的开机速度优化按钮，右侧将显示【开机速度优化】窗口，如图 7-51 所示。

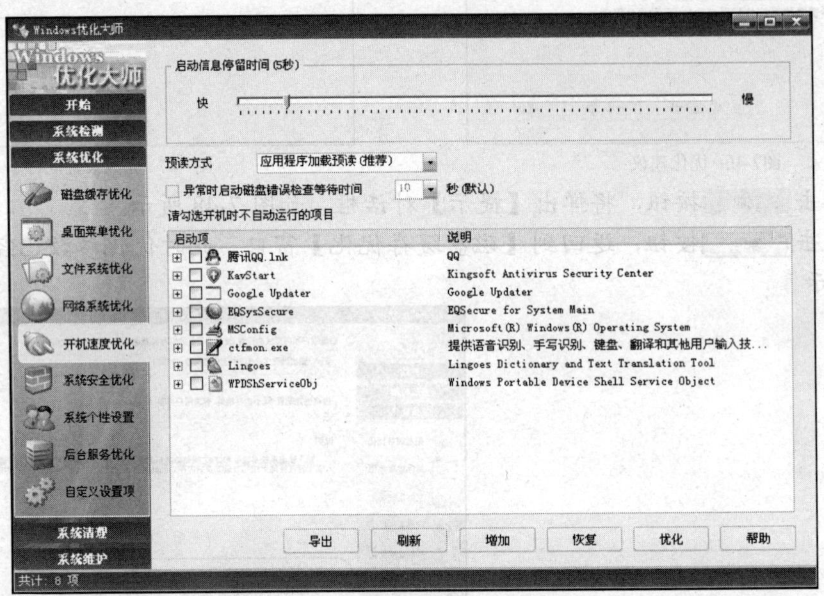


图7-51 【开机速度优化】窗口

（2） 向左移动【启动信息停留时间】下的滑块直至上面显示“直接进入”文字，如图 7-52 所示，从而使启动信息停留时间最短。

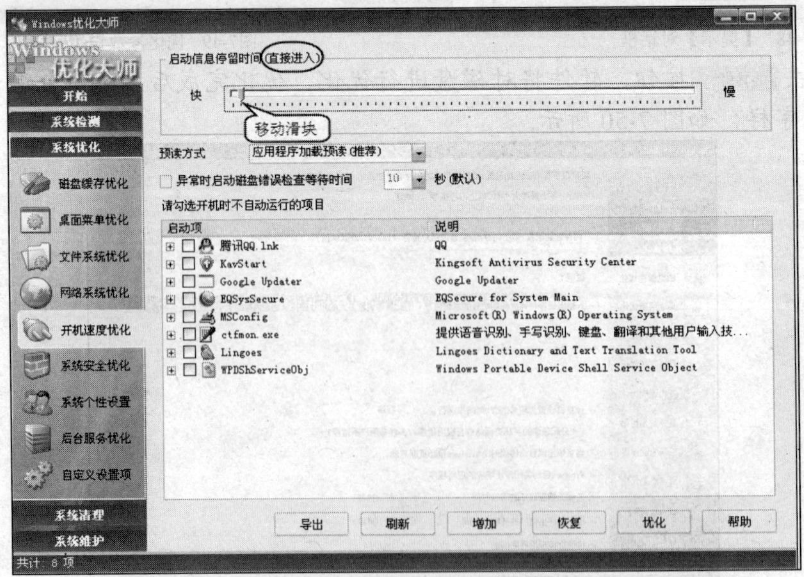


图7-52 开机速度优化设置

（3） 在【启动项】列表框中勾选开机时不自动运行的项目，如图 7-53 所示。为了加快开机速度，一般只保留杀毒软件和 ctfmon.exe（输入法）两项。

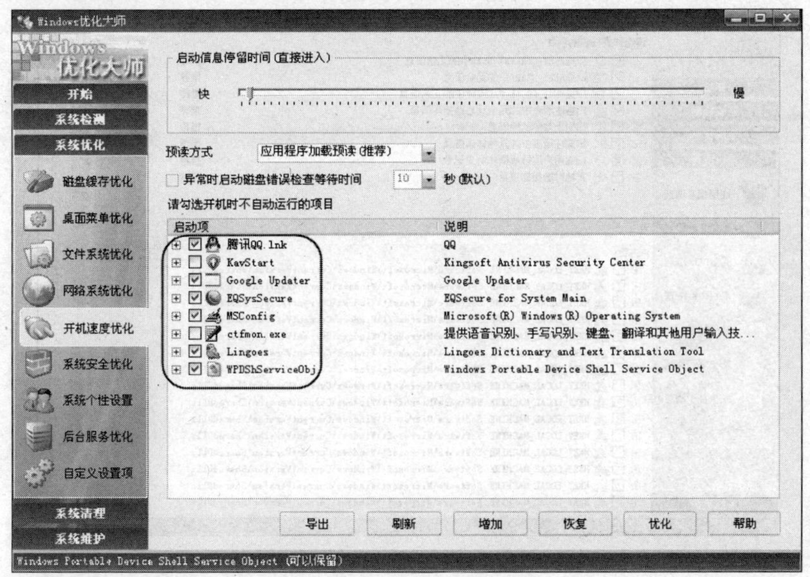


图7-53　勾选开机时不自动运动的项目

（4） 单击 优化 按钮，完成开机速度优化。

### 3. 清理注册表

注册表中的冗余信息不仅影响其本身的存取效率，还会导致系统整体性能的降低，因此用户有必要定期清理注册表。

**【操作步骤】**

（1） 进入 Windows 优化大师主界面，单击【系统清理】模块下的 注册信息清理 按钮，在右侧将显示【注册信息清理】窗口，如图 7-54 所示。

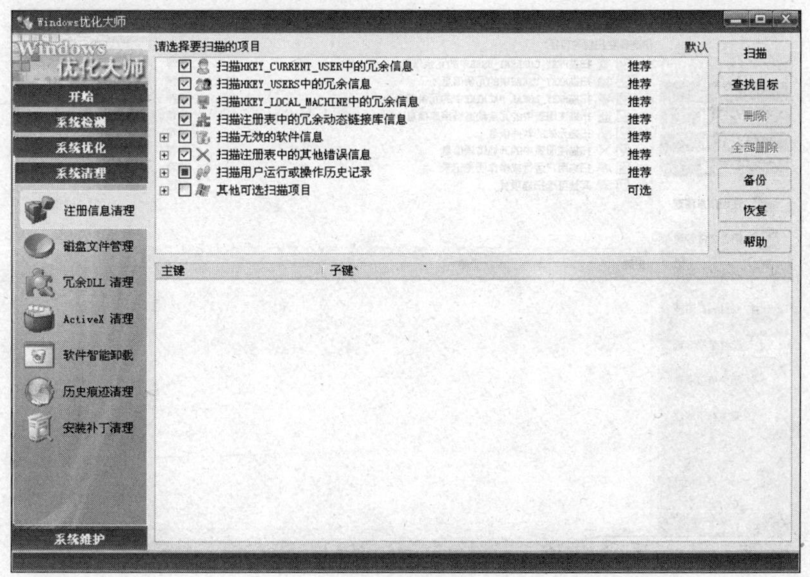


图7-54　【注册信息清理】窗口

（2）单击扫描按钮，Windows 优化大师开始在注册表中扫描冗余信息，扫描到的信息将在下面的显示区中显示出来，如图 7-55 所示。

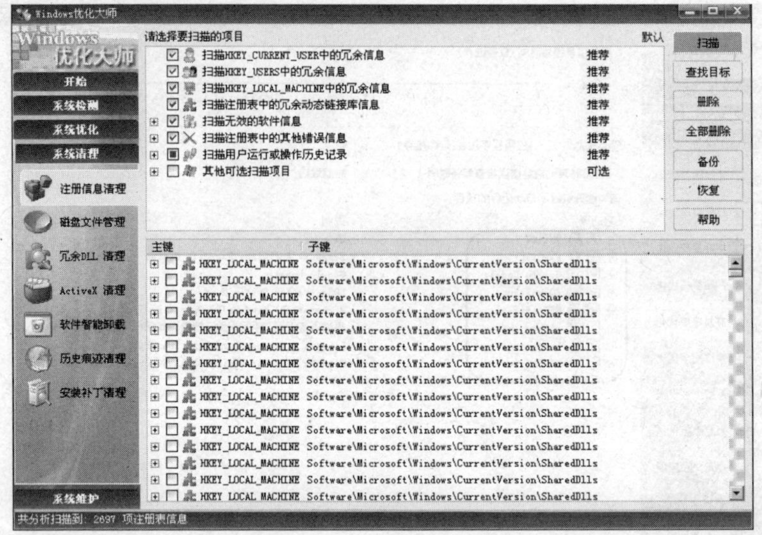


图7-55　扫描到的冗余信息

（3）单击全部删除按钮，将弹出如图 7-56 所示的提示对话框，询问用户是否备份注册表。

（4）单击是(Y)按钮，Windows 优化大师将自动备份注册表，备份完成后将弹出如图 7-57 所示的提示对话框，询问用户是否删除所有扫描到的注册表信息。

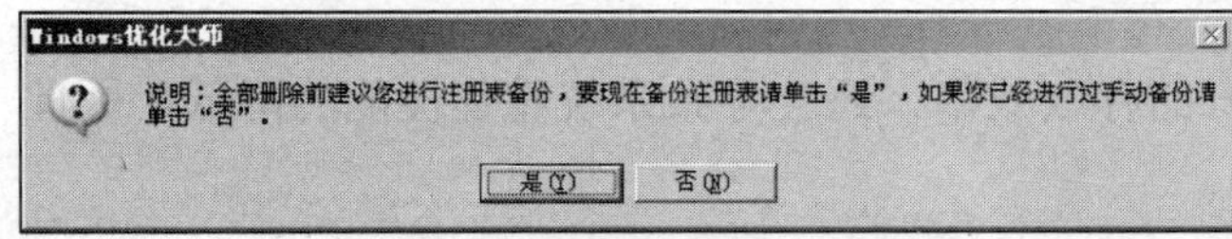


图7-56　询问是否备份

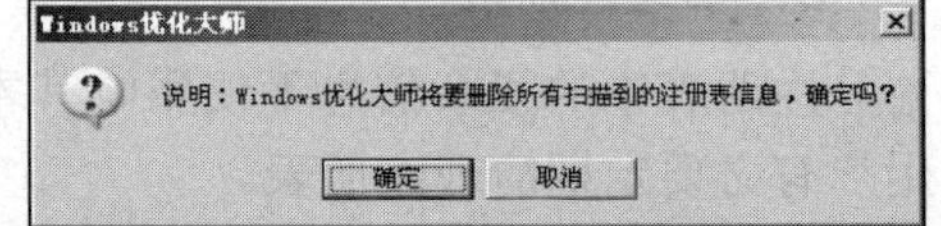


图7-57　询问是否全部删除

（5）单击确定按钮，将删除所有扫描到的冗余注册表信息。删除完成后将在左下角显示删除的项数，如图 7-58 所示。

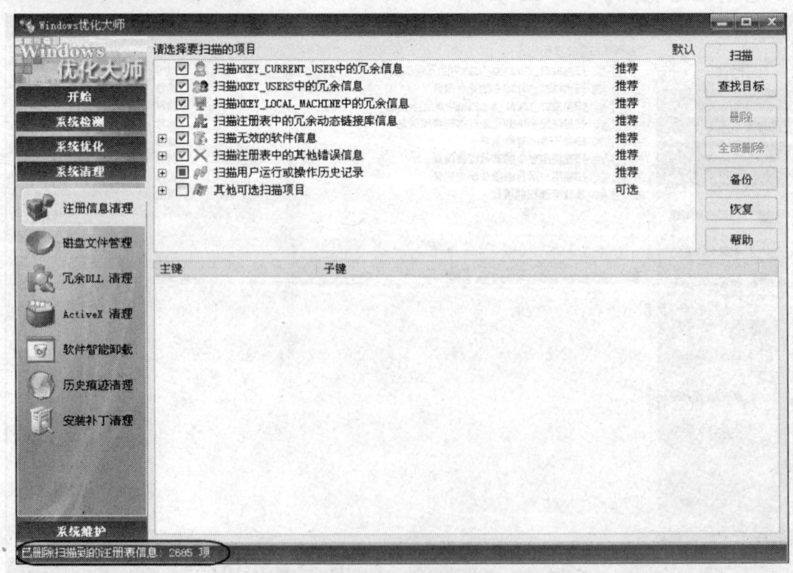


图7-58　冗余信息删除完成

**4. 删除垃圾文件**

计算机中应用程序的运行和卸载以及IE浏览器运行等都会产生大量的垃圾文件。随着系统运行时间增长，垃圾文件就会不断地增加，从而影响系统的运行速度，而通过手动设置来删除垃圾文件不够全面。下面介绍利用软件删除垃圾文件的方法。

**【操作步骤】**

（1）进入Windows优化大师主界面，单击【系统清理】模块下的磁盘文件管理按钮，在右侧将显示【磁盘文件管理】窗口，如图7-59所示。

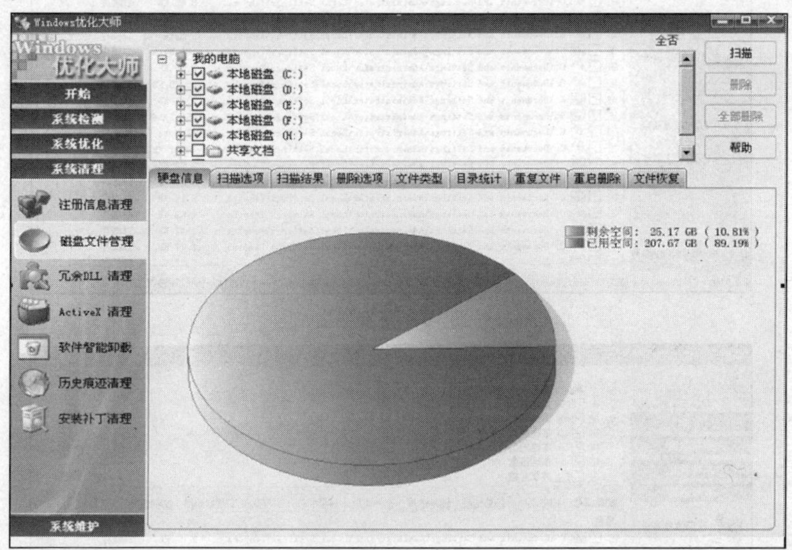

图7-59　【磁盘文件管理】窗口

**重要提示**

此时可以切换到【扫描选项】选项卡，在该选项卡中可以对扫描的内容进行选择。如图7-60所示。

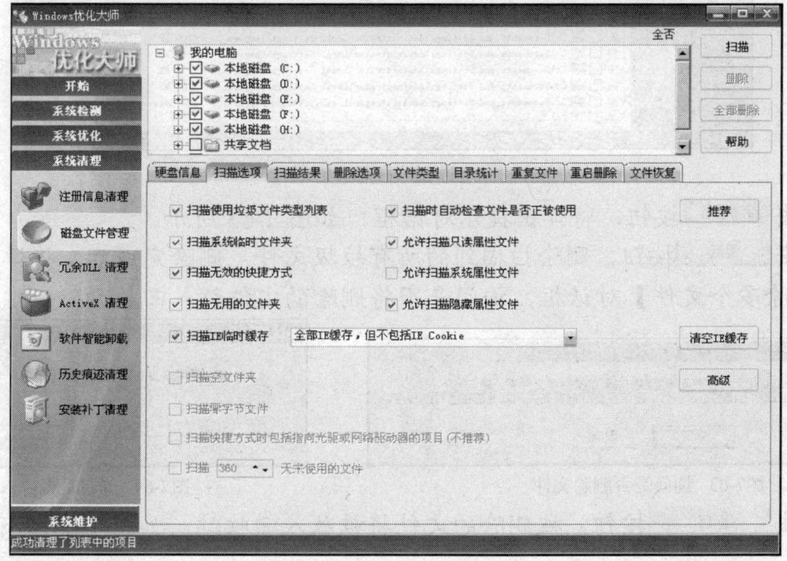

图7-60　【扫描选项】选项卡

（2） 单击 扫描 按钮，软件将自动开始扫描磁盘中的垃圾文件，如图 7-61 所示。扫描结束后将会在下面窗口中显示所有扫描到的垃圾文件，如图 7-62 所示。

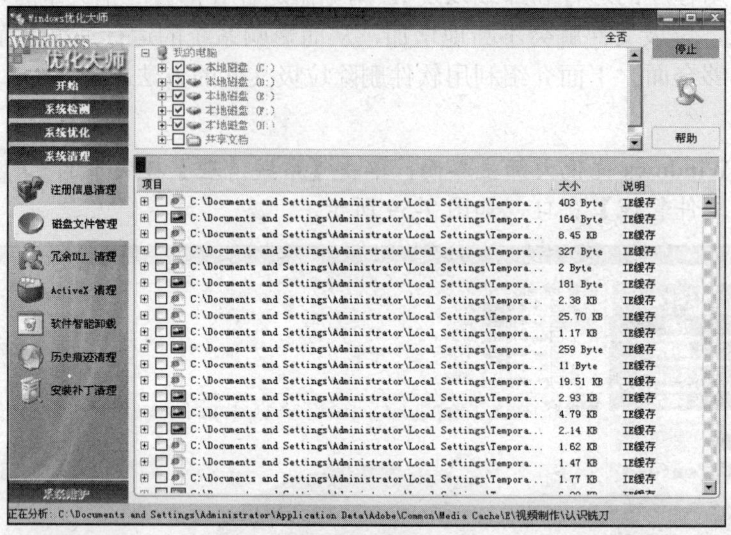

图7-61 进行扫描

图7-62 扫描结果

（3） 单击 全部删除 按钮，将弹出提示对话框，如图 7-63 所示。

（4） 单击 确定 按钮，删除扫描到的所有垃圾文件。删除完成后，将弹出如图 7-64 所示的【确认删除多个文件】对话框，询问是否将删除的文件放入回收站。

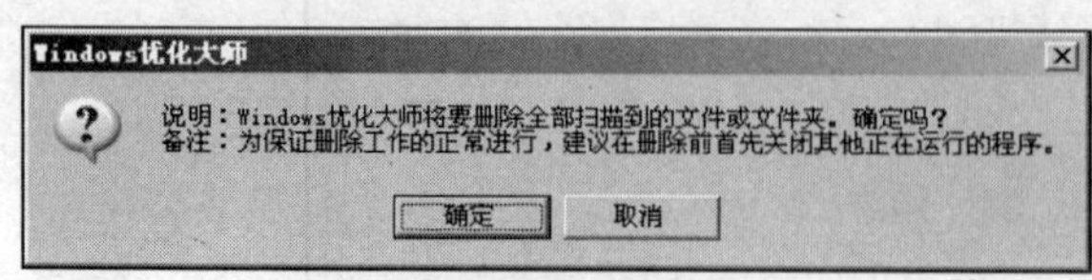


图7-63 询问是否删除文件

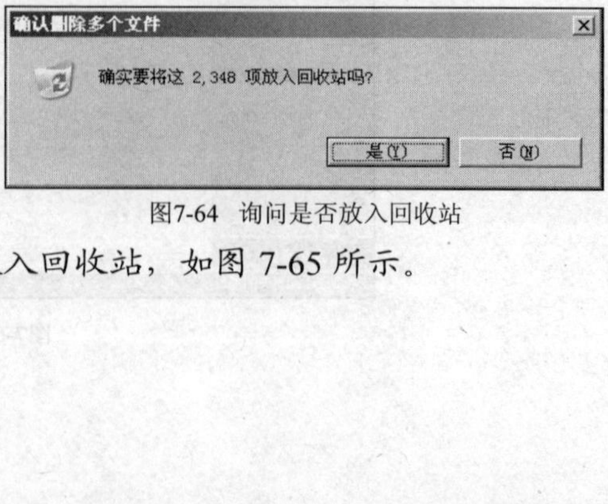

图7-64 询问是否放入回收站

（5） 单击 是(Y) 按钮，被删除的文件将被放入回收站，如图 7-65 所示。

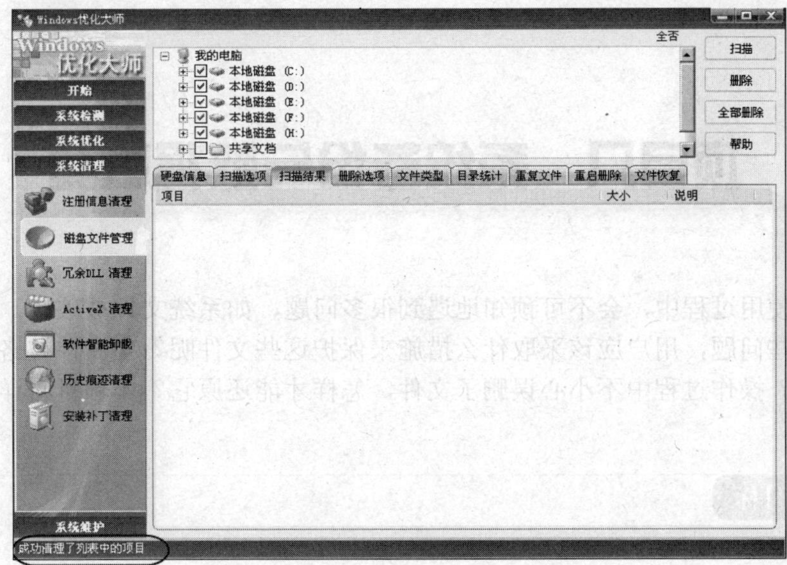


图7-65　删除所有的垃圾文件

# 小结

本项目主要介绍了对计算机系统的性能进行测试、优化的方法。通过本项目的学习，读者应能熟练运用 EVEREST 和 3DMark 这两款软件来测试计算机性能，能够全面地了解自己计算机的性能，同时掌握对系统优化的一些基本方法，会熟练使用 Windows 优化大师，使自己的计算机能够长期处于最佳的工作状态。

# 习题

1. 用 EVEREST 软件对一台计算机的主板进行测试。
2. 用 3DMark 软件对一台计算机的 3D 图形性能进行测试。
3. 在一台计算机上完成硬盘优化。
4. 在一台计算机上完成开机速度优化。
5. 使用 Windows 优化大师对一台计算机进行全面优化。

# 项目八　系统备份与数据恢复

计算机在使用过程中，会不可预知地遇到很多问题，如系统文件被破坏，文件被病毒感染等。遇到这些问题，用户应该采取什么措施来保护这些文件呢？当文件被格式化以后，怎样才能恢复它？操作过程中不小心误删了文件，怎样才能还原它？本项目将详细介绍这些问题的解决方法。

**学习目标**

★　掌握用 Ghost 备份和还原系统的方法。

★　掌握恢复数据的方法。

## 任务一　利用 Ghost 备份与还原系统

Ghost 是一个出色的硬盘备份工具，它可以把一个磁盘中的全部内容复制到另外一个磁盘中，也可以把磁盘内容复制为一个磁盘的镜像文件，还可以为新安装的操作系统创建一个原始磁盘的镜像。

对于一个防御及其他性能都调试得很好的系统可以使用 Ghost 将其备份，当系统瘫痪时再使用 Ghost 还原，以将系统快速恢复到计算机的最佳状态。

### 操作一　使用 Ghost 对系统进行备份

一般在安装完操作系统、驱动程序和一些常用软件（安装在 C 盘上）后，就用 Ghost 给 C 盘做一个镜像，并把这个镜像存放在其他逻辑盘上（如 D 盘）。

**【操作步骤】**

（1） 进入 BIOS 设置主界面，设置系统启动顺序为从光盘启动，保存并重启计算机。将 Ghost 启动光盘放入光驱中。

（2） 进入 Ghost 启动界面，将显示 Ghost 系统信息，如图 8-1 所示。

（3） 单击 OK 按钮，选择【Local】/【Partition】/【To Image】命令，如图 8-2 所示，弹出如图 8-3 所示的对话框，选择用以存放镜像文件的硬盘。如果有多个硬盘，该对话框将会列出所有硬盘以供选择。

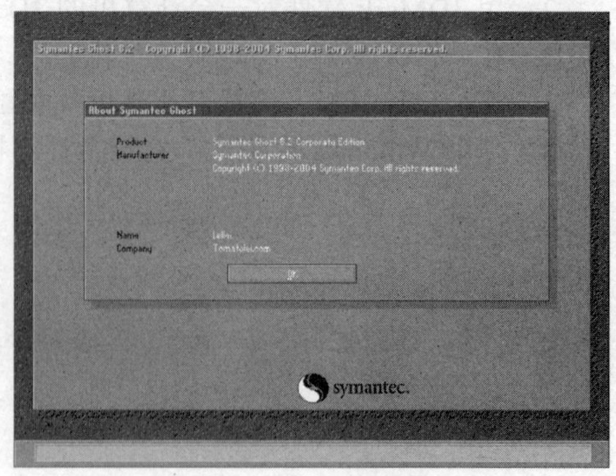


图8-1　Ghost 系统信息

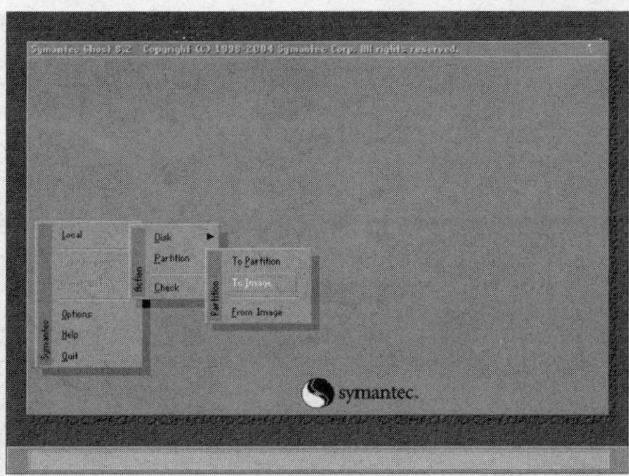


图8-2　选择制作镜像文件

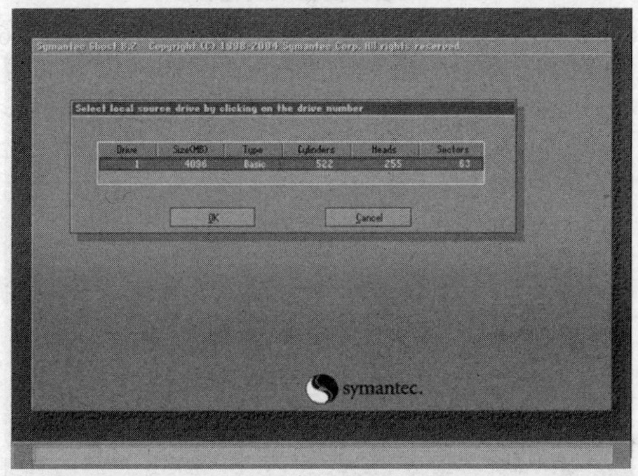


图8-3　选择存放镜像文件的硬盘

（4） 单击 OK 按钮，弹出如图 8-4 所示的对话框，选择需要做镜像文件的分区，这里选择 1 分区（即 C 盘）。

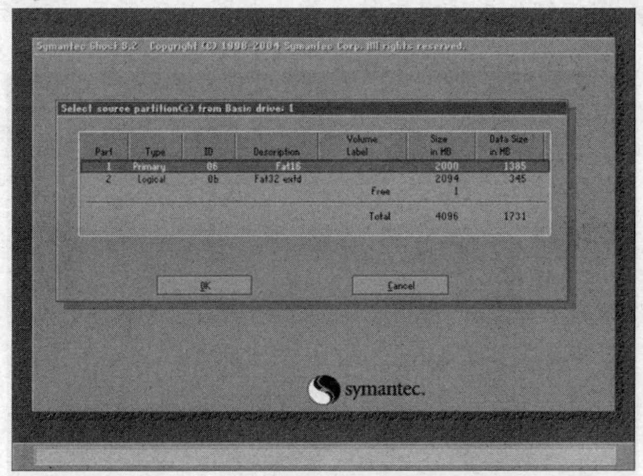


图8-4　选择需做镜像文件的分区

（5） 单击 OK 按钮，弹出如图 8-5 所示的对话框，在【Look in】下拉列表中选择镜像文件的保存路径，这里选择在 2 分区（即 D 盘）的根目录下存放镜像文件。

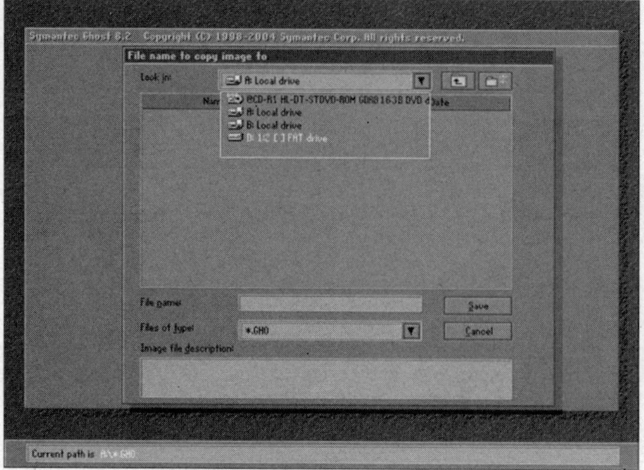


图8-5 选择镜像文件的保存路径

（6） 在【File name】文本框中输入镜像文件名“winxp”，如图 8-6 所示。

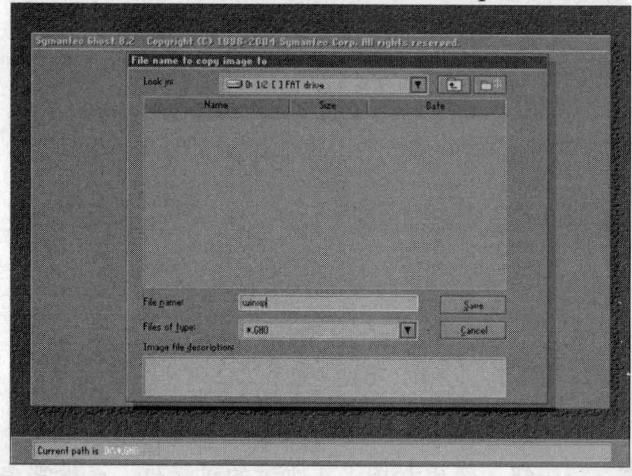


图8-6 设置镜像文件名

（7） 单击 Save 按钮生成镜像文件，弹出如图 8-7 所示的对话框，提示用户选择压缩方式。

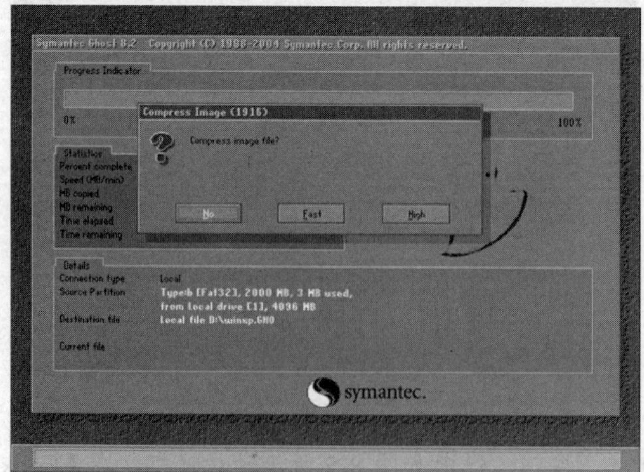


图8-7 选择压缩方式

❖　【NO】：表示不压缩。

❖　【Fast】：表示采用快速压缩，制作和恢复镜像使用的时间较短，但是生成的镜像文件将占用较多的磁盘空间。

❖　【High】：表示采用高度压缩，制作和恢复镜像使用的时间较长，但是生成的镜像文件将占用较小的磁盘空间。

为了加快压缩速度，此处一般采用快速压缩。

（8）单击 Fast 按钮，弹出一个确认对话框，如图 8-8 所示。

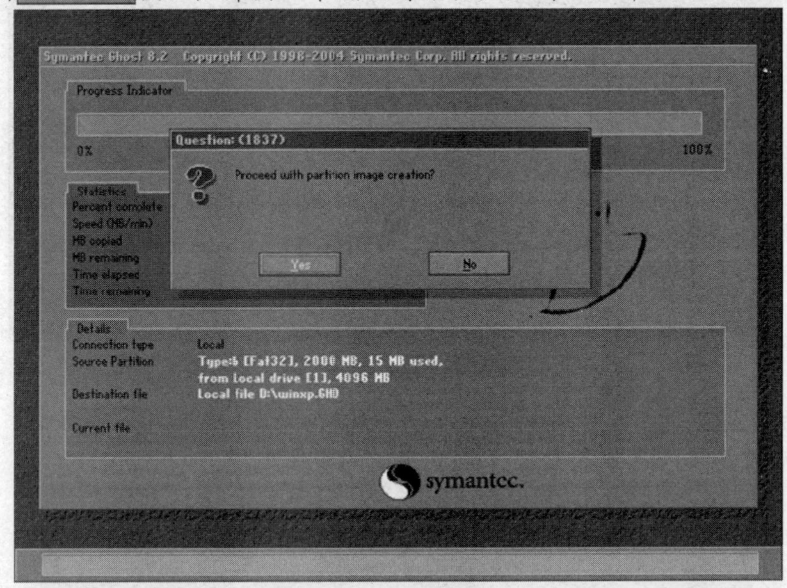


图8-8　确认设置

（9）如果确认前面的设置正确，则单击 Yes 按钮，Ghost 程序将开始制作镜像文件，如图 8-9 所示。

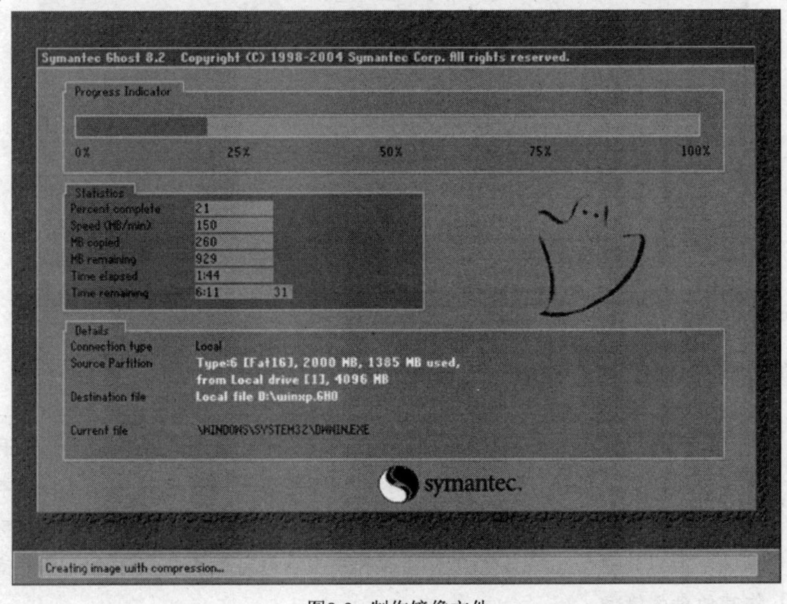


图8-9　制作镜像文件

（10）当镜像文件制作完成后，弹出如图 8-10 所示的对话框。

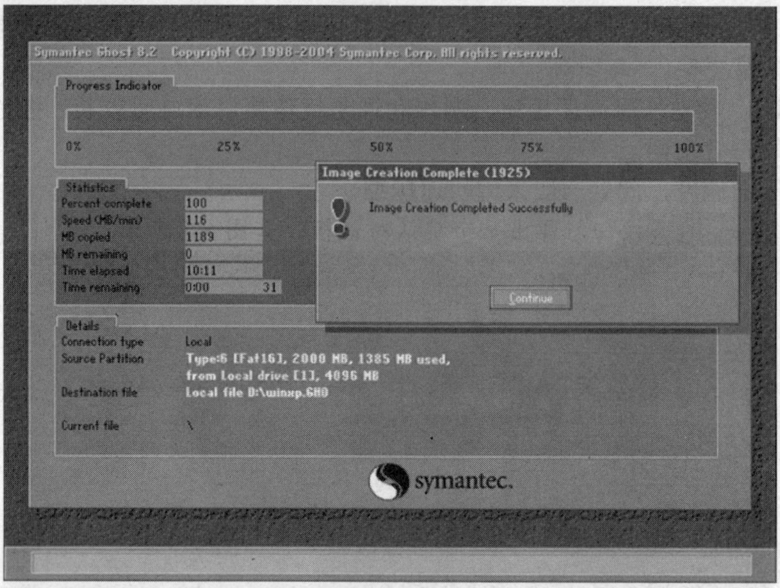

图8-10 镜像文件制作完成

（11）单击 Continue 按钮，弹出如图 8-11 所示的对话框。单击 Yes 按钮，然后从光驱中取出光盘并重启计算机，将会在 D 盘上看到生成的镜像文件“winxp.GHO”。

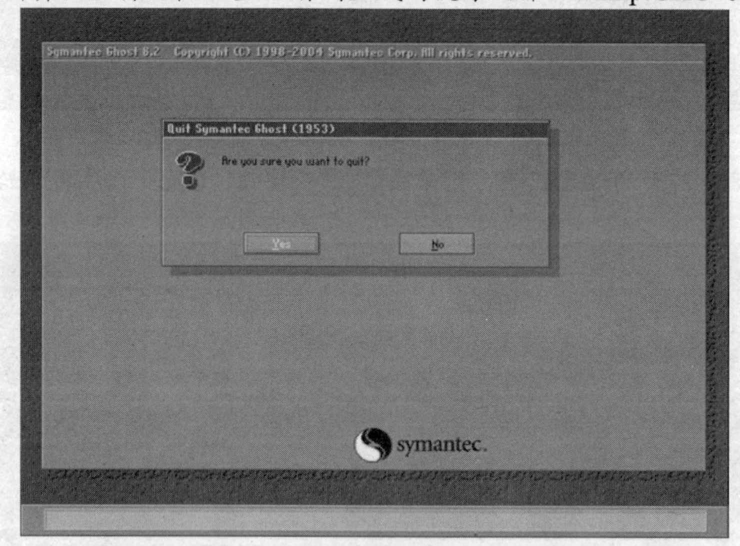


图8-11 确认退出

至此，镜像文件的制作全部完成。

**重要提示**

在制作镜像文件时要注意所指定的存放盘中是否有足够的空间，只有拥有足够的空间才能成功完成镜像文件的制作。本操作制作出来的镜像文件可以用于本机的镜像恢复以及与本机硬件配置完全相同的计算机的镜像恢复，但不能用于硬件配置不同的其他计算机，因为其驱动程序与本机不同。本方法不但可以用来制作系统盘的镜像，还可以制作其他盘的镜像。

## 操作二　使用 Ghost 对系统进行还原

当系统因为某些原因崩溃后，可以使用 Ghost 制作的镜像文件快速还原系统到制作镜像时的那个状态。

**【操作步骤】**

（1） 进入 Ghost 启动界面，单击 OK 按钮，选择【Local】/【Partition】/【From Image】命令，如图 8-12 所示。

（2） 弹出如图 8-13 所示的对话框，选择要使用的镜像文件的路径。

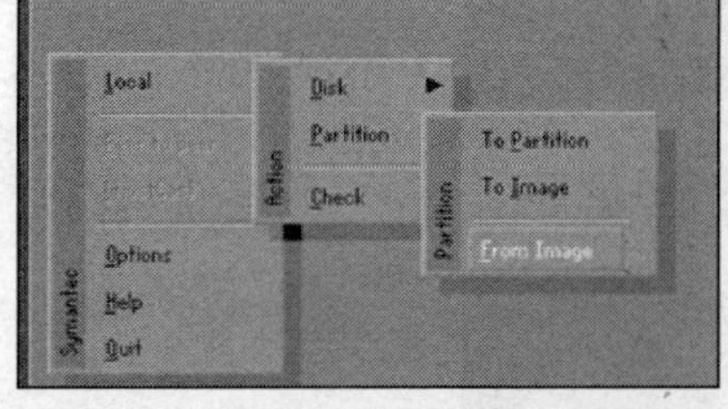


图8-12　选择从镜像文件中恢复系统

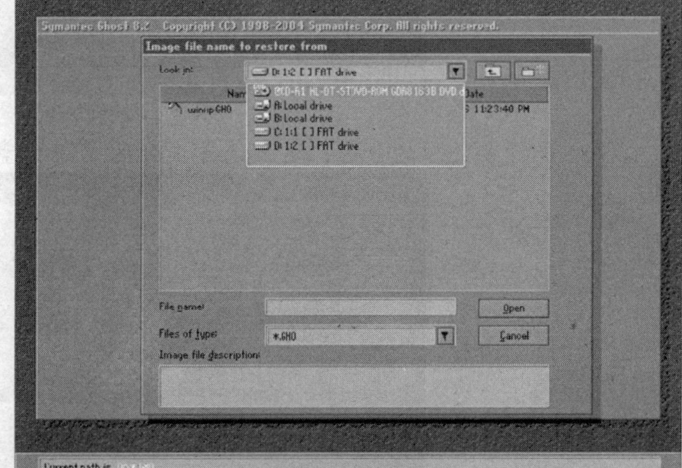


图8-13　选择镜像文件的路径

（3） 这里选择上面制作的镜像文件“winxp.GHO”，如图 8-14 所示。

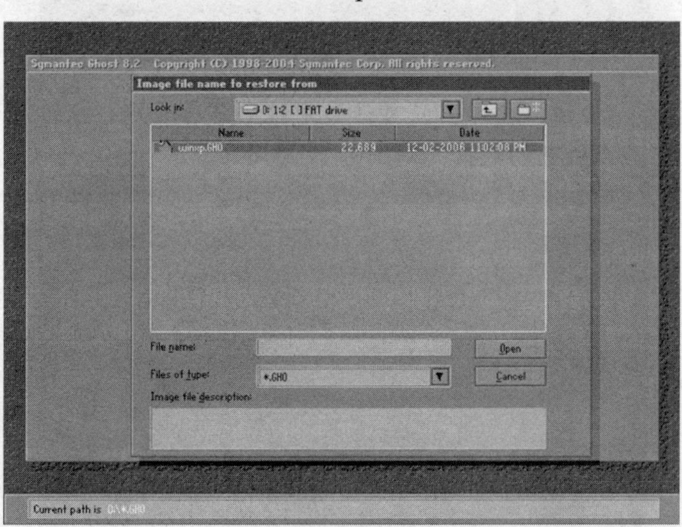


图8-14　选择镜像文件

（4） 单击 Open 按钮，弹出如图 8-15 所示的对话框，从中选择源分区，这里直接单击 OK 按钮。

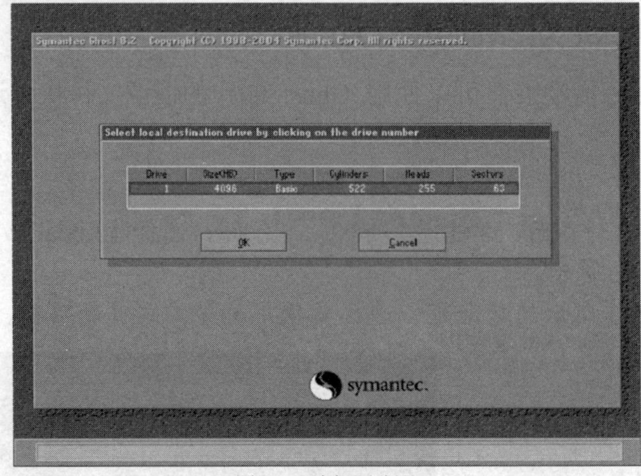


图8-15 选择源分区

（5） 选择要还原的分区，这里选择1分区（即C盘），如图8-16所示。

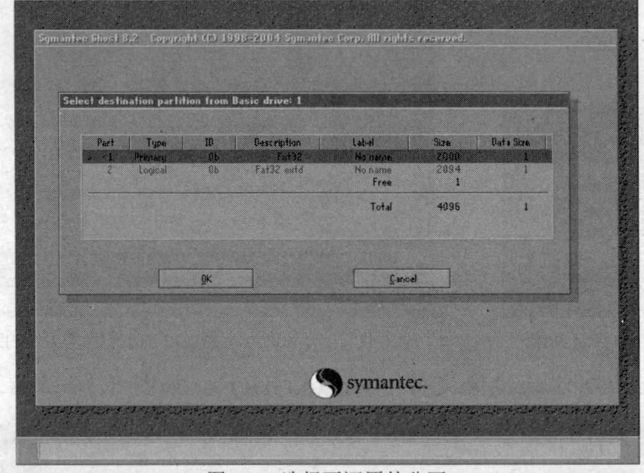


图8-16 选择要还原的分区

（6） 单击 OK 按钮，在弹出的对话框中确认是否要进行所设置的操作。这里单击 Yes 按钮，覆盖C盘上所有的数据，如图8-17所示。

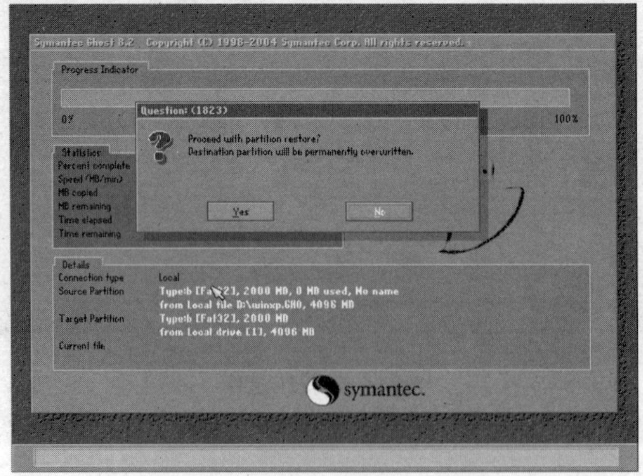


图8-17 确认设置

（7） 系统开始用镜像文件进行系统还原，如图8-18所示。

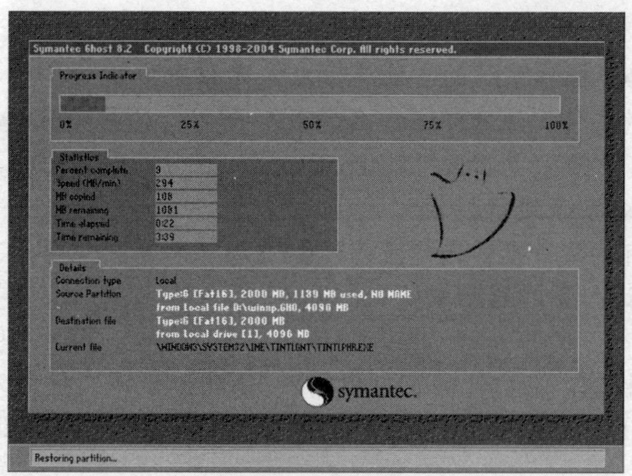

图8-18　系统正在还原

（8）还原完毕后，弹出如图 8-19 所示的对话框，提示系统还原已经完成，单击 Reset Computer 按钮，然后从光驱中取出光盘并重启计算机。

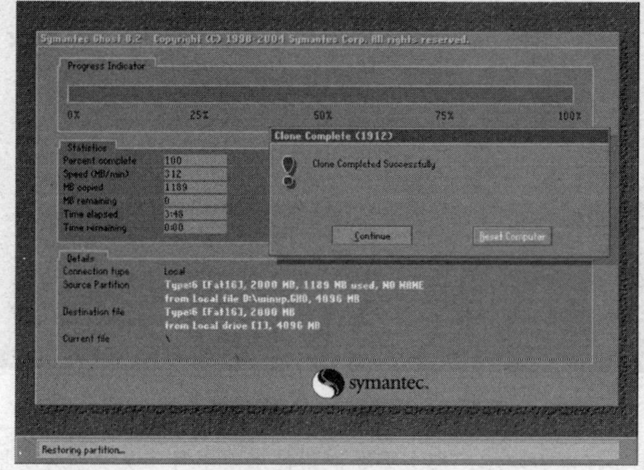

图8-19　系统还原完成

至此，Ghost 系统还原的操作就全部完成。

# 任务二　数据的恢复

数据恢复就是将计算机系统遭受破坏，或由于硬件缺陷以及误操作等各种原因导致丢失的数据还原成正常数据。在恢复被破坏的文件时，文件类型不同，采用的方法也不一样。

## 操作一　恢复被破坏的系统文件

系统文件是指存放操作系统主要文件的文件夹，一般在安装操作系统过程中自动创建并将相关文件放在对应的文件夹中，这里面的文件直接影响系统的正常运行，多数情况下都不允许修改。

系统文件的破坏有多种情况，一种情况是误删除，就是在不知情的情况下将系统文件删除；另一种是杀毒软件将系统文件删除，即因为杀毒软件设置不当，在清除病毒文件时会将系统文件一并删除。

【操作步骤】

（1） 将 Windows XP 操作系统的安装光盘放入光驱中。

（2） 搜索被破坏的文件。注意：文件名的最后一个字符用符号“_”代替。例如，要搜索“Notepad.exe”，则需要输入“Notepad.ex_”来进行搜索。

（3） 搜索到被破坏的文件后，选择【开始】/【运行】命令，在弹出的【运行】对话框中输入“cmd”，如图 8-20 所示。

图8-20 【运行】对话框

（4） 单击 确定 按钮，在打开的窗口中输入 EXPAND 源文件的完整路径、目标文件的完整路径，如“EXPAND D:\SETUP\NOTEPAD.EX_ C:\Windows\NOTEPAD.EXE”，如图 8-21 所示。

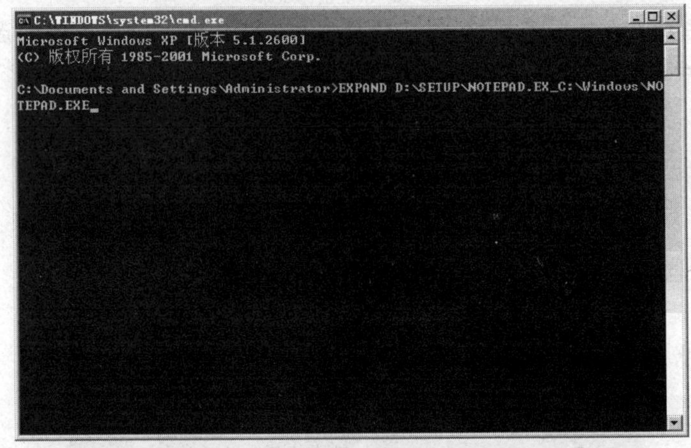


图8-21 输入源文件和目标文件路径

**重要提示**

如果路径中有空格，那么需要把路径用双引号（英文引号）括起来。如果使用的是其他 Windows 操作系统平台，搜索到包含目标文件名的“CAB”文件。然后打开命令行模式，输入“EXTRACT /L 目标位置 CAB 文件的完整路径”。例如，输入“EXTRACT /L C:\Windows D:\I386\ Driver.cab Notepad.exe”。同前面一样，如果路径中有空格的话，则需要用双引号把路径括起来。

## 操作二 恢复被病毒感染的文件

病毒是指在计算机程序中插入破坏计算机功能的数据，影响计算机使用并且能够自我复制的一组计算机指令或者程序代码。通俗地讲就是破坏计算机数据，影响计算机正常工作的一组指令集或程序代码。

现在网络技术越来越发达，计算机很容易在不知情的情况下中病毒，从而感染本地计算机上的文件。

### 1. 恢复被威金病毒感染的 EXE 文件

有关威金病毒的信息如表 8-1 所示，在对它有所了解后，下面开始恢复被威金病毒感染的文件。

表 8-1　　　　　　　　　　威金病毒的相关信息

| | |
|---|---|
| 病毒行为 | （1）中毒后所有.exe 执行文件均发生异常<br>（2）中毒后系统分区生成很多垃圾文件<br>（3）中毒后网络共享打印机生成“远程下层文档”异常队列<br>（4）中毒后网络共享打印机自动打印内容为一行日期的空白页面<br>（5）在所有文件夹下生成“_desktop.ini”文件，内容为一行日期<br>（6）生成以下病毒文件<br>① Program Files\svhost32.exe<br>② Program Files\micorsoft\svhost32.exe<br>③ Windows\explorer.exe<br>④ Windows\logo1_exe<br>⑤ Windows\rundll32.exe<br>⑥ Windows\rundl132.exe<br>⑦ Windows\intel\rundl132.exe<br>⑧ Windows\dll.dll |
| 感染系统 | Windows 95/ 98/ ME/ NT/ 2000/ XP_SP2/Server 2003_SP1 |
| 传播途径 | 扫描 Administrator 和 Guest 账号口令为空的计算机，并通过共享迅速传播 |
| 病毒查杀 | 采用 Mcafee + Ewido + Logkill 组合查杀，并手工免疫 |
| 处理步骤 | （1）禁用系统还原，并删除相关的备份文件<br>（2）在安全模式下，使用已更新的 Mcafee 和 Ewido 扫描并查杀全盘<br>（3）对被破坏的.exe 文件，使用 Logkill 尝试修复<br>（4）为 Administrator 和 Guest 账号设置一些安全系数较高的口令 |

**【操作步骤】**

（1） 使用杀毒软件及专杀工具查杀威金病毒。

对于被感染了病毒的.exe 文件不要删除，将其隔离即可。

（2） 在安装操作系统盘符下的 Windows 目录中建立一个空文件，文件名为“logo1_.exe”，文件属性设置为“只读”、“隐藏”，如图 8-22 所示。

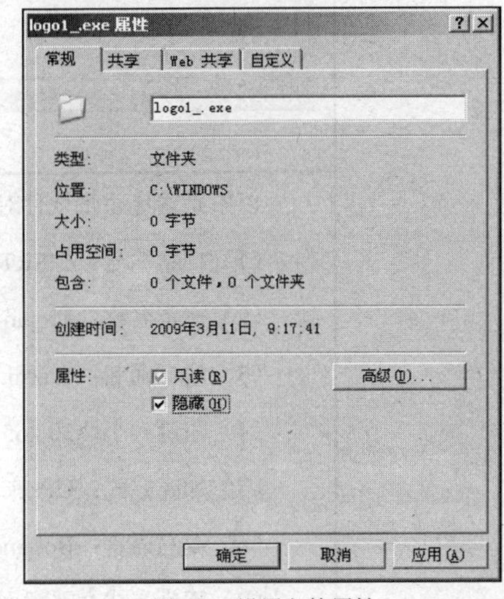


图8-22　设置文件属性

（3） 按照上一步的方法，建立“rundl123.exe”以及“Sy0.exe”～“Sy9.exe”等文件。

（4） 拔掉网线，断开网络，暂时关闭病毒防护功能。

（5） 还原被隔离的.exe 文件，选择【开始】/【运行】命令，运行该文件。这时被感染的.exe 文件就会脱壳，logo1_.exe 以及 rundl123.exe 等会被释放。

（6） 用最新的专杀工具对这个.exe 文件检测一遍，然后将它放入 RAR 压缩包里。在 RAR 中的.exe 文件不会感染，在 RAR 中运行这个程序也没问题。

**重要提示** 使用超级兔子等查杀软件时，一定不能清理自己创建的那几个文件，否则，病毒将再次开始活动。

（7） 再次全面杀毒，确保计算机内部无病毒。

### 2. 恢复被熊猫烧香病毒感染的EXE文件

有关熊猫烧香病毒的信息如表 8-2 所示，在对它有所了解后，下面开始恢复被熊猫烧香感染的文件。

表 8-2　　　　熊猫烧香病毒的相关信息

| | |
|---|---|
| 病毒描述 | “武汉男生”，俗称“熊猫烧香”，这是一个感染型的蠕虫病毒，它能感染系统中的.exe、.com、.pif、.src、.html、.asp 等格式文件，还能终止大量的反病毒软件进程，并且会删除扩展名为.gho（GHOST 的备份文件）的文件，使用户的系统备份文件丢失，并将感染该病毒的计算机内所有后缀名为.exe 的文件图表替换为图 8-23 所示的图标。<br>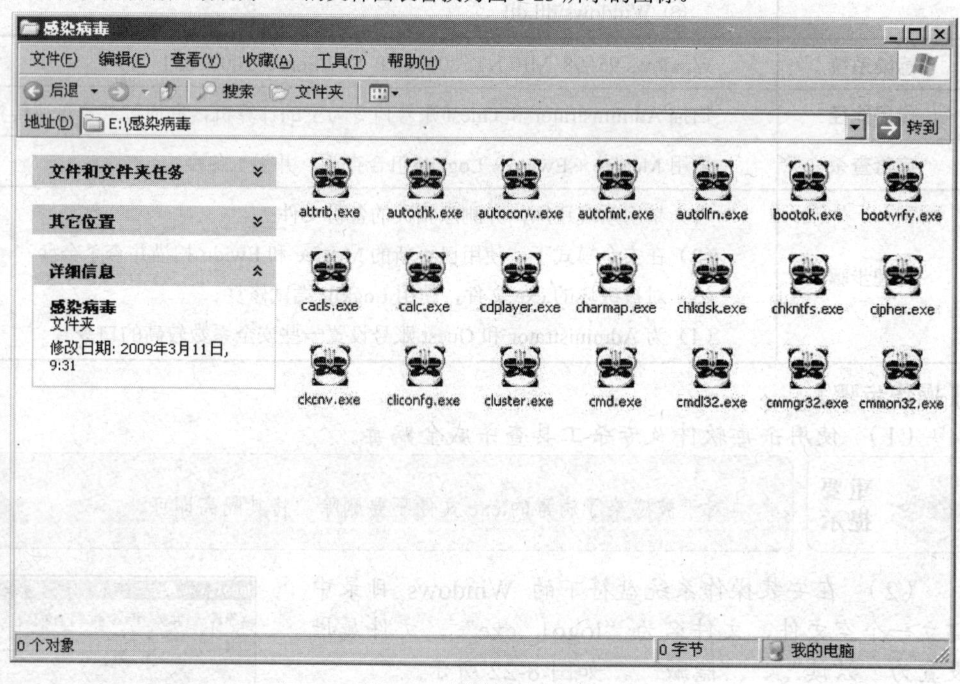<br><br>图8-23 “熊猫烧香”图标 |
| | 以下是瑞星杀毒软件对该病毒的标注信息<br>（1）档案编号：CISRT2006078<br>（2）病毒名称：Trojan-PSW.Win32.QQRob.ec（Kaspersky）<br>（3）病毒别名：Worm.Nimaya.a[尼姆亚]（瑞星）<br>（4）病毒大小：30 465 字节<br>（5）加壳方式：UPack<br>（6）编写语言：Borland Delphi 6.0～7.0<br>（7）感染方式：恶意网页传播，木马下载传播，局域网传播，移动存储设备传播 |

续　表

| | |
|---|---|
| 病毒行为 | （1）复制自身到系统目录下<br>一般系统目录为“%System%\drivers\spoclsv.exe”（“%System%”代表 Windows 操作系统所在目录，如“C:\Windows”，不同的 spoclsv.exe 变种，此目录可不同。例如，12 月爆发的变种目录是“C:\WINDOWS\System32\Drivers\spoclsv.exe”）<br>（2）创建启动项<br>[HKEY_CURRENT_USER\Software\Microsoft\Windows\CurrentVersion\Run]<br>"svcshare"="%System%\drivers\spoclsv.exe"<br>（3）在各分区根目录生成病毒副本<br>① X:\setup.exe<br>② X:\autorun.inf<br>③ autorun.inf 内容<br>④ [AutoRun]<br>⑤ OPEN=setup.exe<br>⑥ shellexecute=setup.exe<br>⑦ shell\Auto\command=setup.exe |
| 处理步骤 | （1）断开网络<br>（2）结束病毒进程“%System%\FuckJacks.exe”<br>（3）删除病毒文件“%System%\FuckJacks.exe”<br>（4）用鼠标右键单击分区盘符，在打开的快键菜单中单击【打开】命令，进入分区根目录，删除根目录下的文件“X:\autorun.inf”和“X:\setup.exe”<br>（5）删除病毒创建的如下启动项<br>【HKEY_CURRENT_USER\Software\Microsoft\Windows\CurrentVersion\Run】<br>"FuckJacks"="%System%\FuckJacks.exe"<br>【HKEY_LOCAL_MACHINE\Software\Microsoft\Windows\CurrentVersion\Run】<br>"svohost"="%System%\FuckJacks.exe"<br>（6）修复或重新安装反病毒软件<br>（7）使用反病毒软件或专杀工具进行全盘扫描，清除或恢复被感染的 EXE 文件 |

**重要提示**　清除病毒文件的同时，注意不要删除“%SYSTEM%”文件夹下释放的“FuckJacks.exe”文件，但是注册表里要清除干净。

**【操作步骤】**

（1）选择【开始】/【运行】命令，在弹出的【运行】对话框中输入“gpedit.msc”，如图 8-24 所示。

（2）单击 确定 按钮，打开【组策略】窗口，在左侧面板中依次展开【“本地计算机”策略】/【计算机配置】/【Windows 设置】/【安全设置】/【软件限制策略】/【其它规则】选项，如图 8-25 所示。

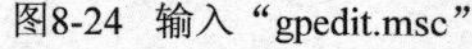
图8-24 输入“gpedit.msc”

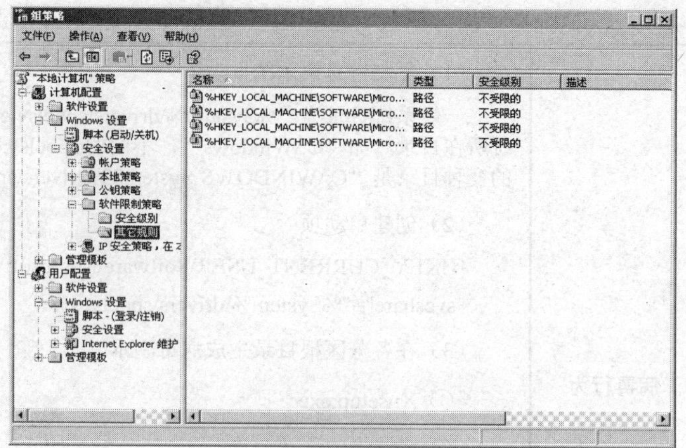


图8-25 【组策略】窗口

（3） 在【其它规则】选项上单击鼠标右键，在弹出的快捷菜单中选择【新散列规则】命令，如图 8-26 所示，弹出【新散列规则】对话框，如图 8-27 所示。

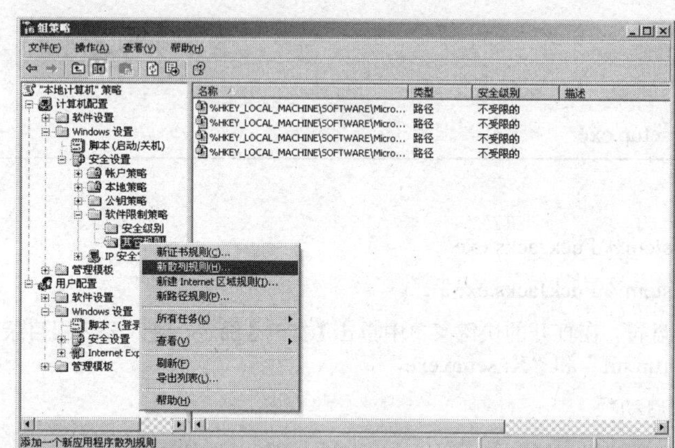


图8-26 选择【新散列规则】命令

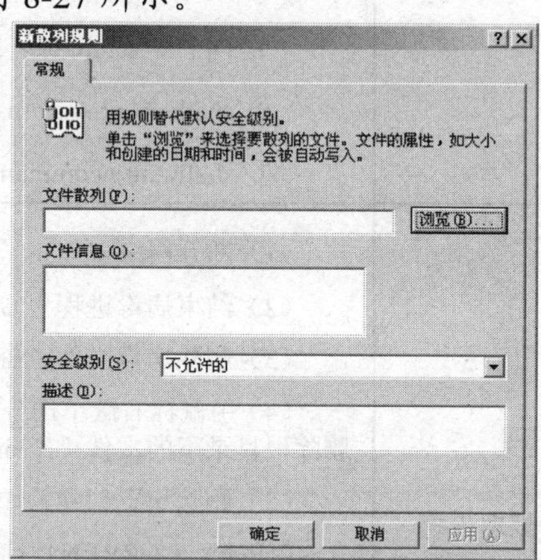


图8-27 【新散列规则】对话框

（4） 在【文件散列】组中，单击 浏览(B)... 按钮，选择“%SYSTEM%”文件夹中的“FuckJacks.exe”文件，将【安全级别】下拉列表设置为“不允许的”，单击 确定 按钮后重启计算机。

（5） 重启后可以双击运行已经被熊猫烧香病毒感染的程序，运行程序后该 FuckJacks.exe 文件会在注册表里的 Run 键下建立启动项。

（6） 双击运行被感染的程序，可见图标已经恢复到原来的样子，全部恢复后用 SREng2 将 FuckJacks.exe 文件在注册表里建立的启动项删除即可。

**重要提示**

SREng2 是一款对计算机全盘进行扫描的安全检测软件，它会扫描开机驱动、进程扫描、网络扫描，并同时对系统进行修复，扫描隐藏进程等多种功能的软件。

## 操作三 恢复被删除的数据

有时用户会因为错误的操作删除一些重要的数据，或者因为磁盘的问题造成不能正常读取磁盘上的数据，这时就希望能从磁盘上把删除或丢失的数据再重新恢复过来。

## 1. 使用 FinalData 恢复数据

要掌握使用恢复软件 FinalDate 恢复被删除数据的方法，首先要进行一些知识储备。

（1） 被删除文件的恢复原理

在 Windows 操作系统下用普通的删除命令删除一个文件或者清空回收站，其实只是对被删除文件做了一个删除标记，而被删除的文件内容仍然保存在它原来所在的位置，直至硬盘中写入了其他内容将其覆盖。所以文件恢复的原理其实就是在文件被覆盖前将该文件头上的删除标记去掉，这样就可以恢复这个被删除的文件。

（2） 簇的概念。

在计算机操作系统中，文件系统是操作系统与驱动器之间的接口，当操作系统请求从硬盘中读取一个文件时，会请求相应的文件系统打开文件。扇区是磁盘最小的物理存储单元，由于扇区的数目众多，操作系统无法对整个扇区进行寻址，所以操作系统就将相邻的扇区组合在一起，形成一个簇，然后再对簇进行管理。每个簇可以包括 2、4、8、16、32 或 64 个扇区。显然，簇是操作系统所使用的逻辑概念，而非磁盘的物理特性。

**【操作步骤】**

1. 查找被彻底删除的数据。

在恢复被删除的数据之前，首先要找到其所在的位置。

（1） 启动 FinalData，进入其主界面，如图 8-28 所示。

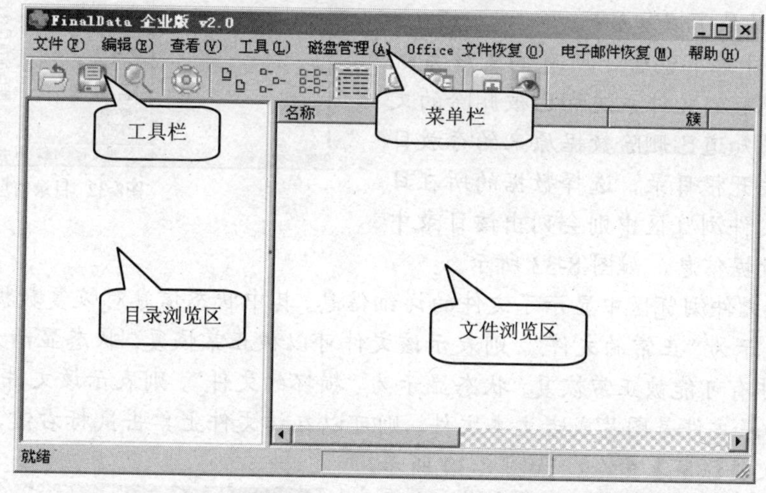


图8-28　FinalData 主界面

（2） 选择菜单栏中的【文件】/【打开】命令，弹出【选择驱动器】对话框，如图 8-29 所示。

（3） 选择数据所在的磁盘，这里选择 D 盘，单击 确定(O) 按钮。在对磁盘现有文件系统进行扫描之后，将弹出【选择要搜索的簇范围】对话框，确定搜索的簇范围，如图 8-30 所示。一般不确定数据的具体存放位置，所以使用默认的设置搜索整个磁盘。

（4） 单击 确定 按钮，开始进行簇搜索，如图 8-31 所示。此过程需要几分钟到几个小时的时间，根据计算机性能、磁盘文件的多少和硬盘的读取速度而定。一般在使用 FinalData 的时候应关掉所有的应用程序以便加快搜索速度。

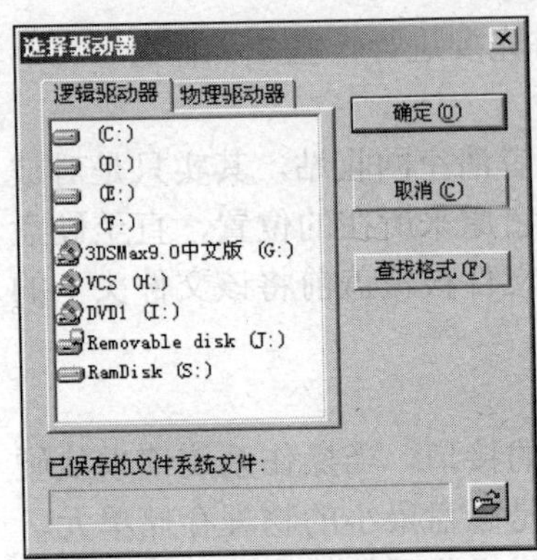
图8-29 【选择驱动器】对话框

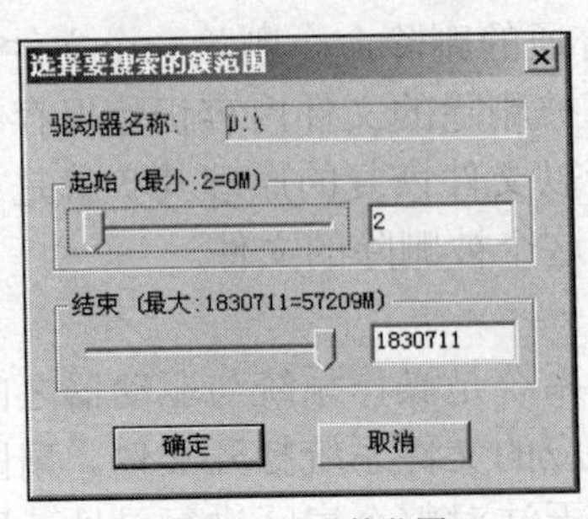
图8-30 确定簇范围

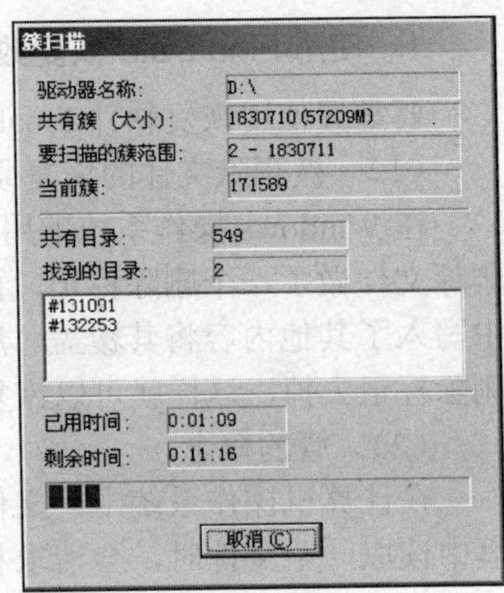
图8-31 开始簇搜索

2. 恢复被删除的数据。

对磁盘的簇搜索完成后，在主界面的目录浏览区就会列出所有搜索到的目录数据信息，选择一个目录就会在右边文件浏览区看到此目录下所有文件系统的详细信息，如图8-32所示。

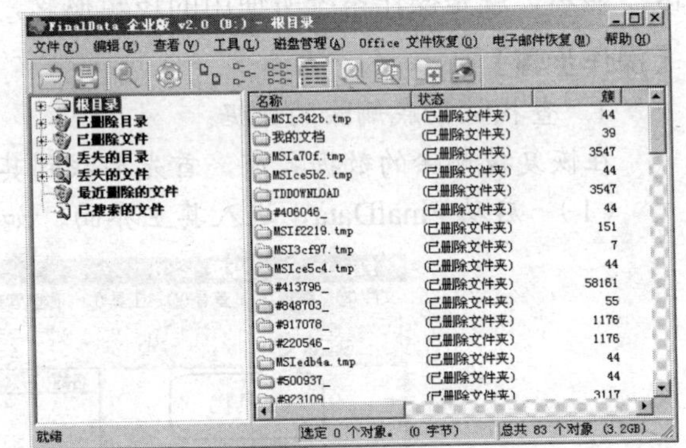
图8-32 目录信息

3. 从根目录下恢复数据。

（1） 根目录下包含了所有的文件系统信息，包括现有的文件系统和已被删除的文件系统。如果知道已删除数据原来的存放目录，则可以展开根目录，选择数据的所在目录，在右边文件浏览区中则会列出该目录中所有文件的数据信息，如图8-33所示。

（2） 在文件浏览区中显示了文件的详细信息，其中状态信息对恢复数据起了至关重要的作用。状态显示为“正常的文件”，则表示该文件可以被正常恢复；状态显示为“邻近的文件”，则表示该文件有可能被正常恢复；状态显示为“损坏的文件”，则表示该文件不能被正常恢复。

（3） 如果文件是图片或者文本文件，则可以在该文件上单击鼠标右键，在弹出的快捷菜单中选择【文件预览】命令，如图8-34所示。

图8-33 文件信息

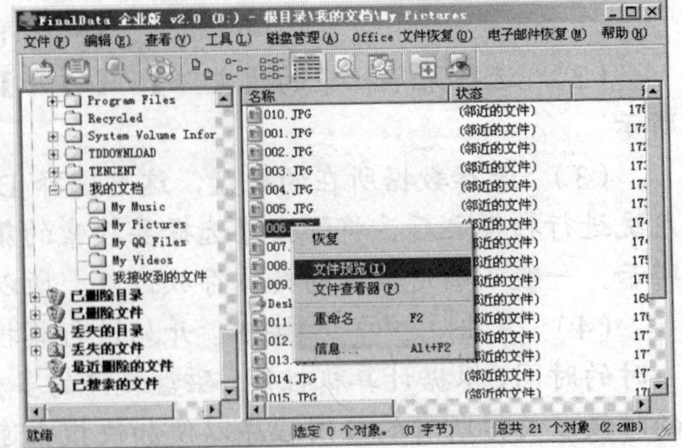
图8-34 选择【文件预览】命令

（4） 如果在弹出的预览窗口中能看到图像或文字，则证明该文件可以恢复，如图 8-35 所示。如果无法看到图像或文字，则只有先恢复，再查看文件是否正常可用。

（5） 恢复文件只需在文件上单击鼠标右键，在弹出的快捷菜单中选择【恢复】命令，然后在弹出的对话框中选择保存文件的目录即可，如图 8-36 所示。在保存文件时尽量选择搜索磁盘之外的磁盘目录，以免再次损坏被恢复的数据。

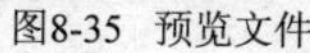
图8-35　预览文件

图8-36　选择保存目录

（6） 单击 保存(S) 按钮，完成数据恢复，然后从保存目录中打开恢复的文件，验证其可用性。

4. 从已删除目录下恢复数据。

已删除目录下包含了搜索到的已经被系统彻底删除的数据信息。如果在根目录下查找比较麻烦，则可在已删除目录下进行查找，如图 8-37 所示。

（1） 查找到需要的文件，则可以对其进行预览和恢复，或者先恢复再验证其可用性。

（2） 如果一个文件夹下包含了多个可恢复的目录和文件，则可以对整个文件夹进行恢复。在文件浏览区中，在需要恢复的文件夹上单击鼠标右键，在弹出的快捷菜单中选择【恢复】命令，然后选择目录保存即可，如图 8-38 所示。

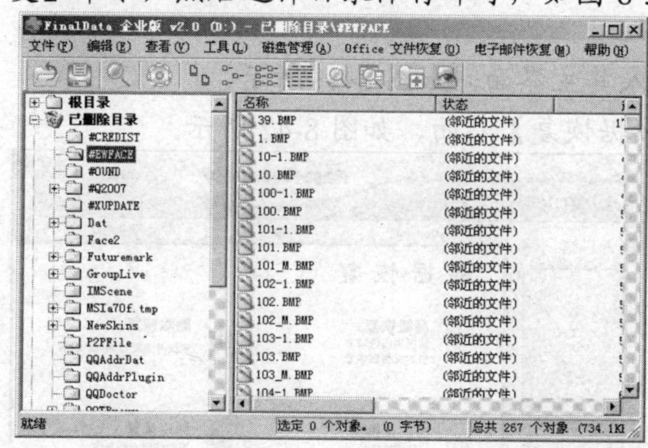

图8-37　已删除目录

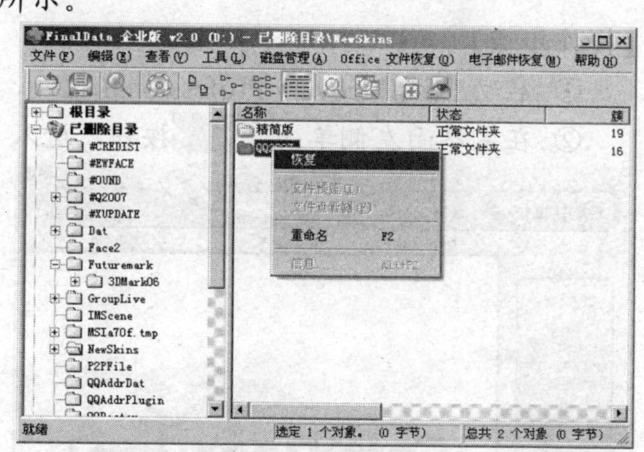

图8-38　恢复文件夹

5. 搜索关键字。

如果知道已删除数据中包含的关键字，则可以通过搜索的方式查找出包含关键字的数据，缩小查找范围。

（1） 选择菜单栏中的【文件】/【查找】命令，在弹出的【查找】对话框中输入查找关键字，单击 查找 按钮进行搜索，如图 8-39 所示。

（2） 搜索完成后，则会列出所有包含此关键字的文件夹和文件，如图 8-40 所示。

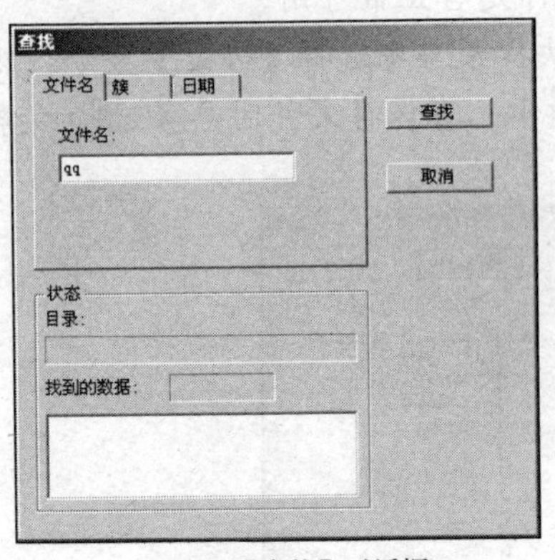


图8-39 【查找】对话框

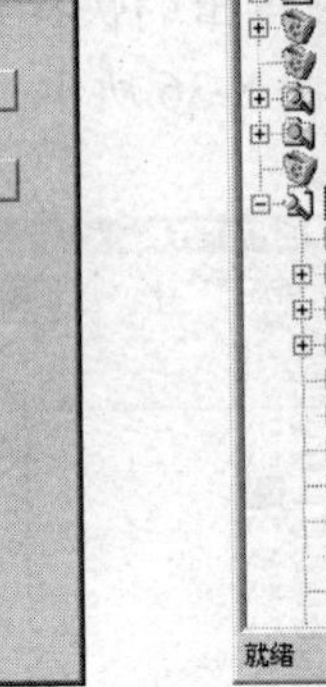

图8-40 查找结果

（3） 使用上面介绍的方法可对需要的文件或文件夹进行恢复。

### 2. 使用 EasyRecovery 恢复数据

EasyRecovery 是由 ONTRACK 公司开发的数据恢复软件，功能十分强大，能够恢复因误删除、受病毒影响、格式化或分区、断电或瞬间电流冲击、程序的非正常操作或系统故障造成的数据毁坏。

EasyRecovery 主要是通过在内存中重建被删除文件的分区表，使数据能够安全地传送到其他磁盘分区中，所以在恢复的过程中不会向数据中写入任何东西。同时，它还可以检查硬盘故障，修复受损的 Excel、Word、Access、PowerPoint、Zip 文件及 Outlook 电子邮件。

（1） 恢复被误删除的文件

下面以恢复删掉的文件“F:\computer files\写作中的问题.doc”为例，介绍如何恢复被误删除的文件。

**【操作步骤】**

① 启动 EasyRecovery Professional 软件，进入其主界面，如图 8-41 所示。

② 在主界面左侧单击 数据恢复 按钮，进入【数据恢复】界面，如图 8-42 所示。

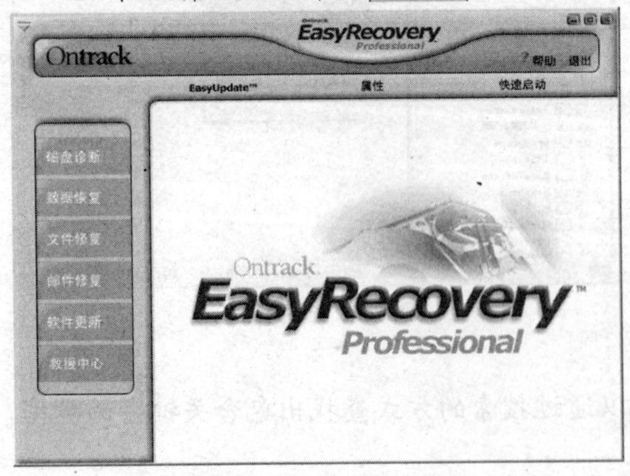


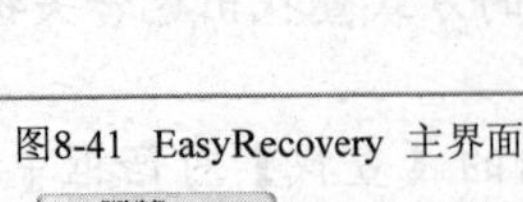

图8-41 EasyRecovery 主界面

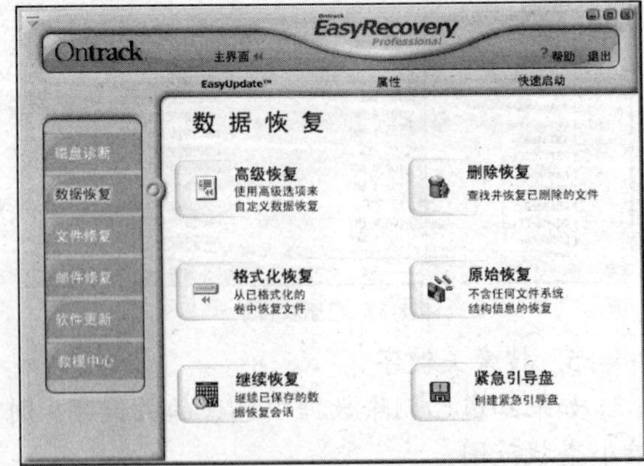


图8-42 【数据恢复】界面

③ 单击 删除恢复 按钮，将弹出【目的警告】对话框，提示用户将文件复制到除源位置以外的安全位置，直接单击 确定 按钮。

**重要提示**

如果是由于感染病毒、断电或瞬间电流冲击，程序的非正常操作或系统故障造成的数据毁坏和丢失或者是更坏的情况，硬盘"病情"很严重，文件的目录结构已经损坏，分区也有严重损坏，甚至在 Windows 和 DOS 操作系统中都找不到分区了，可以单击数据修复中的【原始恢复】按钮进行恢复。

④ 打开【删除恢复】界面，在此对话框左侧选择被删除文件所在的分区，这里选择 F 盘，如图 8-43 所示。

**重要提示**

在【删除恢复】界面中的【文件过滤器】下拉列表中选择要恢复文件的类型，只对选中类型的文件而非所有文件进行扫描，可以节约扫描时间。

⑤ 单击【下一步】按钮，EasyRecovery 开始对 F 盘进行扫描，扫描结束后进入【选择要恢复的被删除的文件】界面，在其左侧显示了该分区下的所有文件夹，而右侧显示的是左侧被选中文件夹下被删除的文件，先选中"computers' file"文件夹，然后在其右侧找到"写作中的问题.doc"并选中，如图 8-44 所示。

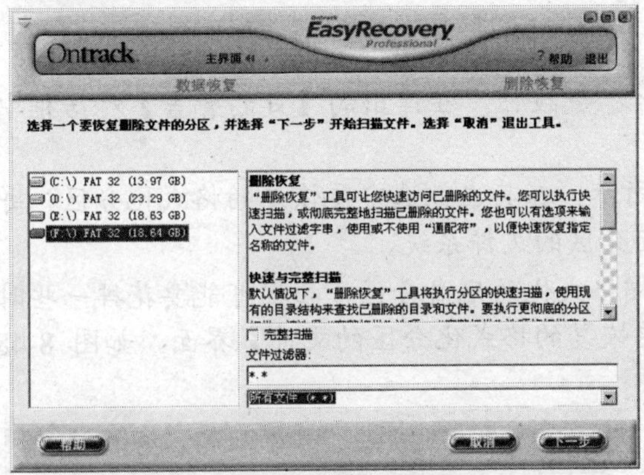


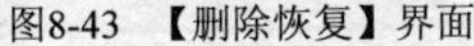

图8-43 【删除恢复】界面

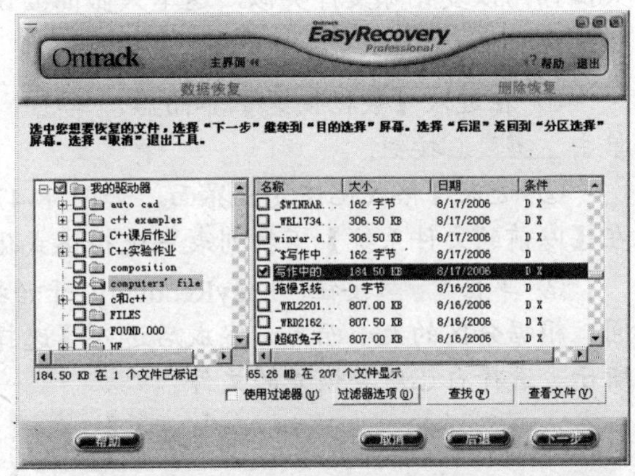


图8-44 选择要恢复的被删除的文件

**重要提示**

在选中要恢复的文件时，若是因删除的文件列表过多而不好找到要恢复的文件，可以单击【过滤器选项(O)】按钮，对列出的文件过滤，然后选中【使用过滤器】；或单击【查找(F)】按钮，查找要恢复的文件。

⑥ 单击【下一步】按钮，打开【被删除的文件恢复设置】界面，在【恢复到本地驱动器】文本框中输入恢复后文件保存的路径（不能在原分区），这里输入"E:\"，如图 8-45 所示。

**重要提示**

在选择文件恢复保存路径的过程中，要确定选择的路径有足够大的磁盘空间。

⑦ 单击【下一步】按钮，EasyRecovery 开始恢复文件，完成后进入【删除恢复结果报告】界面，如图 8-46 所示。单击【完成】按钮，弹出对话框询问用户是否保存此次恢复状态，用户根据自己的需要单击【是】按钮或【否】按钮，即可完成操作。此时即可在 E 盘中查看到恢复的文件。

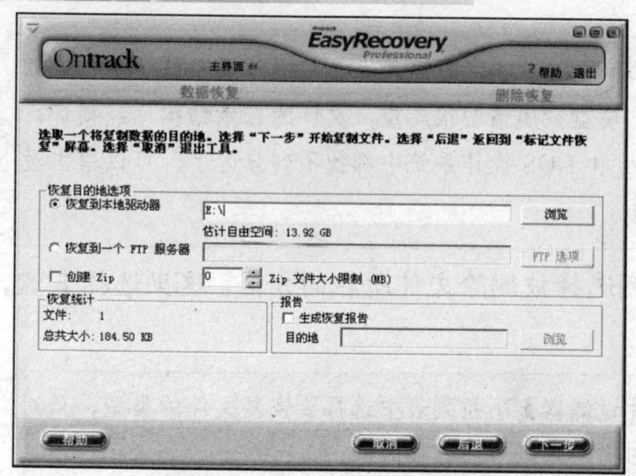


图8-45 被删除的文件恢复设置

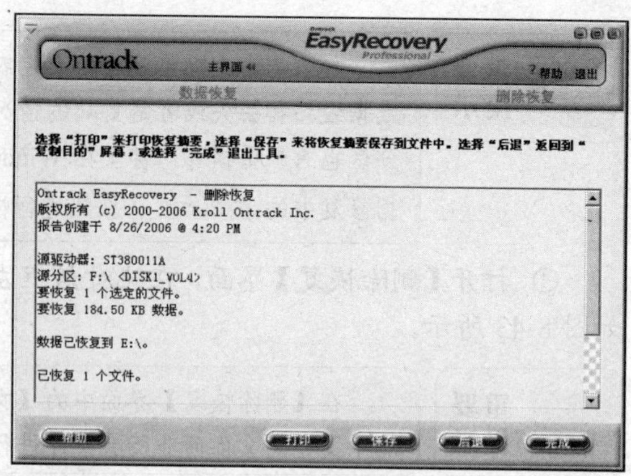


图8-46 删除恢复结果报告

（2） 恢复因格式化丢失的文件

当某个含有重要数据的分区被格式化后，仍然可以使用EasyRecovery来恢复这些数据。其操作与恢复删除文件类似，这里只做简要说明。

【操作步骤】

① 在进入【数据恢复】界面后，单击按钮，在弹出的【目的警告】对话框中单击 确定 按钮。

② 进入【格式化恢复】界面，如图8-47所示，在其左侧选中要恢复的格式化分区，并在【以前的文件系统】下拉列表中选择格式化前分区的文件系统。

③ 单击按钮，EasyRecovery开始扫描格式化的磁盘分区，扫描可能要花掉一些时间，根据分区的大小而定。完成后进入【选择要恢复的格式化分区的文件】界面，如图8-48所示，选择自己所要恢复的文件。

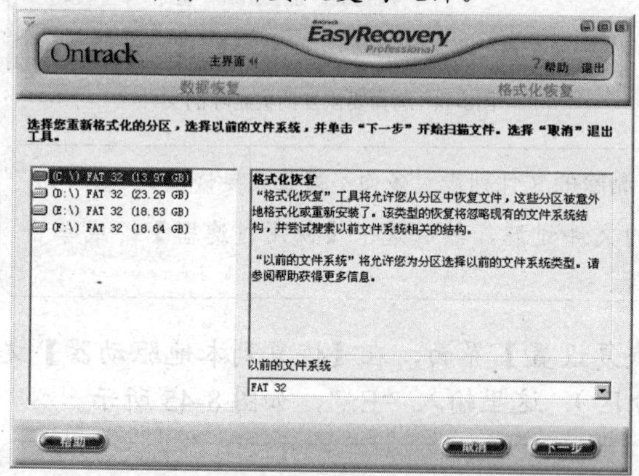


图8-47 【格式化恢复】界面

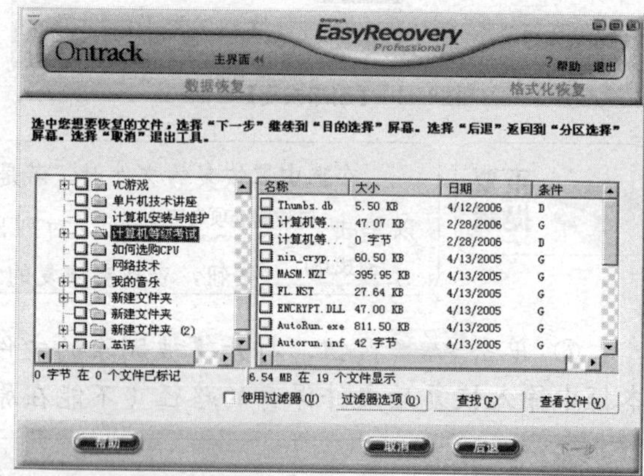


图8-48 选择要恢复的格式化分区的文件

④ 单击按钮，进入【格式化分区的文件恢复设置】界面，如图8-49所示，选择文件要保存的路径。

**重要提示**

若要恢复的文件较大，可以在【恢复目的地选项】列表框中勾选【创建Zip】复选框，并对其压缩文件的大小限制进行设置；若要生成恢复报告，了解此次恢复的详细情况，可在【报告】列表框中勾选【生成恢复报告】复选框，并在其下选择保存路径，也可在恢复完成后的对话框中单击按钮。

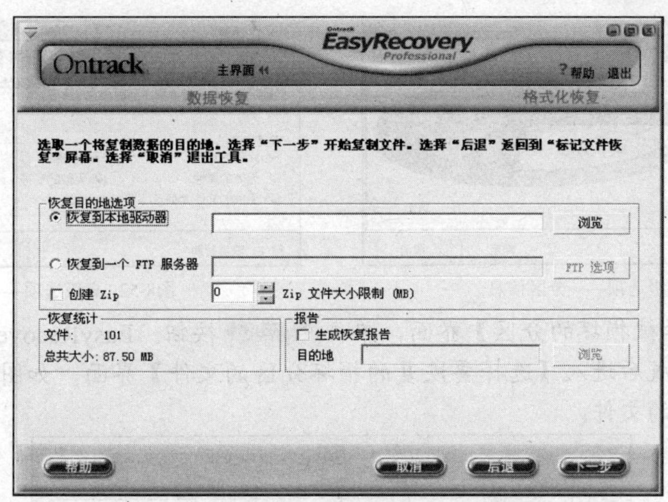


图8-49　格式化分区的文件恢复设置

⑤ 单击下一步按钮，软件开始恢复文件，完成后进入【格式化恢复结果报告】界面，说明恢复详细情况。直接单击完成按钮，完成此次恢复操作。

（3）　恢复损坏分区的数据

如果某个分区的部分磁道被损坏，导致其中的数据丢失，同样可以用 EasyRecovery 来使其恢复。

【操作步骤】

① 在【数据恢复】界面上单击高级恢复（高级恢复）按钮，在弹出的【目的警告】对话框中单击确定按钮。

② 进入【选择被损坏的分区】界面，如图 8-50 所示，在其左侧选中修复文件所在的损坏分区，这里选择 F 分区。

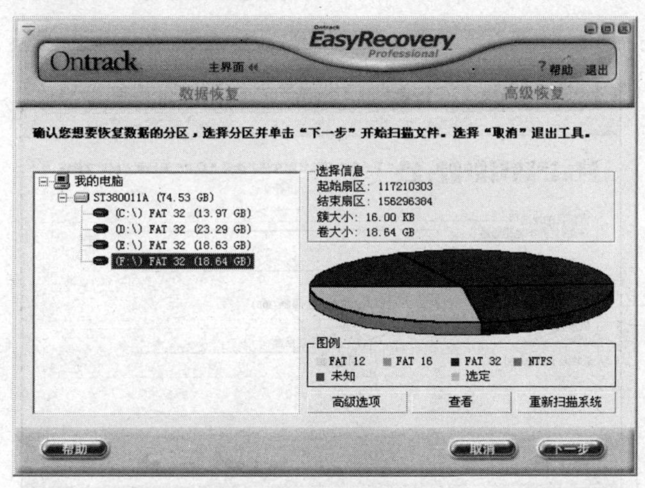


图8-50　选择被损坏的分区

③ 单击高级选项按钮，弹出【高级选项】对话框，在【分区信息】选项卡下可以设置恢复时的“起始扇区”和“结束扇区”，如图 8-51 所示；在【恢复选项】选项卡下可以根据需要设置恢复时的选项，如图 8-52 所示。设置完成后单击确定按钮。

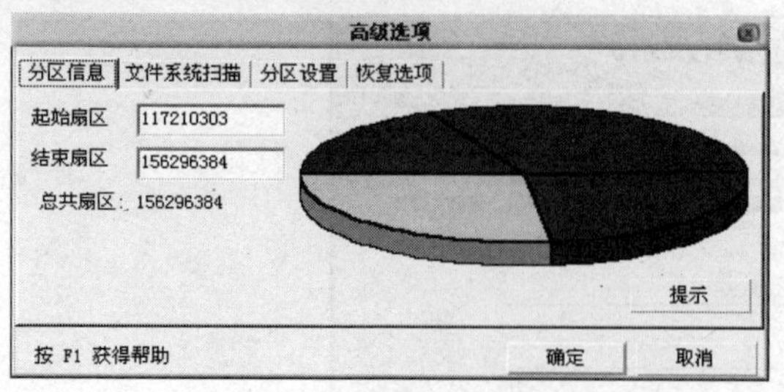


图8-51 高级选项——分区信息

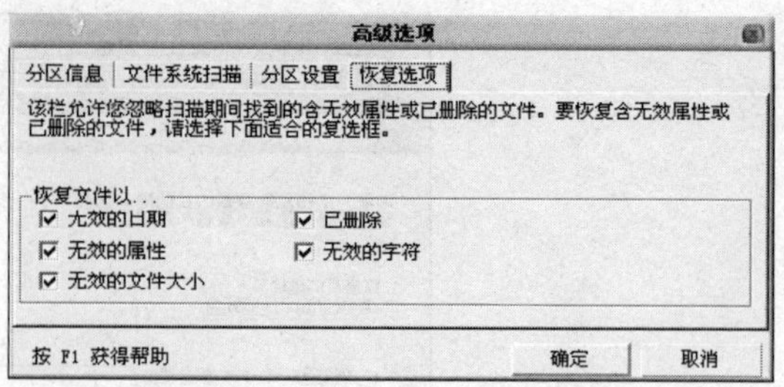


图8-52 高级选项——恢复选项

④ 返回【选择被损坏的分区】界面，单击 按钮。EasyRecovery 开始扫描损坏分区的数据，扫描完成后进入【选择要恢复的损坏分区的文件】界面，如图 8-53 所示，在此对话框中选中要恢复的文件。

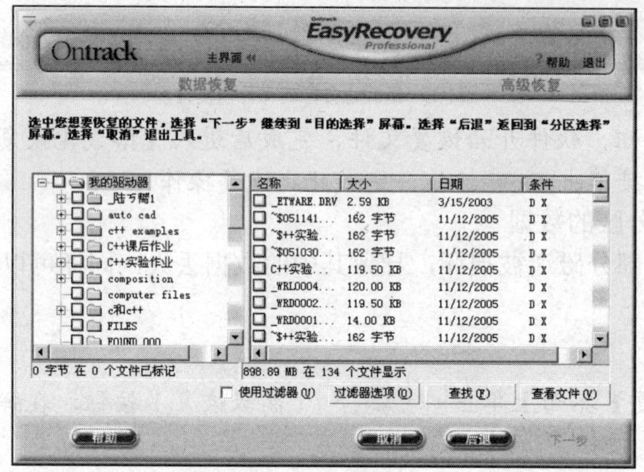


图8-53 选择要恢复的损坏分区的文件

⑤ 单击 按钮，进入【损坏分区的文件恢复设置】界面，如图 8-54 所示，选择恢复文件要保存的路径。

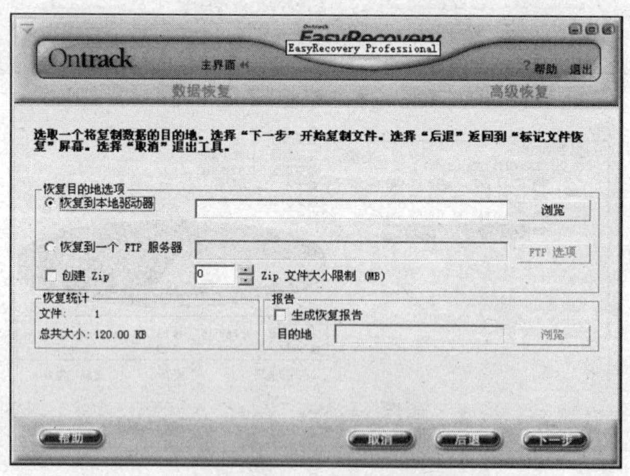


图8-54 损坏分区的文件恢复设置

⑥ 单击 按钮，软件开始恢复文件，完成后弹出对话框说明恢复详细情况。直接单击 按钮，完成此次恢复操作。

# 小结

安装完操作系统及常规软件后，可用 Ghost 制作镜像文件，一旦当系统因为某些原因崩溃后，就可以用 Ghost 制作的镜像文件快速还原系统到制作镜像时的那个状态。

在恢复被破坏的文件时，文件类型不同，采用的方法也不一样，本项目介绍了系统文件和 EXE 文件的恢复方法。最后介绍了文件被误删除时，使用恢复软件 FinalDate 和 EasyRecovery 进行恢复的操作方法。

需要注意的是，数据恢复只能作为一种补救措施，平时应养成对重要文件或数据进行备份的好习惯。

# 习题

1. 用 Ghost 对一台计算机系统进行备份。
2. 如何恢复被破坏的文件？
3. 病毒的概念是什么？
4. 概述恢复删除数据的原理。
5. 练习使用 FinalData 软件对删除的文件进行恢复。

# 项目九 计算机上网及安全设置

随着信息化的普及，计算机已经成为人们日常生活中必不可少的工具。但是伴随着计算机病毒种类的日益剧增及黑客无处不在的攻击，计算机系统的安全便成为人们所关注的问题。本项目将介绍如何安装 ADSL 并上网，如何安装防火墙、杀毒软件以及用户设置。

学习目标

★ 了解安装 ADSL 的方法。

★ 了解网卡的安装方法。

★ 掌握安装防火墙的方法。

★ 学习安装杀毒软件以及升级病毒库。

★ 掌握设置用户管理的方法。

## 任务一 ADSL 宽带上网

浩瀚的资讯资源、方便快捷的通信方式以及强大的多媒体功能，使越来越多的人感受到网络的重要性。对于一台普通的个人计算机，只要安装了网卡，开通宽带，就可以在网络的海洋里遨游了。

### 1. 认识 ADSL

ADSL（Asymmetric Digital Subscriber Line，非对称数字式用户线路）是一种可以让家庭或小型企业利用现有电话网采用高频数字压缩方式，对网络服务商提供的 ISP 进行宽带接入的技术。这种接入方式是一种非对称的方式，即从 ISP 端到用户端（下行）需要大带宽来支持，而从用户端到 ISP 端（上行）只需要小量带宽即可。ADSL 利用电话线作为信息交换载体的宽带接入方式，是目前最适合普通用户的宽带接入方式之一。

### 2. 安装 ADSL

安装 ADSL 宽带前需要准备以下器材。

❖ 一台装有 Pentium 4 以上处理器的计算机。

❖ 网卡，如图 9-1 所示。

❖ 滤波分离器（也叫做信号分离器），如图 9-2 所示。

❖ ADSL Modem（一般网络服务商处提供），如图 9-3 所示。

❖ 一条电话线（ADSL 接入使用）。

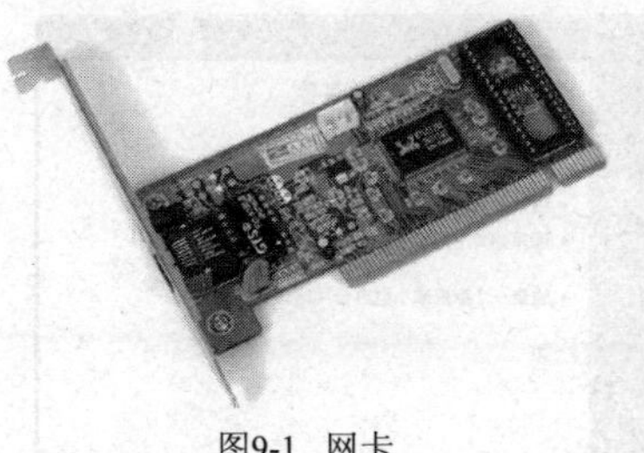
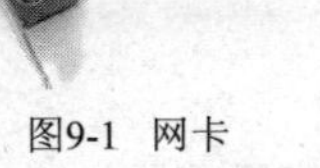

图9-1　网卡

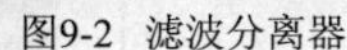

图9-2　滤波分离器

图9-3　Modem

准备好以上器材后，到网络服务商处开通宽带业务，会有专业人员在规定的时间内上门为用户安装调试。

不过，当 ADSL 出了一点小毛病，或者重装操作系统、更换新机器，网络的重新设置和调试还是要靠用户自己来处理，所以掌握一些安装和调试的方法还是很有必要的。

**【操作步骤】**

1. 安装 ADSL 的滤波分离器。

如图 9-2 所示，ADSL 滤波器的 3 个连线接口依次是：电话入户线（Line）、电话信号输出线（Phone）和数据信号输出线（Modem）。

2. 安装网卡。

将网卡插入 PCI 插槽，如图 9-4 所示，然后开机，系统会自动检测到硬件，并提示安装相应的驱动程序。由于一般的网卡都支持 PNP（即插即用），所以安装比较简单。

3. 连接 ADSL Modem。

（1） 如图 9-5 所示，ADSL Modem 背面有众多的接口，从左到右分别是：电源接口、ADSL 进线接口、网线接口和 RS232 接口。按图 9-5 所示依次将各线路连接好。

图9-4　安装网卡

图9-5　ADSL Modem

（2） 接通电源以后，如果两边网线插孔对应的 LED 灯都亮，表明硬件设备连接正常。如果是局域网用户，还需要用网线把 ADSL Modem 和局域网的集线器或交换机连接起来。

4. 设置拨号连接。

（1） 用鼠标右键单击【网上邻居】图标，在弹出的快捷菜单中选择【属性】命令，打开如图 9-6 所示的【网络连接】窗口。

（2） 在【网络任务】面板中选择【创建一个新的连接】选项，进入如图 9-7 所示的界面。

图9-6 【网络连接】窗口

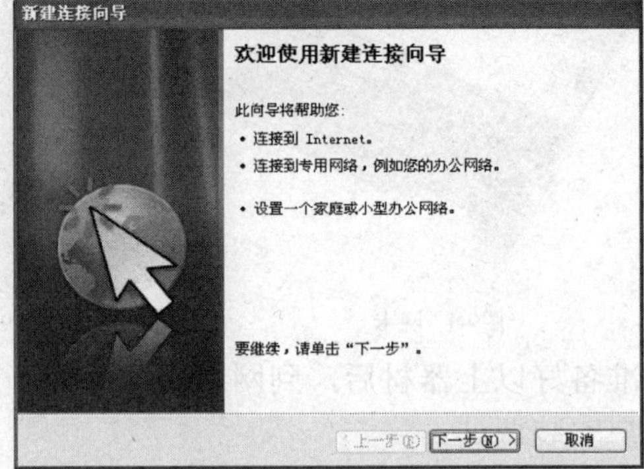


图9-7 新建连接向导（1）

（3） 单击下一步(N) >按钮，进入如图 9-8 所示的界面。

（4） 选择【连接到 Internet】单选按钮，单击下一步(N) >按钮，进入如图 9-9 所示的界面。

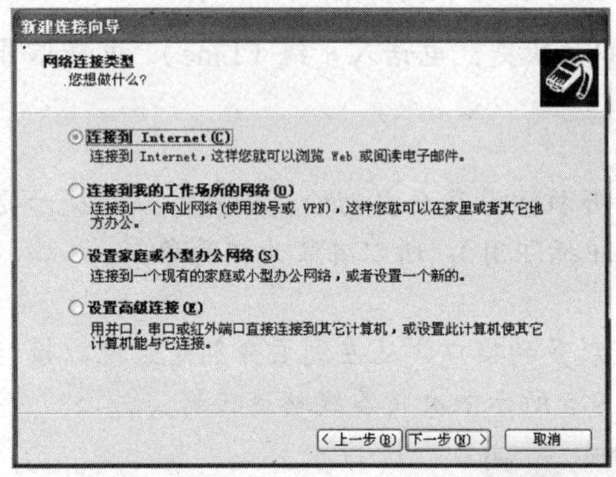


图9-8 新建连接向导（2）

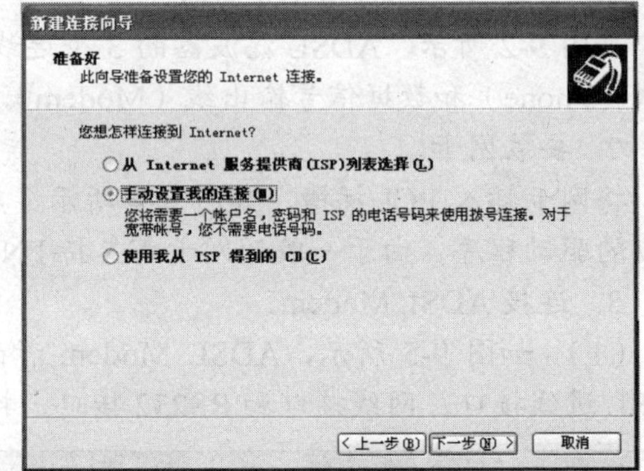


图9-9 新建连接向导（3）

（5） 选择【手动设置我的连接】单选按钮，单击下一步(N) >按钮，进入如图 9-10 所示的界面。

（6） 选择【用拨号调制解调器连接】单选按钮，单击下一步(N) >按钮，进入如图 9-11 所示的界面。

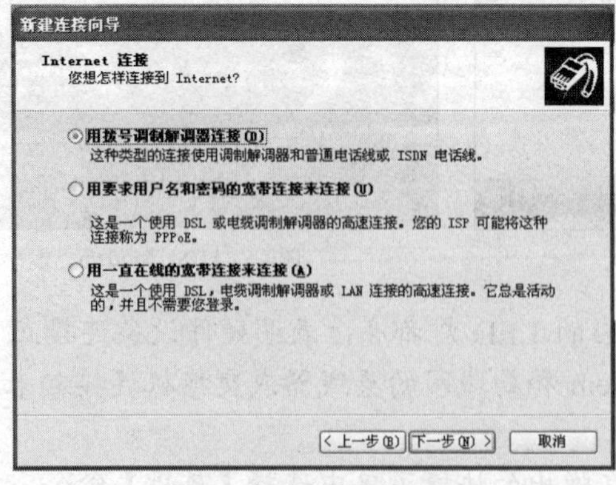


图9-10 新建连接向导（4）

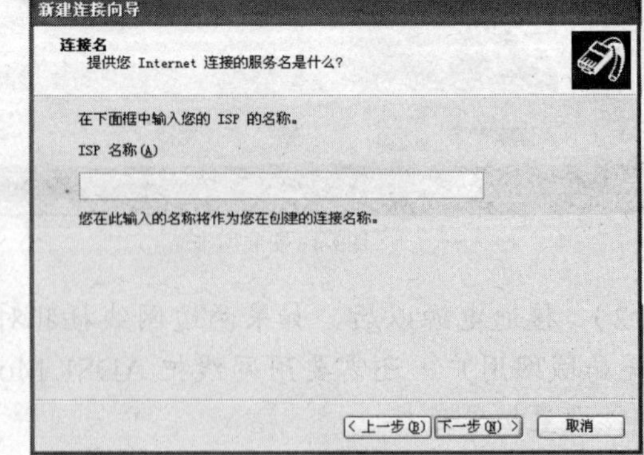


图9-11 新建连接向导（5）

（7） 在【ISP 名称】文本框中输入创建的连接名称，单击下一步(N) >按钮，进入如图 9-12 所示的界面。

（8） 输入用户的电话号码，单击下一步(N) >按钮，进入如图 9-13 所示的界面。

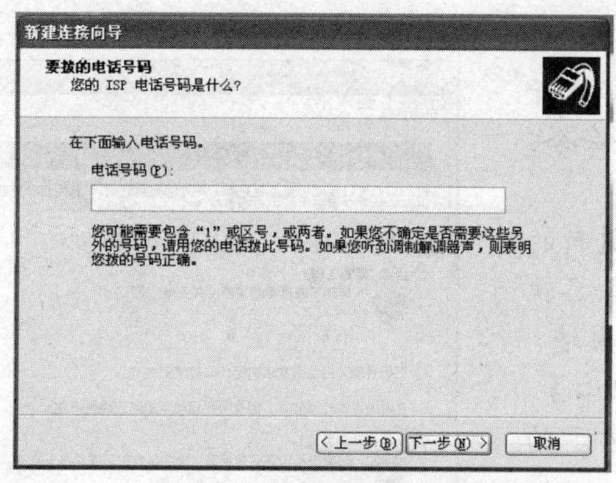


图9-12　新建连接向导（6）

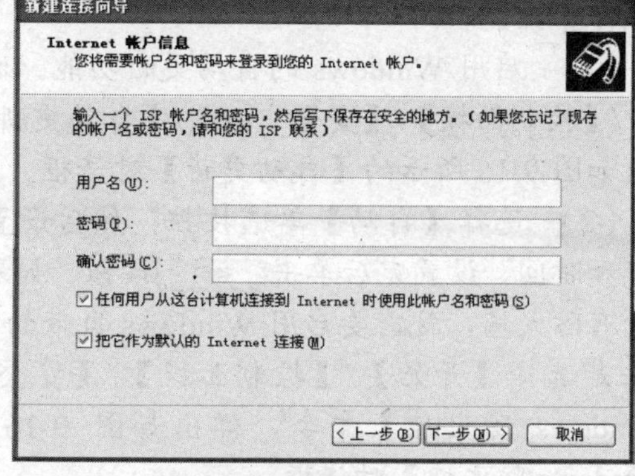


图9-13　新建连接向导（7）

（9）输入用户名及密码，单击下一步(N) >按钮，进入如图 9-14 所示的界面。

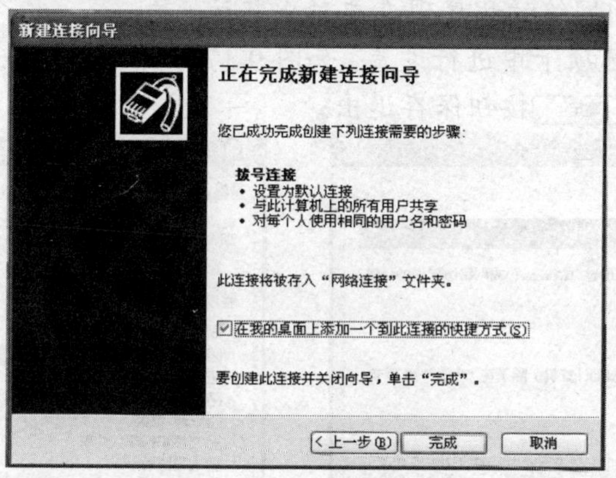


图9-14　新建连接向导（8）

至此，已经完成新建连接向导，勾选【在我的桌面上添加一个到此连接的快捷方式】复选框，在桌面上会创建一个快捷方式，以方便登录账户。单击完成按钮，整个 ADSL 安装就完成了。

（1）什么是 ADSL?

（2）如何安装 ADSL?

# 任务二　计算机安全设置

在计算机技术迅速发展的同时，计算机病毒随之诞生，它借助于网络或其他传播途径入侵计算机，给计算机的安全造成隐患。因此，如何保护计算机免受病毒的侵害已经成了至关重要的问题。本任务将介绍防火墙的安装方法以及杀毒软件的使用方法。

## 操作一　安装 Windows 防火墙

为了使计算机免受病毒的攻击，推荐启用 Windows 操作系统提供的自动更新功能，及时给系统打补丁，提高系统的安全性。

【操作步骤】

（1） 启用Windows的自动更新功能。选择【开始】/【控制面板】/【安全中心】/【自动更新】命令，弹出如图9-15所示的【自动更新】对话框。

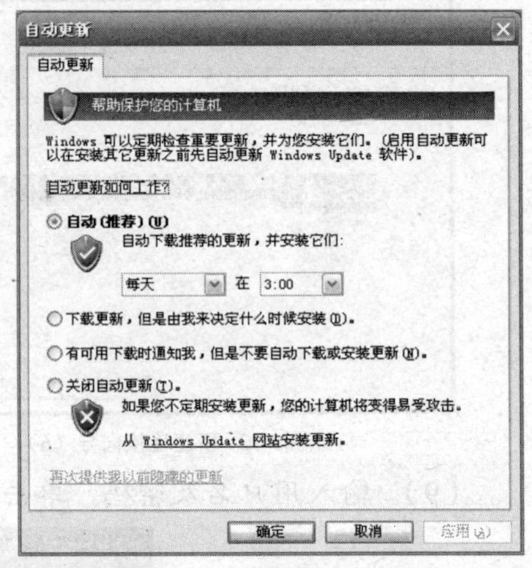

图9-15 【自动更新】对话框

（2） 选择【自动】单选按钮，然后设置更新的频率和时间，设置完后单击确定按钮。如果杀毒软件没有防火墙，就需要启用Windows自带的防火墙，方法是选择【开始】/【控制面板】/【安全中心】/【Windows 防火墙】命令，弹出如图9-16所示的【Windows 防火墙】对话框。

（3） 选择【启用】单选按钮，如果有程序需要访问网络或原来允许访问网络的程序现在要禁止其访问网络，可以在【例外】选项卡中进行设置，如图9-17所示。设置完成后单击确定按钮保存退出。

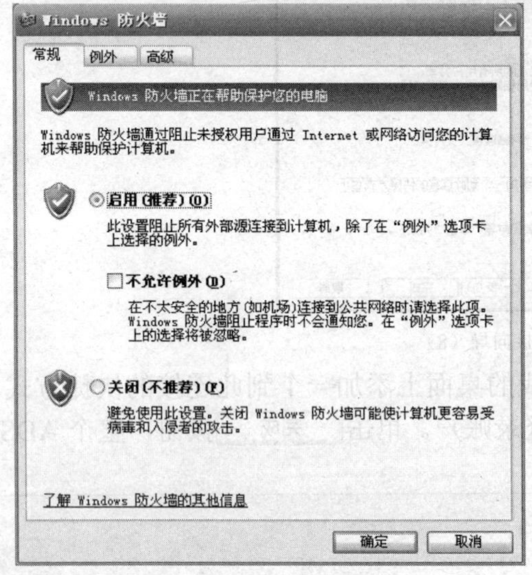

图9-16 【Windows 防火墙】对话框

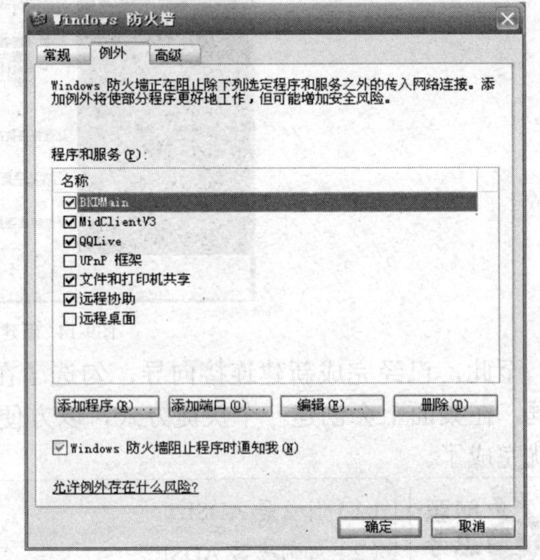

图9-17 【例外】选项卡

## 操作二 了解计算机病毒、蠕虫、木马

下面介绍有关计算机病毒、蠕虫和木马的知识。

### 1. 计算机病毒

计算机病毒是一种程序或一段可执行码。计算机病毒有独特的复制能力，可以很快蔓延，又常常难以根除，它们能把自身附着在各种类型的文件上，当文件被复制或从一个用户传送到另一个用户时，它们就随同文件一起蔓延开来。

（1） 计算机病毒的特点

❖ 寄生性。计算机病毒寄生在其他程序之中，当执行这个程序时，病毒就起破坏作用，而在未启动这个程序之前，它是不易被人发觉的。

❖ 传染性。计算机病毒不但本身具有破坏性，更有害的是其具有传染性，一旦病毒被复制或产生变种，其传播速度之快令人难以预防。

❖ 潜伏性。有些计算机病毒像定时炸弹一样，预先设计好病毒发作时间。例如，黑色星期五病毒，不到预定时间一点都觉察不出来，等到条件具备的时候一下子就爆炸开来，对系统进行破坏。

❖ 隐蔽性。计算机病毒具有很强的隐蔽性，有的可以通过杀毒软件检查出来，有的根本就查不出来，有的时隐时现、变化无常，这类计算机病毒处理起来通常很困难。

（2）计算机病毒的表现形式

计算机受到病毒感染后，会表现出不同的症状，下面把一些经常出现的现象罗列出来，供读者参考。

❖ 计算机不能正常启动。加电后计算机根本不能启动，或者可以启动，但比原来的启动时间变长了。有时会突然出现黑屏现象。

❖ 运行速度降低。如果发现在运行某个程序时，读取数据的时间比原来长，存文件或调文件的时间都增加了，那就可能是由于计算机病毒造成的。

❖ 磁盘空间迅速变小。由于计算机病毒程序要占据内存，而且又能繁殖，可以使内存空间迅速变小甚至变为“0”，用户什么信息也无法存储。

❖ 文件内容和长度有所改变。一个文件存入磁盘后，本来它的长度和其内容都不会改变，可是由于计算机病毒的干扰，文件长度可能改变，文件内容也可能出现乱码。有时甚至会出现文件内容无法显示或显示后又消失的现象。

❖ 经常出现“死机”现象。正常的操作不会造成死机，如果计算机经常死机，那可能是由于系统被计算机病毒感染了。

❖ 外部设备工作异常。因为外部设备受系统的控制，如果计算机感染了病毒，外部设备在工作时可能会出现一些异常情况。

以上仅列出一些比较常见的计算机感染病毒后的表现形式，在使用计算机过程中还会遇到一些其他的特殊现象，这就需要由用户自己根据经验进行判断。

### 2. 计算机蠕虫

其实蠕虫也是一种计算机病毒，目前蠕虫的数量已经大大超过其他计算机病毒的数量。网络蠕虫病毒作为对互联网危害严重的一种计算机程序，其破坏力和传染性不容忽视。与传统的计算机病毒不同的是，蠕虫病毒以计算机为载体，以网络为攻击对象。

一般计算机病毒的传染主要是针对计算机内的文件系统而言的，而蠕虫病毒一般采取复制自身在互联网环境下进行传播，其传染目标是互联网内的所有计算机。局域网条件下的共享文件夹、电子邮件、网络中的网页，以及大量存在着漏洞的服务器等都成为蠕虫传播的良好途径。网络的发展使得蠕虫病毒可以在几个小时内蔓延全球，而且蠕虫的主动攻击性和突然爆发性常使得人们手足无策。

蠕虫病毒的一般防治方法是：使用具有实时监控功能的杀毒软件，并且注意不要轻易打开不熟悉的邮件附件。

### 3. 计算机木马

特洛伊木马（Trojan house，木马）是一种基于远程控制的黑客工具，具有隐蔽性和非授权性的特点。

隐蔽性是指木马的设计者为了防止木马被发现，会采用多种手段隐藏木马，这样，服务端即使发现感染了木马，由于不能确定其具体位置，也无计可施。

非授权性是指一旦控制端与服务端连接后，控制端将享有服务端的大部分操作权限，包括修改文件、注册表，控制鼠标及键盘等，这些权力并不是服务端赋予的，而是通过木马程序窃取的。

木马的发展基本上可以分为以下两个阶段。

❖ 在网络还处于以 UNIX 平台为主的时期，木马就产生了，当时木马程序的功能相对简单，往往是将一段程序嵌入到系统文件中，用跳转指令来执行一些木马的功能，在这个时期木马的设计者和使用者大都是具备一定的网络和编程知识的技术人员。

❖ 随着 Windows 平台的日益普及，一些基于图形操作系统的木马程序出现了，用户界面的改善，使使用者不用具备太多的专业知识就可以熟练地操作木马，相对的木马入侵事件也频繁出现，由于这个时期木马的功能已日趋完善，因此对服务端的破坏也更大了。

木马发展到今天，其危害越来越大，一旦被木马控制，计算机将毫无秘密可言。

❖ 木马的传染方式：以电子邮件附件的形式发出，捆绑在其他的程序中。

❖ 木马的特性：修改注册表、驻留内存、在系统中安装后门程序及开机加载附带的木马。

❖ 木马的破坏性：木马病毒一旦发作，就可设置后门，定时地发送该用户的隐私到木马程序指定的地址，一般同时内置可进入该用户计算机的端口，并可任意控制此计算机，进行文件删除、复制、修改密码等非法操作。

❖ 防范措施：提高警惕，不下载和运行来历不明的程序，对于不明来历的邮件附件也不要随意打开。

**4. 反病毒、蠕虫、木马的方法**

反病毒、蠕虫和木马都要以预防为主。

（1） 在思想上重视，加强管理，防止病毒的入侵

❖ 凡是用外来的软盘、光盘向计算机中复制信息，都应该先对软盘和光盘进行病毒和木马查杀，若软盘有病毒或木马，必须清除；如果光盘有病毒或木马，则不能复制。

❖ 如果是公司的办公用计算机，要控制浏览与工作无关的网站，收发邮件时尽量不要使用附件，即使要收发邮件中的附件，应先对附件查杀病毒和木马。

❖ 不要随意从 Internet 下载运行程序，这样可以保证计算机不被新的病毒传染和引入新的木马。

❖ 由于计算机病毒具有潜伏性，可能计算机中还隐蔽着某些旧病毒，一旦时机成熟还将发作，所以，要经常对磁盘进行病毒检查，若发现计算机病毒就及时杀除。而木马的隐蔽性更强，基本上不会有明显的症状，更要注意经常查杀。

（2） 选择一款正版的杀毒软件

诺顿、瑞星、金山毒霸、木马克星、卡巴斯基、江民等都是不错的杀毒软件，它们大多可以同时查杀病毒、蠕虫和木马，而且还具有防火墙功能，可以截断病毒、蠕虫和木马进出计算机的通路。

### 关于黑客

黑客（Hcaker）是指具有较高计算机水平的计算机爱好者，他们以研究探索操作系统、软件编程、网络技术为兴趣，并时常对操作系统或其他网络发动攻击。其攻击方式多种多样，下面将介绍几种常见的攻击方式。

（1）系统入侵攻击

黑客的主要攻击手段之一是入侵系统，其目的是取得系统的控制权。系统入侵攻击一般有两种方式：口令攻击和漏洞攻击。

（2）网页欺骗

有的黑客会制作与正常网页相似的假网页，如果用户访问时没有注意，就会被其欺骗。特别是网上交易网站，如果在黑客制作的网页中输入了自己的账号、密码等信息，在提交后就会发送给黑客，这将会给用户造成很大的损失。

（3）木马攻击

木马攻击是指黑客在网络中通过散发的木马病毒攻击计算机，如果用户的安全防范比较弱，就会让木马程序进入计算机。木马程序一旦运行，就会连接黑客所在的服务器端，黑客就可以轻易控制这台计算机。黑客常常将木马程序植入网页，将其和其他程序捆绑在一起或伪装成邮件附件。

（4）拒绝服务攻击

拒绝服务攻击是指使网络中正在使用的计算机或服务器停止响应。这种攻击行为通过发送一定数量和序列的报文，使网络服务器中充斥了大量要求回复的信息，消耗网络带宽或系统资源，导致网络或系统不堪重负直至瘫痪，从而停止正常的网络服务。

（5）后门攻击

后门程序是程序员为了便于测试、更改模块的功能而留下的程序入口。一般在软件开发完成时，程序员应该关掉这些后门，但有时由于程序员的疏忽或其他原因，软件中的后门并未关闭。如果这些后门被黑客利用，就可轻易地对系统进行攻击。

## 操作三　杀毒软件的使用

使用杀毒软件可以最大程度地保证计算机不受病毒感染，保障计算机的安全运行。本操作将介绍使用病毒防护软件金山毒霸 2011 查杀病毒的方法。

### 1. 安装金山毒霸

**【操作步骤】**

（1） 从金山毒霸网站（www.kingsoft.com）下载金山毒霸 2011。

（2） 双击进入安装程序，如图 9-18 所示。

单击如图 9-18 所示的“更改盘符”或“更改路径”，可变更软件的安装位置。

（3） 单击 立即安装 按钮，进入如图 9-19 所示的安装界面。

图9-18 安装金山毒霸（1）

正在为您安装，请稍候...
已完成：校验安装包 正在运行：安装程序
6%
全新蓝芯II云引擎
提升300%查杀速度
后台安装

图9-19 安装金山毒霸（2）

（4） 安装程序运行完成后的界面如图 9-20 所示，单击 完成(F) 按钮，完成安装。安装完成后的界面如图 9-21 所示。

图9-20 安装金山毒霸（3）

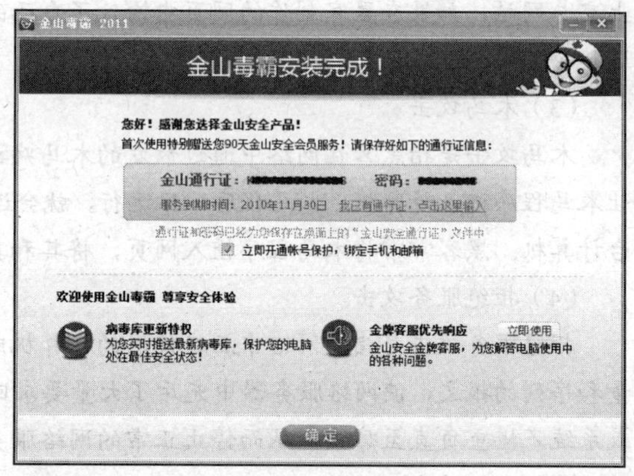


图9-21 安装金山毒霸（4）

重要提示

金山毒霸采用金山通行证的方式进行验证，首次使用会赠送 90 天的通行证，期满后用户需要进行充值获得金山通行证，以便持续地自动获得新病毒特征以及功能升级服务。

（5） 单击 确定 按钮完成安装。可以看到金山毒霸包括病毒查杀、防御监控、安全百宝箱以及互联网服务 4 个部分，如图 9-22 所示。

### 2. 查杀病毒

杀毒软件安装完成后，就可以定期对计算机进行扫描检测，查杀病毒了。

**【操作步骤】**

（1） 启动金山毒霸，系统默认为【病毒查杀】选项，如图 9-22 所示。有 3 种查杀方式进行选择：全盘查杀、快速查杀和自定义查杀。

图9-22 查杀病毒（1）

- ❖ 全盘查杀：全系统全方位的精准查杀，用时比较长。
- ❖ 快速查杀：系统快速安全检测，用时较短。
- ❖ 自定义查杀：由用户自定义扫描范围进行检测，贴心方便。

（2） 这里选择系统默认选项【快速查杀】，单击【立即扫描】按钮，进行系统快速扫描检测。

（3） 扫描过程中会显示扫描状态和扫描结果，如图 9-23 和图 9-24 所示。

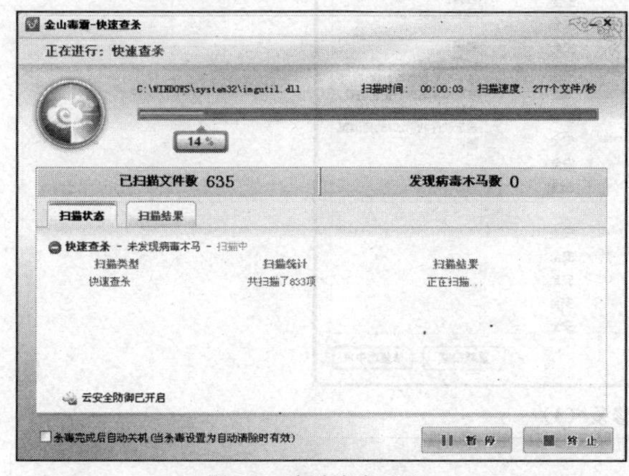


图9-23　查杀病毒（2）

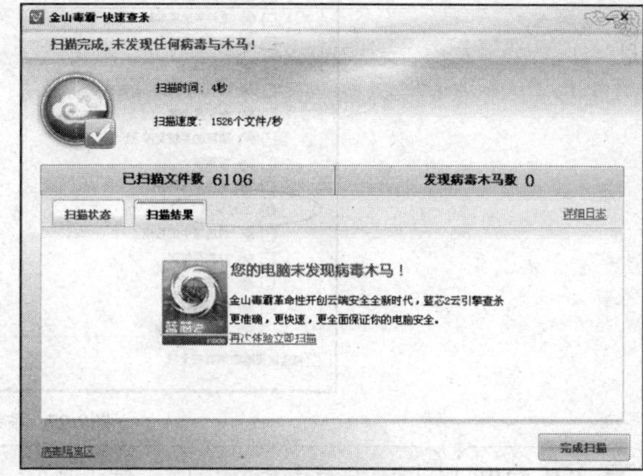


图9-24　查杀病毒（3）

**重要提示**　在查杀时间较长时，可以勾选界面左下角的【杀毒完成后自动关机】复选框，杀毒完成后金山毒霸会自动关闭计算机，节约用户等待时间。

### 3. 系统修复

金山毒霸不仅可以查杀病毒，其系统修复工具还能够针对系统、IE 等数十个关键位置进行强力修复，还原到系统初始状态，消除因病毒、木马及恶意软件的恶意篡改等行为带来的影响。

【操作步骤】

（1） 启动金山毒霸 2011，选择【安全百宝箱】/【系统修复】选项，如图 9-25 所示。

（2） 金山毒霸会对系统和 IE 进行全面扫描检测，并显示检测结果，如图 9-26 所示。

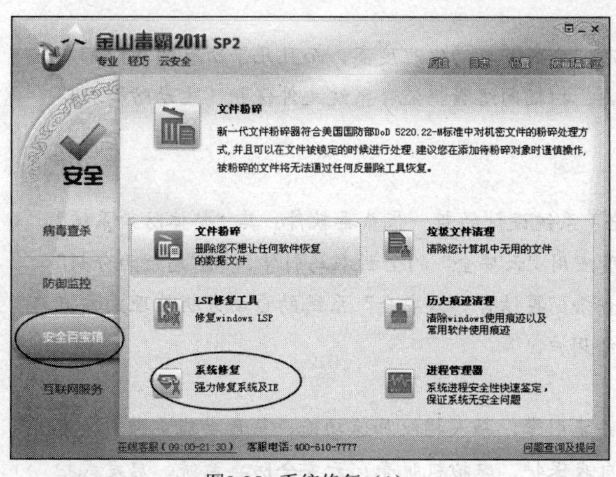


图9-25　系统修复（1）

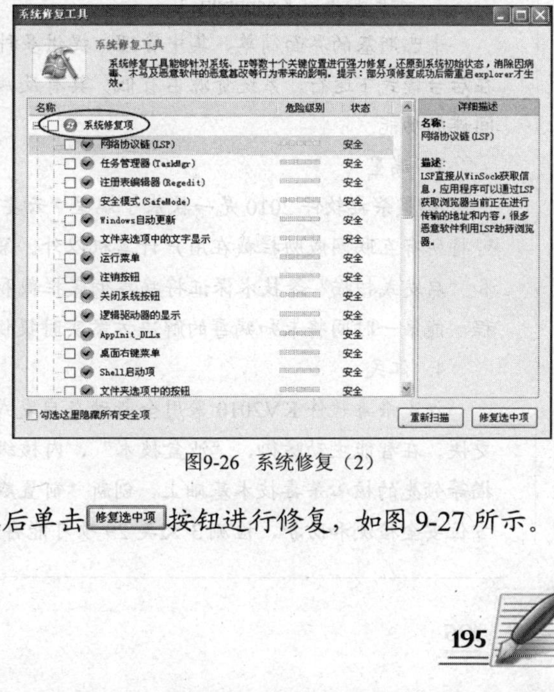

图9-26　系统修复（2）

（3） 根据检测结果，勾选不安全的选项，然后单击【修复选中项】按钮进行修复，如图 9-27 所示。

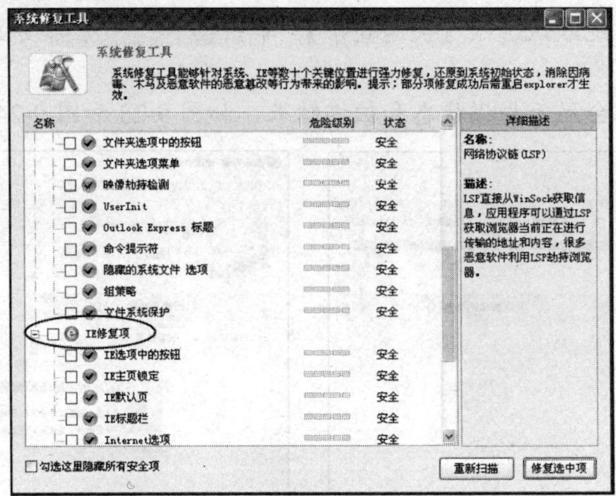


图9-27 系统修复（3）

（1）如何安装 Windows 防火墙？

（2）计算机病毒、蠕虫、木马有什么区别？

## 其他杀毒软件

除了金山毒霸以外，还有许多优秀的杀毒软件，下面为读者简要介绍常用的几种。

1. 诺顿（Norton）

赛门铁克旗下的诺顿品牌是个人安全产品全球零售市场的领导者，在行业中屡获奖项。赛门铁克是互联网安全技术的全球领导厂商，公司常年从事客户端、网关及服务器安全解决方案的开发工作，如向全球的企业及服务供应商提供包括病毒防护、防火墙、VPN、风险管理、入侵检测、互联网内容及电子邮件过滤、远程管理技术及安全服务等。

2. 卡巴斯基（Kaspersky）

卡巴斯基的界面简单、集中管理、提供多种定制方式，自动化程度高，而且几乎所有的功能都是在后台模式下运行，系统资源占有低。具有反病毒、扫描网络数据流、系统文件保护、主动防御和反间谍的功能。

3. 瑞星

瑞星杀毒软件 2010 是一款基于瑞星“云安全”系统设计的新一代杀毒软件。其“整体防御系统”可将所有互联网威胁拦截在用户计算机以外。深度应用“云安全”的全新木马引擎、“木马行为分析”和“启发式扫描”等技术保证将病毒彻底拦截和查杀。再结合“云安全”系统的自动分析处理病毒流程，能第一时间将未知病毒的解决方案实时提供给用户。

4. 江民

江民杀毒软件 KV2010 采用全新动态启发式杀毒引擎，融入指纹加速功能，杀毒功能更强，速度更快。在智能主动防御、“沙盒技术”、内核级自我保护、虚拟机脱壳、云安全防毒系统、启发式扫描等领先的核心杀毒技术基础上，创新“前置威胁预控”安全模式，在防杀病毒前预先对系统进行全方位安全检测和防护，检测 3 大类 29 项可能存在的安全潜在威胁，提供安全加固和解决方案。

## 操作四　系统维护软件的使用

对计算机系统的维护和优化可减少计算机的执行进程，更改工作模式，删除不必要的中断，让计算机运行更有效；可优化文件位置，使数据读写更快，空出更多的系统资源供用户支配；还可减少不必要的系统加载项及自启动项，使计算机运行速度更快。

目前比较主流的系统维护和优化软件主要有 Windows 优化大师、鲁大师、超级兔子等。下面以“鲁大师”为例介绍漏洞修复的操作。

**【操作步骤】**

1. 下载“鲁大师”并安装。

2. 双击打开“鲁大师”，界面如图 9-28 所示。

3. 选择界面上部的【优化与清理】选项，可看到其包含“漏洞修复”、“高级优化”和“高级清理”3 个部分，如图 9-29 所示。

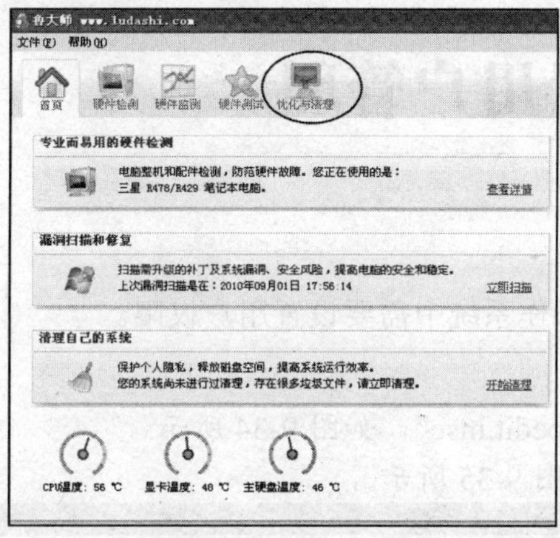


图9-28　“鲁大师”界面

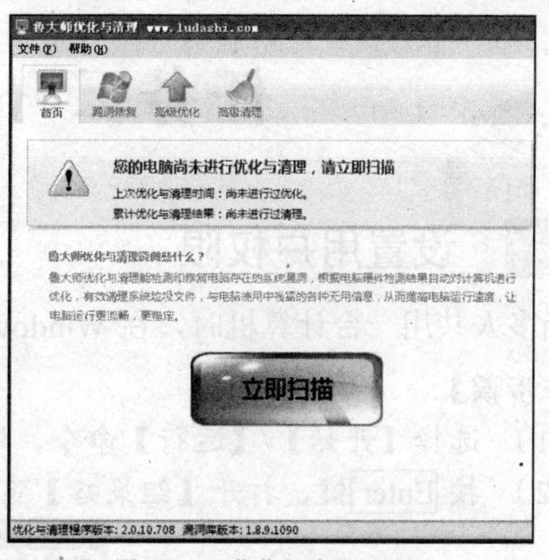


图9-29　“优化与清理”界面

4. 单击 立即扫描 按钮，开始对计算机系统进行扫描检测，界面下方会显示检测的结果，如图 9-30 所示。

5. 漏洞修复。

（1）选择如图 9-30 所示的【查看与修复】选项，主界面会显示检测到的系统漏洞补丁详情，如图 9-31 所示。

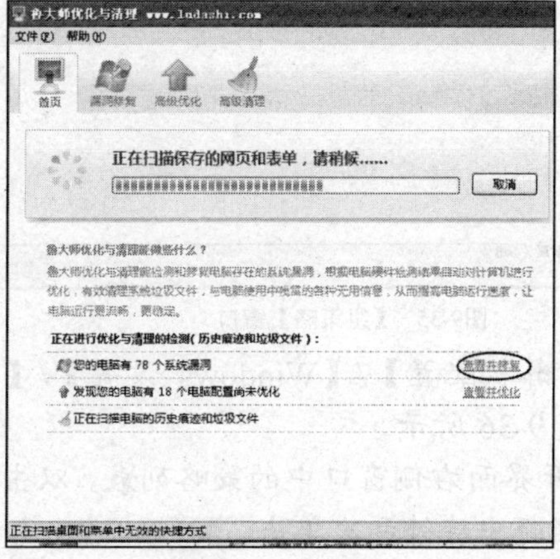


图9-30　扫描系统

图9-31　系统漏洞

（2） 勾选【全选】复选框，选择【修复选中漏洞】选项，弹出如图9-32所示的【信息】对话框，显示补丁的下载和安装信息。

（3） 补丁安装完成后会显示如图9-33所示的提示对话框，单击是(Y)按钮，完成系统漏洞的修复。

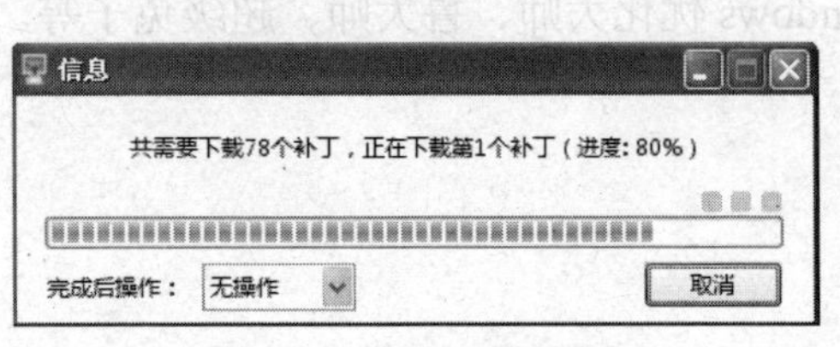


图9-32 下载和安装补丁

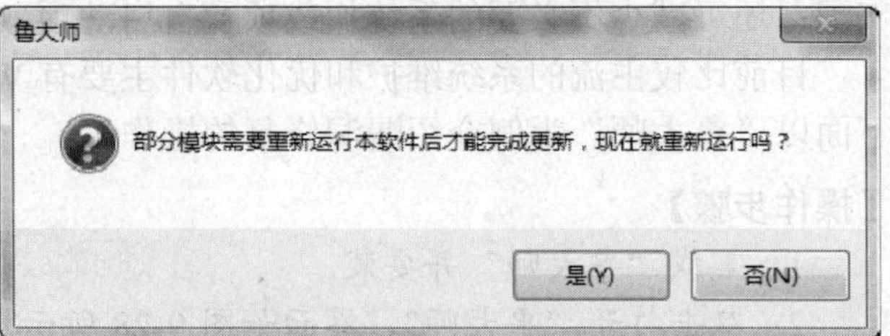


图9-33 提示信息

# 任务三 设置用户管理

## 操作一 设置用户权限

当多人共用一台计算机时，在Windows XP操作系统中需要设置用户权限。

【操作步骤】

（1） 选择【开始】/【运行】命令，输入“gpedit.msc”，如图9-34所示。

（2） 按Enter键，打开【组策略】窗口，如图9-35所示。

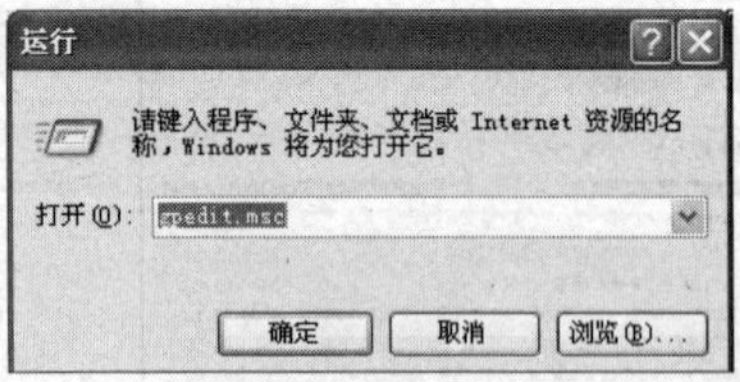

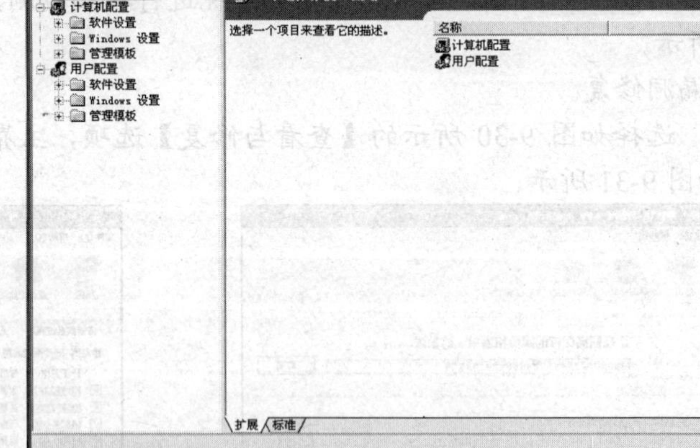


图9-34 输入“gpedit.msc”

图9-35 【组策略】窗口

（3） 在【组策略】窗口的左侧逐级展开【计算机配置】/【Windows 设置】/【安全设置】/【本地策略】/【用户权限指派】选项，如图9-36所示。

（4） 双击需要改变的用户权限，然后单击展开界面右侧窗口中的策略列表，双击想指派给权限的用户账号，在弹出的【选择用户或组】对话框中连续两次单击确定按钮，如图9-37所示。

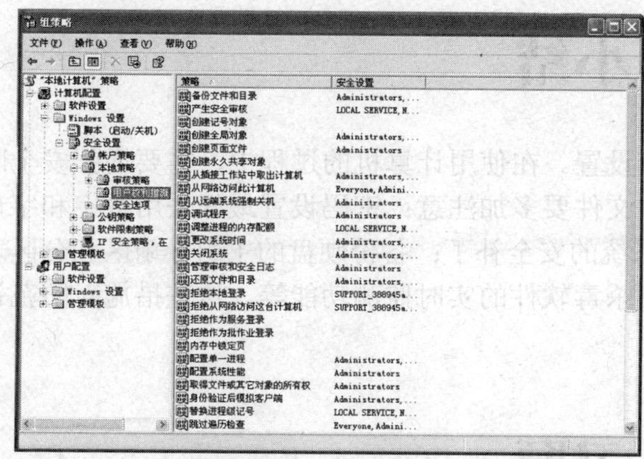

图9-36 用户权限指派

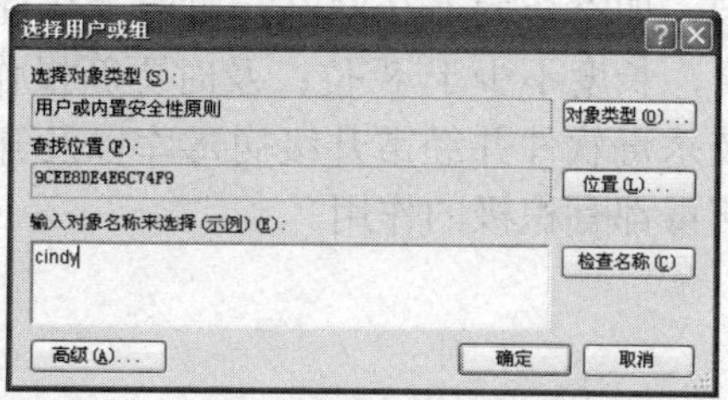


图9-37 改变用户权限

## 操作二 安全设置

用户通常要对 Windows XP 操作系统进行必要的安全设置，而使用密码来保护系统则是首要的。下面介绍在 Windows XP 操作系统中如何进行密码的保护和一些使用方法。

**【操作步骤】**

（1） 选择【开始】/【控制面板】/【用户账户】命令，打开【用户账户】窗口，为账户创建一个密码，如图 9-38 所示。

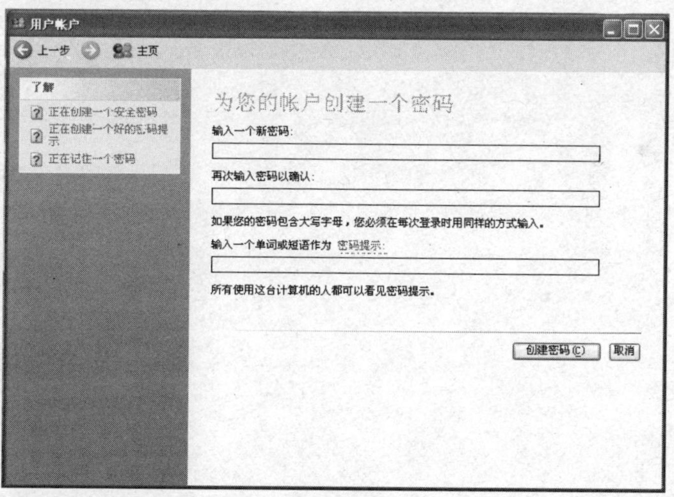


图9-38 设置用户密码

**重要提示**

因为所有人都能够看到密码提示，所以设置密码提示时要确保密码提示在不暴露密码的同时，可以帮助用户清楚地回忆起密码。

（2） 单击 创建密码(C) 按钮，当再次登录出现忘记密码的情况时，单击密码提示右边的“?”按钮就可以看到设置的密码提示了。

**问题思考**

（1）如何设置用户权限？

（2）当密码提示不起作用时，该怎么解决？

# 小结

本项目主要介绍了上网、防毒与安全设置。在使用计算机的过程中，需要增强安全防护意识，如不访问非法网站；对网上传播的文件要多加注意；密码设置最好采用数字和字母的混合，长度不少于 8 位；及时更新操作系统的安全补丁；备份硬盘的主引导扇区和分区表；安装杀毒软件并经常升级病毒库以及开启杀毒软件的实时监测功能等。这些措施对防范计算机病毒都有积极的作用。

# 习题

1. 简述什么是计算机病毒，以及计算机病毒的特点。
2. 计算机中毒后有哪些症状（至少说出 5 点）？
3. 安装并使用瑞星杀毒软件。
4. 怎样进行计算机安全设置？

# 项目十　常见硬件故障的诊断及排除

计算机硬件出现故障的次数虽然不及软件故障频繁，但一旦出现硬件上的故障，用户处理起来往往会觉得很棘手。但只要冷静地分析，仔细地排查，就可以排除常见的硬件故障。本项目将全面介绍计算机常见的硬件故障及排除方法。

**学习目标**

★　掌握常见的机箱内部配件故障的诊断及排除方法。

★　掌握常见的机箱外部配件故障的诊断及排除方法。

# 任务一　机箱内部配件常见故障的诊断及排除

对于许多初级用户来说，计算机机箱内部就像是一个"禁区"，即使出现了问题也都不敢去触碰。实际上，机箱内部配件出现的一些常见故障，用户还是可以自己排除的。本任务将介绍机箱内部各个部件最常见故障的诊断和排除的方法。

## 操作一　常见 CPU 故障的诊断及排除

### 1. CPU 过热导致计算机自动重启

**【故障现象】**

系统经常在运行一段时间后突然自动重启或关闭，而且按下主机电源开关后不能正常启动，但过一段时间后再次按下电源开关又能正常启动系统。

**【故障分析】**

（1）　首先诊断是否感染了病毒，可开机进入系统安全模式后使用杀毒软件对磁盘进行病毒查杀，以确定是否因为病毒原因引起故障。

（2）　重启计算机进入 BIOS 设置，查看 BIOS 设置是否正常，特别是查看 CPU、内存、显卡是否处于超频使用状态。

（3）　打开机箱，查看 CPU 的散热片和风扇中的灰尘是否过多；在通电情况下查看 CPU 风扇运转是否正常；用手触摸 CPU 散热片，感觉温度是否正常。

**【排除故障】**

（1）　若是因为病毒的原因，可在安全模式下对病毒进行清理，或对系统进行恢复或重装。

（2） 若在BIOS中发现CPU、内存、显卡处于超频使用状态，可将其设置成正常使用状态。若不清楚是否处于超频状态，可使用 BIOS的恢复默认选项将所有设置恢复默认状态，再保存并重启计算机。

（3） 若发现CPU风扇运转不正常，则应查看风扇的电源线是否正确插接，若风扇已损坏，则应更换风扇。

（4） 若CPU散热片温度过高，则应拆下风扇后对散热片和风扇上的灰尘进行清理，如图10-1所示。

图10-1 清除CPU散热片和风扇上的灰尘

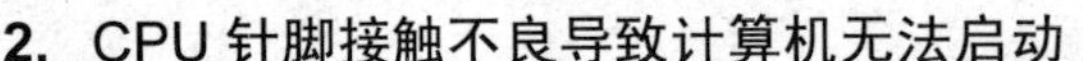

### 2. CPU针脚接触不良导致计算机无法启动

**【故障现象】**

按下主机电源开关后主机无反应，屏幕上无显示信号输出，但有时又正常。

**【故障分析】**

首先诊断是显卡出现故障，用替换法检查后，发现显卡无问题。然后拔下插在主板上的 CPU，仔细观察后发现CPU并无烧毁痕迹，但CPU的针脚均发黑、发绿，有氧化的痕迹，如图10-2所示。

图10-2 CPU针脚氧化

**【排除故障】**

清洁CPU针脚，然后将CPU重新安装，故障得到解决。

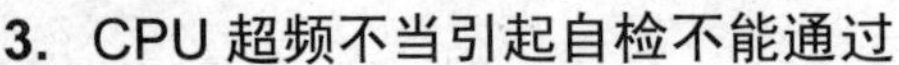

### 3. CPU超频不当引起自检不能通过

**【故障现象】**

在BIOS中对CPU进行超频设置后，重启计算机发现无法通过自检。

**【故障分析】**

CPU在超频后提高了系统的总线频率，而一些部件和设备（特别是内存）无法承受如此高的总线频率，出现工作不正常的现象，导致自检无法通过。

**【排除故障】**

（1） 若还可以正常进入BIOS设置，可将CPU的频率改回原始频率即可。

（2） 若开机后无任何反应，无法正常进入BIOS设置，则可以使用BIOS跳线或COMS放电的方法来恢复出厂BIOS设置。

### 4. CPU性能下降

**【故障现象】**

CPU在使用初期表现很稳定，但后来性能就大幅度下降，偶尔还出现死机现象。通过查杀病毒并未发现任何病毒和恶意软件，进行磁盘碎片整理之后也没有用，最后进行系统重装仍然不能解决问题。

【故障分析】

该 CPU 的核心配备了热感式监控系统，它会持续地检测温度。只要核心温度达到一定水平，该系统就会降低处理器的工作频率，直到核心温度恢复到安全温度以下，这可能就是系统性能下降的真正原因。

【排除故障】

为 CPU 更换优秀的品牌散热器，并在购买时注意其所支持的 CPU 最高频率能否符合该 CPU 的散热要求。

## 操作二　常见主板故障的诊断及排除

### 1. 更改 BIOS 设置后不能长时间保存

【故障现象】

对 BIOS 的设置进行更改后，等到第 2 次启动计算机时又恢复到原来的设置，并且系统时间又跳回到主板的初始时间。

【故障分析】

此故障是因为 BIOS 设置在断电后无法保存导致的，一般是因为主板 CMOS 跳线设置不当或主板电池电力不足造成的。

【排除故障】

对照主板说明书，查看 CMOS 的跳线设置是否正确，若不正确则设置到正确位置。如果仍不能解决，则更换主板电池即可。

### 2. 主板高速缓存不稳定引起故障

【故障现象】

在 CMOS 中设置使用主板的二级高速缓存（L2 Cache）后，在运行程序时经常死机，而禁止二级高速缓存时系统可正常运行。

【故障分析】

引起故障的原因可能是二级高速缓存芯片工作不稳定，用手触摸二级高速缓存芯片，如果某一芯片温度过高，则很可能是不稳定的芯片。

【排除故障】

禁用二级高速缓存或更换芯片即可。

### 3. 计算机频繁死机

【故障现象】

计算机频繁死机，即使在 CMOS 设置里也会出现死机现象，死机后触摸 CPU 周围主板元件，温度非常高而且烫手。

【故障分析】

出现此类故障一般是由于主板 Cache 有问题或主板散热不良引起。

【排除故障】

（1） 更换大功率风扇，增加散热效果。

（2） 如果是Cache有问题，可进入CMOS设置，将Cache禁止后即可顺利解决死机问题。

**4. 计算机开机运行中断**

**【故障现象】**

计算机开机后，运行到Award Soft Ware, IncSystem Configurations即停止，但计算机未死机。

**【故障分析】**

该问题是由于CMOS设置不当造成。将其中的【PNP/PCI CONFIGURATION】/【PNP OS INSTALLED】（即插即用）选项设为了“YES”。

**【排除故障】**

将即插即用的设置由“YES”改为“NO”后，故障得以解决。

**重要提示**

有的主板将CMOS的即插即用功能开启之后，还会引发诸如声卡发音不正常之类的现象，这一点要在故障检查时引起注意。

## 操作三 常见内存故障的诊断及排除

**1. 内存问题导致不能安装操作系统**

**【故障现象】**

计算机硬件进行升级后（如安装双内存），重新对硬盘分区并安装Windows XP操作系统，但在安装过程中复制系统文件时出错，不能继续安装。

**【故障分析】**

由于硬盘可以正常分区和格式化，所以排除硬盘有问题的可能性。

首先考虑安装光盘是否有问题，格式化硬盘并更换一张可以正常安装的Windows XP操作系统光盘后重新安装，仍然在复制系统文件时出错。但如果只插一根内存条，则可以正常安装操作系统。

**【排除故障】**

（1） 此故障通常是因为内存条的兼容问题造成的，可在只插一根内存条的情况下安装操作系统，安装完成后再将另一根内存条插上，通常系统可以识别并正常工作。

（2） 除此之外可更换一根兼容性和稳定性更好的内存条。

**2. 购买到劣质内存导致计算机无法正常启动**

**【故障现象】**

原系统工作正常，但新添加了一条杂牌的内存条后，开机时显示器黑屏，无法正常开机。

**【故障分析】**

（1） 查看新内存条的外观，看防伪标识是否清晰；芯片上的字迹是否清晰或有涂改的痕迹；内存条的引脚是否有缺损脱落等。

（2） 将新内存条单独插到主板上，开机测试其能否正常启动。若能正常启动，可查看内存条的工作频率是否与标识一致。

【排除故障】

（1） 若内存条上的防伪标识缺失或模糊不清，芯片上的字迹不清或有明显涂改的痕迹，则有可能是以次充好的劣质产品，可要求更换并在更换时仔细辨别内存条的真伪。

（2） 若内存条的引脚有缺损或脱落，或者单独使用时也不能正常启动，则证明内存条已损坏，应立即更换。

（3） 若单独使用该内存时能正常启动，但发现内存条的工作频率与标识的不一致，则有可能是次等的低频率内存条，可更换成高频率的内存条；或者是与原内存条工作频率不一致，可以将整体内存的工作频率调低，这样通常可正常使用，但运行效率有所降低。

### 3. 运行大型软件时提示内存不足

【故障现象】

当在计算机上运行大型软件时，总提示“内存不足”，但计算机上的内存实际已经是1GB。

【故障分析】

提示内存不足包括物理内存和虚拟内存，所以可以判定是本机的虚拟内存偏低或设置虚拟内存的磁盘可用空间太小，应设置较大虚拟内存或对设置虚拟内存的磁盘进行空间整理。

【排除故障】

（1） 进入设置虚拟内存的磁盘进行磁盘清理和碎片整理。

（2） 用鼠标右键单击【我的电脑】图标，在弹出的快捷菜单中选择【属性】命令，弹出【系统属性】对话框，切换到【高级】选项卡，如图10-3所示。

（3） 单击【性能】栏中的 设置(E) 按钮，弹出【性能选项】对话框，切换到【高级】选项卡，如图10-4所示。

（4） 单击【虚拟内存】栏中的 更改(C) 按钮，弹出【虚拟内存】对话框，查看虚拟内存的大小，并进行适当的设置，如图10-5所示。

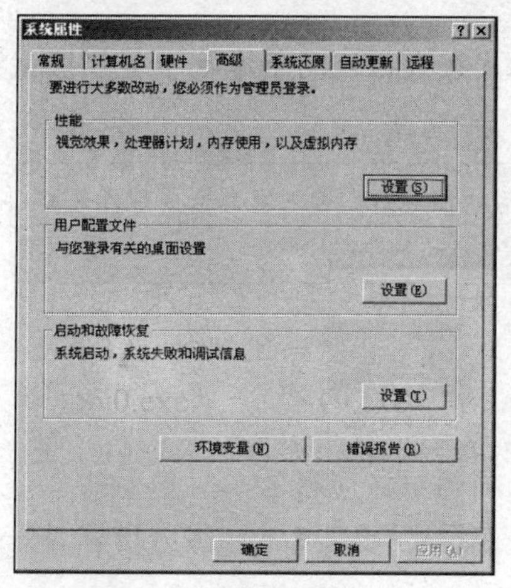


图10-3　【高级】选项卡（1）

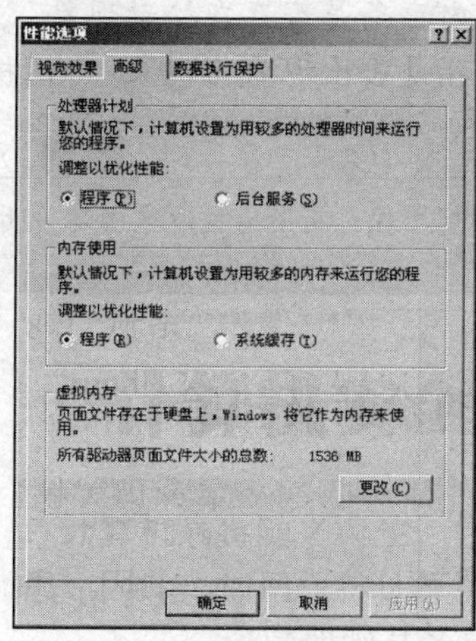


图10-4　【高级】选项卡（2）

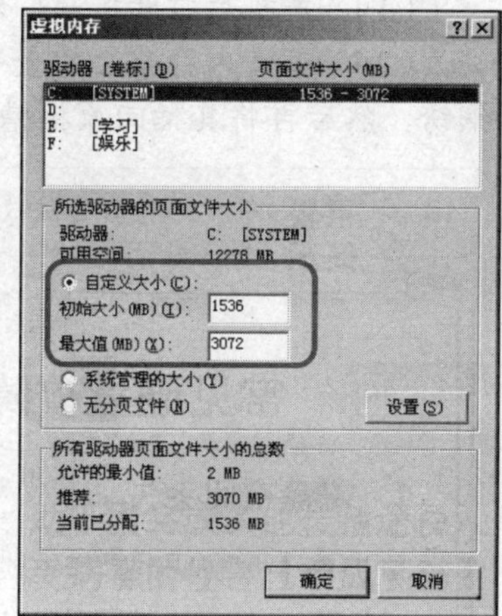


图10-5　设置虚拟内存

### 4. 计算机长时间不用导致无法启动

【故障现象】

计算机长时间不用后，开机无法正常启动。

【故障分析】

此类故障多是由于内存或显卡与主板上的插槽接触不良或金手指出现铜锈而导致系统不可用。可以使用排除法，首先排除是显卡的问题，最后确定是内存的金手指出现故障。

【排除故障】

（1） 从主板上卸下内存条，使用毛刷将其表面的灰尘打扫干净，如图 10-6 所示。

（2） 使用橡皮擦将内存条金手指上的铜锈擦掉，如图 10-7 所示。

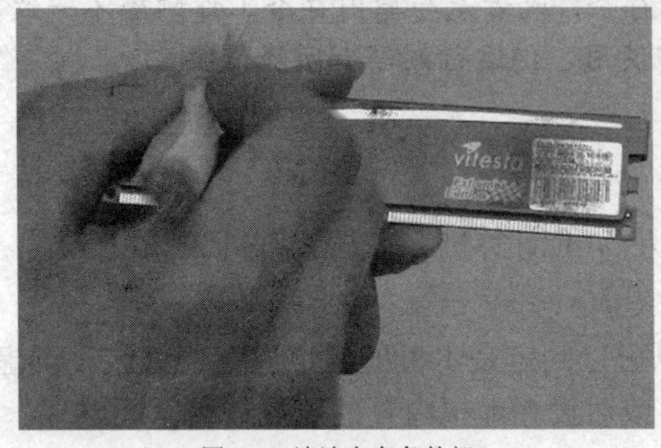


图10-6 清洁内存条外部

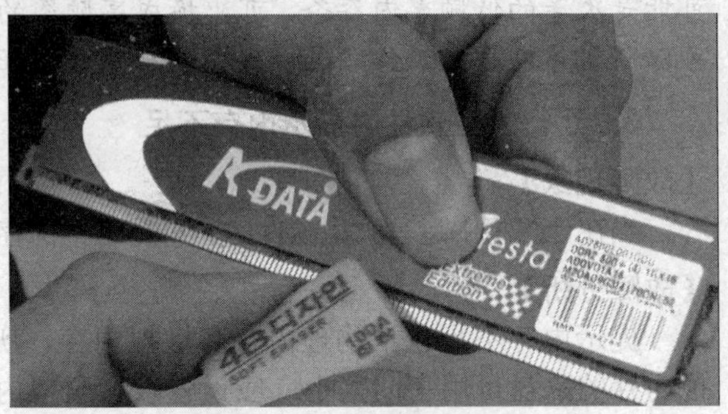


图10-7 擦除金手指上的铜锈

### 5. 开机不能启动并报警

【故障现象】

开机后机器无法点亮，且伴有一长三短的报警声。

【故障分析】

根据一长三短的报警声可初步判断是内存校验出错。

【排除故障】

（1） 关机后打开机箱，看内存条是否存在松动现象。

（2） 查看内存条上的金手指是否出现氧化现象，可用橡皮擦或微湿的干净毛巾轻轻擦拭铜锈，然后再将其插回原插槽中。

**重要提示**

检查排除故障时要保证将所有插座电源均关闭后才能进行，否则容易造成配件短路烧毁。

## 操作四 常见硬盘故障的诊断及排除

### 1. 磁盘空间丢失

【故障现象】

计算机上的硬盘空间总是莫名其妙地减少。

【故障分析】

计算机感染病毒、误操作、非正常关机、不正常退出程序或硬盘分区不合理都会造成硬盘空间的丢失。

【排除故障】

（1）升级杀毒软件病毒库，对计算机进行一次彻底的杀毒。

（2）选择【开始】/【运行】命令，弹出【运行】对话框，输入“%temp%”，如图 10-8 所示。

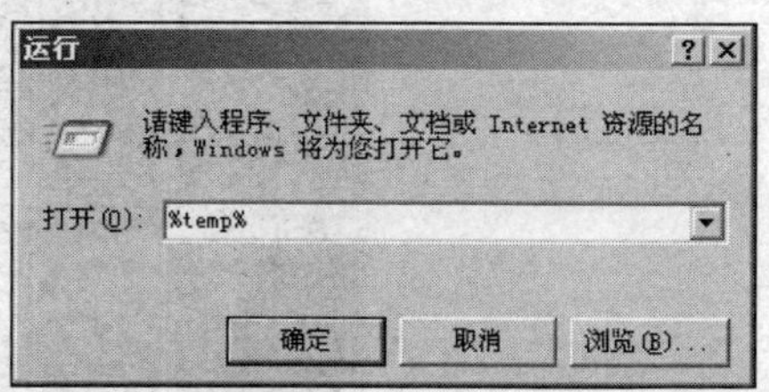


图10-8　输入“%temp%”

（3）单击 确定 按钮，打开临时文件夹，如图 10-9 所示。这里存放着大量的临时文件，占据了不少的磁盘空间，应将其全部删除。

（4）避免程序非法终止或不正常关机，这样容易造成簇丢失，从而导致硬盘空间丢失。

（5）将过大的磁盘分区分成较小的几个磁盘分区。因为文件的存储是以簇为最小单位，一个文件要占用一个或多个簇，如果一个簇只有一个字节被文件占用，那么该簇的其他部分就不能再被使用，于是造成大量的空间浪费。

（6）减小回收站的容量。如果回收站的空间设置过大就会浪费磁盘空间。用鼠标右键单击【回收站】图标，在弹出的快捷菜单中选择【属性】命令，弹出【回收站 属性】对话框，适当减小回收站所占空间的比例，如图 10-10 所示。

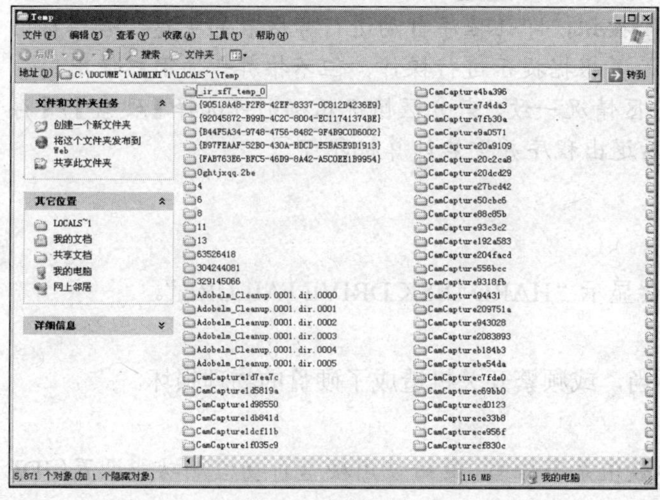

图10-9　临时文件夹

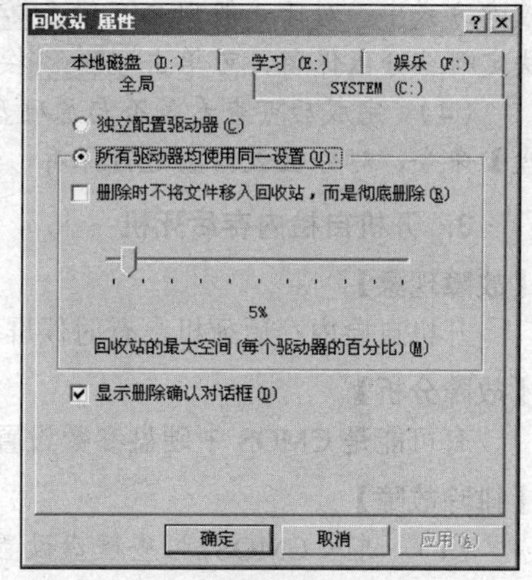


图10-10　设置回收站空间大小

### 2. 因硬盘分区表丢失而不能正常启动系统

【故障现象】

在使用 Ghost 还原系统过程中突然断电，重新启动计算机后不能正确识别硬盘。

【故障分析】

在使用 Ghost 进行系统还原的过程中会对硬盘的分区表进行读取并改写，此时若突然断电，则会造成分区表丢失或损坏，从而导致不能正确识别硬盘。

【排除故障】

（1）使用 Windows XP 操作系统的安装盘启动系统，选择进入“恢复控制台”，输入“Fdisk /mbr”命令并按 Enter 键，可对一般的分区表损坏进行修复。

（2）使用带有 Diskgen 工具的安装盘启动系统，运行“Diskgen.exe”，打开 Diskgen 的操作界面，如图 10-11 所示。

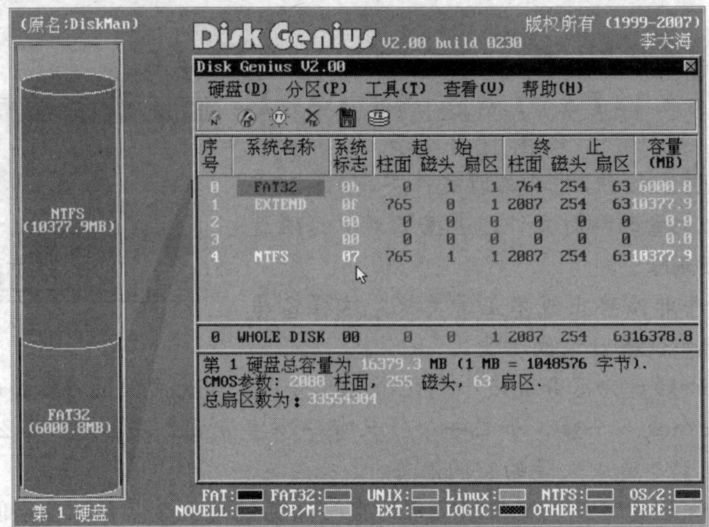

图10-11 Diskgen 操作界面

（3） 选择【工具】/【重建分区表】命令，单击继续按钮，进行分区表的重建，在弹出的搜索方式中，对于一般用户可单击自动方式按钮，即让程序自动进行分区表的重建；若想自己决定哪些分区保留，可单击交互方式按钮，并根据提示进行操作，但不推荐普通用户使用。

（4） 完成后可查看是否与原硬盘分区情况一致，若分区情况正确则可选择【硬盘】/【存盘】命令，对分区表信息进行保存，最后退出程序并重启计算机即可。

### 3. 开机自检内存后死机

【故障现象】

开机自检内存后死机，有时候屏幕会显示“HARD DISK DRIVE FAILURE”。

【故障分析】

有可能是 CMOS 中硬盘参数设置不当，或频繁开关机造成了硬盘的物理损坏。

【排除故障】

（1） 进入 CMOS，检查硬盘设置参数值是否恰当，最好使用硬盘自动检测功能设置（IDE HDD AUTO DETECTION）。

（2） 如果还是无法检测硬盘参数的话，检查硬盘的数据连接线和供电端口状态是否正常，最好重新拔插一遍。

（3） 如果仍然没有效果，可以使用 CMOS 中的硬盘低级格式化命令（HDD LOW LEVEL FORMAT）或者硬盘附带的 DM 程序检查，如果硬盘没有物理损伤则应该可以修复，如果不能执行并出现“HARK DISK DRIVE FAILURE”的话，很大可能是硬盘物理损坏，需要更换硬盘。

### 4. 开机自检后不能进入操作系统

【故障现象】

开机自检完成后，不能正常进入操作系统。

【故障分析】

有可能是误操作或者病毒破坏了引导扇区，或者是系统启动文件被破坏或 0 磁道损坏。

【排除故障】

（1） 用启动盘启动硬盘，用 SYS C:命令修复系统启动文件。

（2） 如果无效可以使用杀毒工具检查是否有病毒，如果属于病毒破坏引导扇区的情况就可以解决。

（3） 如果不是这些问题，就用诺顿磁盘医生修复引导扇区和 0 磁道。

（4） 如果无法修复 0 磁道，就需要维修或更换硬盘了。

### 5. 写入的数据经常丢失

【故障现象】

经常发现写入的数据丢失。

【故障分析】

一般有以下几种可能。

❖ 上网的时候受到了黑客软件的攻击。
❖ 硬盘出现了逻辑错误。
❖ 硬盘出现坏磁道等。

【排除故障】

（1） 使用病毒防火墙软件，一般的黑客软件都会原形毕露，即可恢复正常。

（2） 不是以上原因则用 SCANDISK 和 CHKDSK 命令检查是否存在硬盘逻辑错误，用诺顿磁盘医生按照提示修复即可。

（3） 如果硬盘扫描的时候出现了大量的红色 B 符号，则说明硬盘出现了坏磁道。一般可以用诺顿磁盘医生进行修复。

**重要提示**

修复硬盘时，建议使用硬盘厂商提供的 DM 磁盘工具，不建议使用低级格式化，因为它对硬盘的损害比较大。

（4） 如果遇到坏磁道集中而且实在无法修复的，可以重新分区，把有坏道的部分分在一个逻辑区，分好区以后再删除这个逻辑区就可以正常使用了。

### 6. 硬盘停转死机

【故障现象】

使用过程中硬盘经常停转，出现死机的状态。

【故障分析】

出现这种情况有可能是电压不稳定、硬盘供电不足、硬盘马达有问题等原因。

【排除故障】

（1） 用万用表测量市电电压，如果发现电压过低或者不稳定的现象应该使用稳压器。

（2） 测量计算机电源的电压输出是否正常，或者是否有电源接口接触不良的情况。是则更换电源或者换一个电源接口即可。

（3） 如果排除上述原因，可认定是硬盘马达故障，最好更换硬盘。

## 操作五　常见光驱故障的诊断及排除

### 1. 光驱不能读取光盘数据

【故障现象】

光驱可以正常开合，但将光盘放入光驱后，打开光驱盘符显示为空，查看光驱属性发现无数据。

【故障分析】

（1）光驱可以正常开合，证明光驱通电情况正常。

（2）更换一张光盘后进行数据读取，以确定是否是光盘自身的问题。

（3）再打开机箱，查看光驱的数据线是否连接好。

（4）使用清洁工具光盘对光驱的激光头进行清洗。

【排除故障】

（1）若更换光盘后能正常读取数据，则证明是原光盘有问题，可对其进行清洗并擦拭干净后再次进行读取。

（2）若是因为数据线松脱造成问题，则将数据线连接好。

（3）若对激光头进行清洗后能正常读取数据，则证明是激光头上有灰尘。

（4）若以上情况都被排除，则可能是光驱自身有问题，应进行维修或更换。

### 2. 新安装的光驱无法使用

【故障现象】

计算机上新配置一个光驱，却无法使用。

【故障分析】

（1）光驱的连线和跳线不正确。

（2）光驱与主板不匹配。

（3）光驱由于质量问题，不能正常使用。

【排除故障】

（1）查看光驱的连线与跳线设置是否正确，并对照说明书正确连接。

（2）对照说明书查看光驱与主板是否匹配，如果不匹配需更换。

（3）重启计算机，查看系统是否检测到光驱，如果没有检查到光驱，则说明光驱硬件有问题，只能更换新光驱。

（4）打开【设备管理器】窗口，检查光驱与其他部件是否发生资源冲突及是否设置错误，如果发现错误，卸载光驱的驱动程序后重新安装驱动程序即可解决问题。

## 操作六　常见显卡故障的诊断及排除

### 1. 因显卡与插槽接触不良引起计算机不能正常启动

【故障现象】

计算机不能正常启动，打开机箱，通电后发现 CPU 风扇运转正常，但显示器无显示，主板也无任何报警声响。

【故障分析】

（1）　CPU 风扇运转正常证明主板通电正常。

（2）　拔下内存条后再通电，若主板发出报警声，则说明主板的 BIOS 系统工作正常。

（3）　插上内存条并拔下显卡，若主板也有报警声，则证明显卡插槽正常，排除显卡损坏的可能，则确定是因为显卡与插槽接触不良引起的故障。

【排除故障】

（1）　使用毛刷和洗耳球将显卡表面灰尘清洁干净，如图 10-12 所示。

图10-12　清洁显卡表面

（2）　使用橡皮擦擦拭显卡的金手指，如图 10-13 所示，然后再插入插槽，即可排除故障。

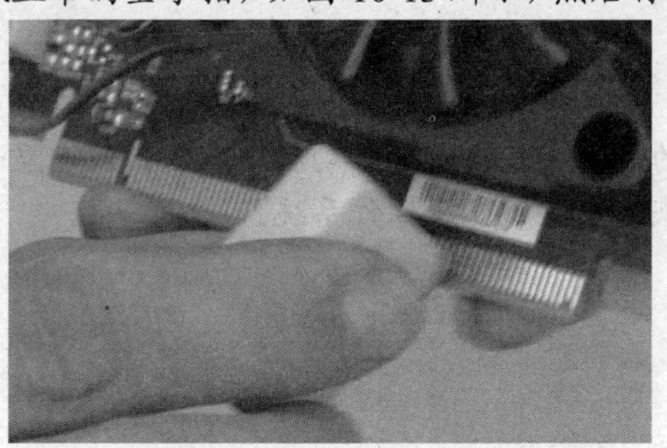

图10-13　使用橡皮擦擦拭金手指

### 2. 因显卡散热不良引起花屏现象

【故障现象】

计算机能正常启动运行，但在运行 3D 软件或游戏一段时间后，出现花屏现象。

【故障分析】

（1）　此类故障一般首先诊断是显卡的问题，打开机箱，查看显卡风扇运转是否正常。

（2）　用手触摸显卡散热片和背面，感觉显卡的温度是否正常。若出现发烫或温度上升很快等现象，则证明是因为散热不良而导致故障。

（3）　若散热片温度正常，而显卡背面温度较高，则可能是散热片与显卡芯片接触不良。

【排除故障】

（1）　若风扇运转出现问题，则需要送往维修或更换新的风扇。

（2）　若只是散热问题，则可对散热片和风扇上的灰尘进行清理。

（3）　若是因为散热片与显卡芯片接触不良，则一般需要送往专业维修点加涂硅胶导热。

### 3. 新装显卡供电不足

【故障现象】

因升级需要安装了一张新的显卡，安装后可以正常使用，但系统出现工作不稳定，经常死机等现象。

【故障分析】

显卡的设计和生产技术不断提高，使得显卡的性能和运行效率也越来越高，而与此同时，显卡的功耗也在不断增大（特别是增加了强劲散热系统的显卡）。若系统供电不足，则会造成显卡工作不稳定，从而导致死机等故障。

【排除故障】

更换额定功率更大的电源，可以解决此故障。

### 4. 显卡驱动程序丢失

【故障现象】

显卡驱动程序载入，运行一段时间后驱动程序自动丢失，发生死机现象。或者在显卡驱动程序载入后，进入 Windows 操作系统时出现死机。

【故障分析】

一般是由于显卡质量不佳或显卡与主板不兼容，使得显卡温度太高，从而导致系统运行不稳定或出现死机。

【排除故障】

（1） 可更换同型号的显卡，在载入其驱动程序后，插入旧显卡予以解决。

（2） 对注册表进行恢复或重新安装操作系统。

（3） 更换显卡。

### 5. 显示不全

【故障现象】

屏幕中的文字、画面显示不完全。

【故障分析】

通常是显示器设置不正确，也有可能是分辨率设置问题。

【排除故障】

（1） 调节显示器显示图像的大小和位置，查看图像是否恢复正常。

（2） 进入显示设置的“高级”选项，对显卡的分辨率以及屏幕显示效果进行调整，通常可解决此故障。

## 操作七　常见电源故障的诊断及排除

### 1. 系统不间断自动断电故障

【故障现象】

计算机启动时能通过自检，大约十多分钟后，电源突然自动关闭。重新启动计算机，有时无反应，有时又可以正常启动，但十多分钟后，电源又会自动关闭，有时隔一两分钟系统会自动重新启动，但马上又断电。

【故障分析】

（1）对于这种故障，首先应在DOS环境下查看计算机是否感染病毒。

（2）将电源连接到其他计算机中观察运行是否正常。

（3）一般的电源只能在 220V±10%的环境下工作，当超过这个额定范围时，电源的过流和过压保护启动，便会自动关闭电源。因此，有必要检查交流市电是否为220V。

（4）如果确认电源和市电都没有问题，就应该确定是系统硬件问题。如果计算机中有的部件局部漏电或短路，将导致电源输出电流过大，电源的过流保护将起作用，自动关闭电源。此时可用最小系统法逐步检查，找出硬件故障。

（5）电源与主板不兼容也可能导致此故障。

【排除故障】

（1）若是病毒原因，则应对病毒进行彻底查杀或重新安装操作系统。

（2）连接到其他计算机上后，若工作也不正常，则可能是电源出现故障；若工作正常，则可能是原计算机系统中的部件过多，耗电量过大，而电源功率不足，造成供电不足引起故障，此时应更换功率更大的电源。

（3）若检测出交流市电波动较大，则可以加一个稳压器。

（4）如果是电源与主板不兼容，可能是由于电源或主板的生产厂家没有按常规标准生产器件，此时需要更换电源。

### 2. 电源供电不足造成光驱不能正常读取的故障

【故障现象】

计算机的CD-ROM在放入一般的CD音乐、VCD以及软件光盘后，可看到光驱的指示灯闪烁近20s后熄灭，不能播放盘片或安装软件。在【我的电脑】中双击光驱图标后，显示“设备没有准备好”，无法使用光驱。当放入某些高质量的盘片后，可以读出光盘中的内容，但读盘极不稳定。

【故障分析】

由于在【我的电脑】中双击光驱图标后，显示“设备没有准备好”，在排除了光驱本身的问题后，可能就是计算机的电源供电不足，造成光驱读盘能力的降低。

【排除故障】

（1）更换与光驱连接的电源插头，重新开机后，检查光驱读盘是否正常。

（2）更换新的机箱电源。

### 3. 电源散热不良导致计算机死机的故障

【故障现象】

计算机开机运行一段时间后会突然死机，重新开机后无法启动或黑屏，过一段时间再开机，可以正常进入系统。

【故障分析】

由于在冷启动的时候一切正常，但运行一段时间后，出现上述问题，最有可能是由于机器内部温度太高造成系统死机，或超过BIOS中CPU温度保护设置而自行关机。

【排除故障】

（1）打开机箱外盖，打开计算机的电源开关，检查机箱电源的风扇是否正常工作，将手靠近机箱后电源风扇的出风口，感觉是否有风排出，如果没有风吹出，就应维修或更换电源。

（2） 如果风扇不转动，关掉电源，用手转动风扇，检查风扇转动是否灵活。如果风扇转动不灵活就拆下来，加润滑油或换一个同样的新风扇。

（3） 相应也需要检查 CPU 上的风扇和显卡上的风扇是否转动正常。

**重要提示**

在自己配置兼容机时，应注意冷却风扇的质量，并定期检查风扇是否运转正常，以免因为过热而烧坏计算机硬件。

## 操作八 常见网卡故障的诊断及排除

### 1. 添加网卡后不能正常关机

**【故障现象】**

计算机原来使用正常，但添加了一块网卡后不能正常关机。

**【故障分析】**

（1） 首先应重新安装网卡的驱动程序，以确定是否为驱动程序不正确造成的故障。

（2） 打开机箱，取下网卡并对网卡的金手指和主板上的 PCI 插槽进行清理，然后重新插上，以确定是否因灰尘过多造成接触不良。

（3） 最后可更换一个 PCI 插槽，或将网卡装到其他计算机上以确定是否是 PCI 插槽或网卡自身的故障。

**【排除故障】**

（1） 由于网卡驱动程序不正确引起的故障，重新安装驱动程序即可。

（2） 由于接触不良引起的故障，则对网卡和插槽进行清理即可。

（3） 若更换 PCI 插槽后恢复正常，则可能是原 PCI 插槽损坏；若将网卡用到其他计算机上也出现类似故障，则可能是网卡损坏，应进行更换。

### 2. 网络时续时断

**【故障现象】**

一块 PCI 总线的 10/100Mbit/s 自适应网卡，在 Windows XP 操作系统中使用时网络时续时断。查看网卡的指示灯，发现该指示灯时灭时亮，而且交替过程很不均匀。与该网卡连接的集线器（Hub）所对应的指示灯也出现同样的现象。

**【故障分析】**

（1） 首先诊断是 Hub 的连接端口出了问题，将该网卡接到其他端口上，如果问题依旧，则说明 Hub 没有问题。

（2） 再用网卡随盘附带的测试程序盘查看网卡的有关参数，其 IRQ 值为 5。然后返回到操作系统，查看操作系统分配给网卡的参数值，其 IRQ 同样是 5。

（3） 后来又诊断是安装该网卡的主板插槽有故障，但更换了几个 PCI 插槽，问题仍然存在，说明主板插槽没有问题。

（4） 更换了多块网卡，问题依旧，说明不是网卡损坏的问题。

（5） 最后检查 CMOS 参数设置。

**【排除故障】**

进入 CMOS 设置，选择【PnP/PCI Configuration】选项，发现【IRQ5】后面的状态为“Legacy ISA”，将其改为“PCI/ISA Pnp”后网卡工作正常。

## 操作九　常见声卡故障的诊断及排除

### 1. 不能正常播放声音

【故障现象】

安装操作系统后，不能正常播放声音。

【故障分析】

（1）首先检查屏幕右下角是否有声音图标，以确定声卡的驱动程序是否安装。

（2）若驱动程序已安装，则应检查声音的设置是否正确，是否设置为静音。

（3）对照主板说明书检查是否因为耳机或音箱的接口插错引起故障。

【排除故障】

（1）若屏幕右下角没有声音图标，则需要正确安装声卡的驱动程序。

（2）对声音效果进行正确设置，取消静音。

（3）对照主板说明书将耳机或音箱接到正确的接口上。

### 2. 声卡无法发声

【故障现象】

声卡经常出现无法发声的现象，但是在系统中显示正常。

【故障分析】

连线故障或声卡与其他插卡有冲突。

【排除故障】

（1）检查声卡到音箱的音频线是否有断线。

（2）调整 PnP 卡所使用的系统资源，使各卡互不干扰。

**重要提示**　有时在设备管理器中未见黄色的惊叹号（冲突标志），但声卡就是不发声，其实也是存在冲突，只是 Windows 操作系统没有检查出来。

（3）更新驱动程序。

### 3. 声卡无法即插即用

【故障现象】

即插即用（PnP）声卡无法即插即用。

【故障分析】

此故障一般是以下原因造成：Windows 操作系统不能识别声卡、驱动程序不行、Windows 不支持 PnP 声卡的安装。

【排除故障】

（1）检查声卡跳线是否正确。

（2）尽量使用新驱动程序或替代程序。

（3）在【控制面板】窗口中双击【添加硬件】图标，在弹出的【添加硬件向导】对话框中单击下一步(N) >按钮，当提示“需要 Windows 搜索新硬件吗？”时，单击否(N)按钮，而后从列表中选择“声音、视频和游戏控制器”，用驱动盘或直接选择声卡类型进行安装。

#### 4. 使用时有杂音或爆音

【故障现象】

声卡在使用时，经常有杂音，有时还有爆音。

【故障分析】

此故障一般有如下原因。

（1） 由于机箱制造精度不够高、声卡外挡板制造或安装不良导致声卡不能与主板扩展槽紧密结合，目视可见声卡上金手指与扩展槽簧片有错位。

（2） 有源音箱输入接在声卡的 Speaker 输出端。

（3） 系统自带驱动程序不好。

（4） PCI 显卡采用 Bus Master 技术，造成挂在 PCI 总线上的硬盘读写、鼠标移动等操作时放大了背景噪声。

【排除故障】

（1） 用钳子校正，使插卡紧密结合。

（2） 对于有源音箱，应接在声卡的 Line out 端，它输出的信号没有经过声卡上的功放，噪声要小得多。有的声卡上只有一个输出端，是 Line out 还是 Speaker 要靠声卡上的跳线决定，厂家的默认方式通常是 Speaker，所以要拔下声卡调整跳线。

（3） 在安装声卡驱动程序时，要选择“厂家提供的驱动程序”而不要选择“Windows 默认的驱动程序”

（4） 关掉 PCI 显卡的 Bus Master 功能，或换成 AGP 接口的显卡，将 PCI 声卡换个插槽。

# 任务二　常见机箱外部配件故障的诊断及排除

计算机机箱外部设备的应用越来越广泛，其出现故障的概率也较大，如果出现严重故障，普通用户应送往专业维修点或联系厂家上门维修。而对于一些常见的外设故障，用户也可按照说明书自己动手维修，从而节约时间和费用。

## 操作一　常见移动存储设备故障的诊断及排除

#### 1. 移动硬盘在进行读写操作时频繁出错

【故障现象】

将移动硬盘连接到 USB 接口之后，系统可以正常识别出移动硬盘，但是在对移动硬盘进行读写操作时，硬盘经常发出“咔咔”的异响，然后出现蓝屏，系统提示读写错误，但是在另外一些计算机上可以正常使用该移动硬盘，扫描硬盘也没有发现坏道。

【故障分析】

由于 USB 设备是通过 USB 接口获得必要的电源供电，一般闪存、数码相机等 USB 设备在 100mA 左右电流时就可以正常工作，但是对于移动硬盘这种大功率移动存储器，一般需要 500mA 电流才能正常工作。如果主板 USB 接口的供电不足，就无法提供足够大的电流，从而造成移动硬盘无法正常工作，这种故障在一些较早期的主板上比较常见。

【排除故障】

（1） 在使用移动硬盘等大功率的USB设备时，由于每个USB接口最多只能提供500mA的电流，所以最好是把移动硬盘直接接到主板的USB接口上，而不要将其连接在主机的前置USB接口上，以免造成供电不足。

（2） 不要使用USB延长线来连接USB移动硬盘，最好使用厂家随移动硬盘附送的USB电线，因为普通USB延长线一般线体较细，使用时容易造成电流损耗，而原厂提供的USB电线通常做工较好，线体也较粗，可以最大程度地减少电流损耗。

（3） 目前主板上的USB接口后面一般都有一个JP3跳线，用来改变USB接口的供电方式，可以改变JP3跳线的设置，将USB电源由副电源5V供电改为主电源5V供电，可以得到更加稳定的电源（详细方法可以参考主板说明书）。

（4） 如果以上方法都无法解决问题，只有改变移动硬盘的取电方式了。一般的USB移动硬盘都提供了PS/2取电接口，将它接到主板的PS/2接口上，可以得到比较稳定的电流。另外，也可以购买一个带有外接电源的USB Hub，利用它为USB移动硬盘供电也是一个比较不错的方法。

### 2. 在NFORCE2主板使用USB2.0移动硬盘复制大容量文件时频繁出错

【故障现象】

使用NFORCE2主板的计算机，安装的是Windows XP操作系统，平时使用U盘比较正常，但是在使用USB2.0移动硬盘复制大容量的文件时，经常提示复制文件出错，然后移动硬盘的盘符消失，要重新插拔USB连线才可继续使用，更换别的USB2.0移动硬盘后故障依旧。

【故障分析】

虽然Windows XP操作系统中自带USB2.0驱动，但是在实际使用中却与NFORCE2主板存在兼容性问题，其故障表现为从USB2.0设备上复制大容量文件时报错，并且移动盘符消失。

【排除故障】

首先安装Microsoft的SP补丁，然后安装NFORCE2芯片组驱动程序，最后再下载并安装厂家最新版的USB2.0驱动程序，即可解决问题。

### 3. 在VIA主板上使用USB移动硬盘出现假死现象

【故障现象】

计算机使用的是VIA芯片组主板，主板本身支持USB2.0接口，但是在使用过程中发现，当使用USB 2.0的移动硬盘时，只要是复制体积达几十兆的大文件，就很容易造成计算机长时间无响应的假死机现象。

【故障分析】

由于VIA主板一贯具有对USB2.0支持不佳的毛病，这个故障也属于USB控制芯片的兼容性问题。

【排除故障】

下载并安装最新版的VIA四合一驱动程序，并且安装主板USB 2.0控制芯片VIA VT6202的驱动程序，即可解决问题。

## 操作二　常见显示器故障的诊断及排除

### 1. CRT显示模糊

**【故障现象】**

刚启动计算机时，显示器显示的文字图像模糊不清，随着运行时间的增加又逐渐清晰。

**【故障分析】**

CRT的工作原理是通过电子枪发出电子束击中荧光屏产生图像，而显像管内的电子枪必须经过加热后才能正常工作。

由于显像管的老化，使得加热过程变慢，在刚启动计算机时，因没有达到标准温度，电子枪不能射出足够的电子束，从而造成图像模糊。而运行一段时间后，温度达到标准要求，电子枪能够射出足量电子束，所以图像又变得清晰。

此故障一般发生在显示器使用多年之后，它属于正常的老化现象。如果新买显示器出现此故障，则可能是使用了翻新显像管造成的质量问题。

**【排除故障】**

（1）若是正常的显示器老化现象，一般没有维修的必要，可在使用过程中让显示器一直处于不断电状态，以加快启动时的加热时间，或考虑更换新显示器。

（2）若是新买显示器的质量问题，则应立即要求更换或退货。

### 2. 显示器上的设置不当造成显示颜色不正确

**【故障现象】**

显示器能正常显示，但显示颜色偏黄。

**【故障分析】**

（1）首先检查显示器视频接口是否正确插接好。

（2）在显卡的颜色设置功能内将颜色设置恢复到默认状态，确认是否为显卡设置不当造成的故障。

（3）调整显示器上的颜色设置，确认是否为显示器设置不当造成的故障。

**【排除故障】**

（1）若是因为视频接口没有插接好，则应断电后重新插接，并将接口处的螺钉拧紧。

（2）若将显卡的颜色设置恢复默认后显示正常，则可能是对显卡的显示颜色进行了错误的设置。

（3）仔细对照显示器说明书，对显示器上的颜色进行正确设置。

（4）若进行以上设置后仍不能正确显示，则可能是因为显示器元件老化造成的，应进行维修或更换新显示器。

### 3. 临时黑屏

**【故障现象】**

计算机在使用过程中总是突然黑屏，但不久又恢复正常。

**【故障分析】**

一般如下原因会引起黑屏：屏幕保护、节能、病毒、超频、冲突和硬件发热不稳定。

【排除故障】

（1）检查屏幕保护。在桌面空白处单击鼠标右键，在弹出的快捷菜单中选择【属性】命令，弹出【显示 属性】对话框，切换到【屏幕保护程序】选项卡，在【屏幕保护程序】下拉列表中选择【无】选项，然后单击 确定 按钮取消屏幕保护。

（2）检查节能设置。禁止节能的方法是：开机时按 Delete 键进入主板 Setup，设置【Power Management Setup】/【Power Management】为“Disabled”。

（3）检查最近安装的软件是否带有病毒，请使用新的杀病毒软件检测杀毒。

（4）按照主板跳线说明或 Setup 中的软跳线设置恢复原来的频率。

（5）检查主板是否和显示卡芯片不兼容，或者内存、显示卡、主板上的芯片遇热不稳定，这是就需要更换配件了。

**重要提示**

显示黑屏和计算机死机一样是属于计算机故障中很复杂的故障，需要耐心检测，对可能引起的原因进行逐个排查。

## 操作三　常见鼠标和键盘故障的诊断及排除

### 1. 找不到鼠标指针

【故障现象】

开机后在桌面上找不到鼠标指针。

【故障分析】

可能是线路接触不良或鼠标损害所致。

【排除故障】

（1）检查鼠标与主机连接串口或 PS/2 接口是否接触松动，一般重新插入后重启计算机即可。如果接口损坏，只有更换主板或使用多功能卡上的串口。

（2）检查鼠标内部的电线与电路板的连接，如果脱焊可用电烙铁将焊点焊好。如果线路老化损坏只有更换鼠标。

### 2. 键盘不能正常输入

【故障现象】

计算机正常启动后，键盘没有任何反应。

【故障分析】

（1）重新启动计算机，在自检时注意观察键盘右上角的“Num Lock”提示灯、“Caps Lock”提示灯和“Scroll Lock”提示灯是否闪了一下，进入系统后再分别按下键盘上这 3 个灯所对应的键，查看灯是否有亮灭现象。

（2）检查键盘的连线是否正确，将键盘接到其他计算机中测试是否能正常使用。

（3）检查主板上键盘接口处是否有针脚脱焊、灰尘过多等情况。

【排除故障】

（1）若键盘上的提示灯一直都没有亮，则有可能是键盘与主板没有连接好，可重新插入确认正确连接即可。

（2）因鼠标和键盘的接口外观相同，连接时应仔细辨别，或对照主板说明书进行正确插接。

（3） 若键盘接到其他计算机中也不能正常使用，则可能是键盘已损坏，只需更换新键盘即可。

（4） 若检查主板上的键盘接口处的针脚有脱焊的情况，则应对其进行正确焊接；若发现该处灰尘太多，则有可能是由于灰尘造成短路，应对灰尘进行清理。

### 3. 开启鼠标键功能导致数字键盘不能使用

**【故障现象】**

在使用键盘进行输入的过程中，主键区的使用一切正常，但在使用数字键盘时不能正常输入数字。

**【故障分析】**

（1） 首先检查数字键盘的"Num Lock"提示灯是否处于亮状态，可反复按下Num Lock键查看提示灯的亮灭状态是否正常。

（2） 单独按下数字键盘上的2、4、6、8键不放，注意屏幕上的光标是否移动。

**【排除故障】**

（1） 若数字键盘的"NumLock"提示灯处于灭状态，则可按下Num Lock键将其变亮，一般可正常输入数字。

（2） 若数字键盘的"NumLock"提示灯处于亮状态，单独按下数字键盘上的2、4、6、8键不放，屏幕上的光标开始移动，则是由于开启了鼠标键功能从而改变了数字键盘的功能。

解决此故障的方法如下。

① 选择【开始】/【控制面板】命令，在【控制面板】窗口中选择【辅助功能选项】选项，如图10-14所示。

图10-14 【辅助功能选项】选项

② 弹出【辅助功能选项】对话框，切换到【鼠标】选项卡，如图10-15所示。

③ 若【使用鼠标键】复选框被勾选，则说明鼠标键功能处于开启状态。取消该复选框的勾选则可关闭此功能，使数字键盘恢复正常的输入功能。

④ 若需要此功能在开启状态时也能实现正常输入，可以单击设置(S)按钮，弹出【鼠标键的设置】对话框，选择【关闭】单选按钮，如图10-16所示。这样当数字键盘处于开启状态时可正常输入数字，当处于关闭状态时可用于控制鼠标指针的移动。

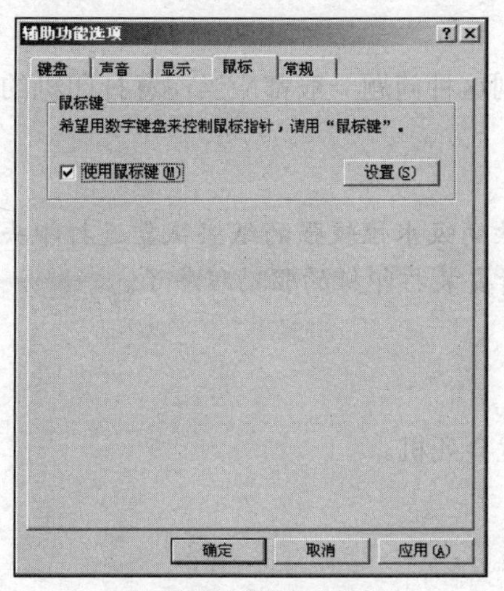


图10-15 【鼠标】选项卡

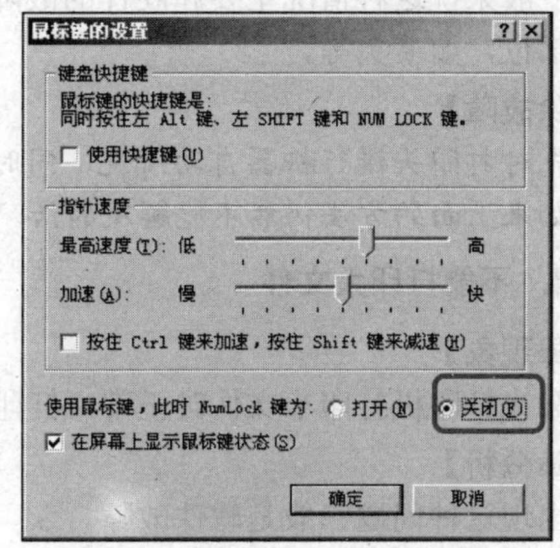


图10-16 选择【关闭】单选按钮

## 操作四　常见打印机故障的诊断及排除

### 1. 喷墨打印机不能正常打印

【故障现象】

一段时间没有使用喷墨打印机，再次使用时发现不能正常打印。

【故障分析】

一般喷墨打印机如果长时间不使用，则喷嘴可能因为墨水的凝固而造成堵塞，从而导致不能正常打印。

【排除故障】

对于佳能（Canon）、惠普（HP）等采用喷嘴墨盒一体化结构的喷墨打印机，可用一块干净的玻璃滴少许清水，将喷嘴浸在水中几个小时，注意不要浸湿触点，再用面巾纸沾拭喷嘴，能通畅渗出墨水即可。若仅有轻微渗出，可从通气孔向墨盒里吹气或打气，看到墨水从喷嘴较通畅流出即可。只要喷嘴未损坏，此方法能解决大部分墨盒堵塞的问题。

对于爱普生（EPSON）等采用喷嘴墨盒分体式结构的打印机，可先尝试按维护程序反复清洗喷嘴，若无效则只能送往维修处更换喷嘴。

### 2. 打印效果与预览不同

【故障现象】

在文本编辑器下预览时格式整齐，但是打印出来却发现部分字体是重叠的。

【故障分析】

这种情况一般都是由于在编辑时设置不当造成的。

【排除故障】

改变文件“页面属性”中的纸张大小、纸张类型、每行字数等，一般可以解决。

### 3. 打印字迹不清晰

【故障现象】

喷墨打印机打印出的字迹模糊不清。

【故障分析】

一般来说这种情况主要和硬件的故障有关，遇到这种问题一般都应当注意打印机的一些关键部位，如喷头等。

【排除故障】

先对打印头进行机器自动清洗，同时可以用柔软的吸水性较强的纸擦拭靠近打印头的地方。如果上面的方法仍然不能解决的话，就只有重新安装打印机的驱动程序了。

**4. 不能打印大文件**

【故障现象】

激光打印机打印小文件时正常，打印大文件时就会死机。

【故障分析】

出现这种问题一般是软件故障。

【排除故障】

查看硬盘上的剩余空间，删除一些无用文件，或者查询打印机内存容量，是否可以扩容。

**5. 选择打印机无反应**

【故障现象】

选择打印后打印机无反应，系统提示“请检查打印机是否联机及电缆连接是否正常”。

【故障分析】

一般原因可能是打印机电源线未插好，打印电缆未正确连接，接触不良，计算机并口损坏等情况。

【排除故障】

（1） 如果不能正常启动（即电源灯不亮），先检查打印机的电源线是否正确连接，在关机状态下把电源线重插一遍或者换一个电源插座试一下。

（2） 如果按下打印电源开关后打印机能正常启动，就需要进入 BIOS 检查并行端的传输模式是否设置正确。一般的打印机要求设置成“ECP”模式，或直接设置成“ECP+EEP”模式。

并行端的传输模式可以设置的值有以下几种。

- SPP（Standard Parallel Port，Norrftal 模式）：表示标准并行端口模式，此项为默认设置。
- ECP（Extended Parallel Port，扩展模式）：表示扩展型并行端口模式。
- EEP（Enhanced Parallel Port，增强模式）：表示增强型并行端口模式。
- ECP/EEP：表示同时启用 ECP 与 EEP 两种模式。

（3） 如果上述的两种方法均无效，就需要着重检查打印电缆，先把计算机关掉，把打印电缆的两头拔下来再重新插入，注意不要带电拔插。如果问题还不能解决的话，换个打印电缆试试。

**6. 打印机不能打印**

【故障现象】

打印机在缺纸后自动关机了，重新装上纸张后就不能打印了。

【故障分析】

（1） 可能是线路连接问题。

（2） 可能由于先前的打印命令导致系统死机。

【排除故障】

（1） 阅读打印机的使用手册，运行打印机自带工具中的自检程序，确认其基本功能是否正常。

（2） 拔出打印电缆后再重新连接打印机。

（3） 在【控制面板】窗口中选择【打印机和其他硬件】/【打印机和传真】选项，打开【打印机和传真】窗口，双击打印机图标，打开打印队列表，取消所有未完成的打印任务。

## 操作五 常见扫描仪故障的诊断及排除

### 1. 扫描仪无法使用

【故障现象】

新购买了一台 USB 接口的扫描仪，但在操作系统中无法正确安装和使用。

【故障分析】

（1） 检查系统的 USB 状态，确认是否处于开启状态。

（2） 进入主板 BIOS 设置，确认【OnChipUSB】和【Arrange IRQ for USB】两项设置是否为“Enable”。

（3） 若能识别扫描仪，则应确认是否是因为驱动程序导致的问题。

【排除故障】

（1） 在计算机的控制面板中检查 USB 状态，如果在设备管理器中的【通用串行总线控制器】下总是出现一个未知设备，可以将其删除。

（2） 在主板 BIOS 设置中，将【OnChipUSB】和【Arrange IRQ for USB】两项都设置为“Enable”，重启计算机后即可正常识别扫描仪。

（3） 下载最新的驱动程序进行安装，一般即可正常使用扫描仪。

（4） 若通过以上方法扫描仪还不能正常使用，则可能是扫描仪自身出现故障，应进行维修。

### 2. 扫描图像不全

【故障现象】

扫描整幅图像只有一小部分被获取。

【故障分析】

一般是由于聚焦矩形框仍然停留在预览图像上，只有矩形框内的区域被获取。

【排除故障】

在做完聚焦后，单击后去掉聚焦矩形框。

### 3. 边缘部分无法扫描

【故障现象】

使用 HP PhotoSmart 扫描仪扫描照片时，有些边缘部分没有扫描到。

【故障分析】

此故障是因为 PhotoSmart 扫描仪有边界的限制，大约为 0.3 mm。

【排除故障】

可以将照片放入保护套内扫描，这样它检测的即为保护套的边界，而非照片的边界。

**4. 常见故障**

【故障现象】

扫描印刷品时，图像的特定区域内出现龟纹。

【故障分析】

彩色印刷品是利用很细小的 4 种颜色墨点（好的彩色印刷应该有 1 200 点/英寸的分辨率）进行排列组合来让眼睛产生视觉上的错觉，看到各种颜色。比如某一区域红色的墨点比较多，人就会看到这一区偏红色。而在扫描时，灵敏的感光组件会侦测出细小的网点，于是扫描结果就会有各种纹路出现。

【故障排除】

（1） 在扫描仪的【图像设置】选项中将【去网纹】选项设置为“开”。

（2） 在文件和稿台间放置一张透明页，使图像散焦。

（3） 正确定位图像或稍微调小图像尺寸。

# 小结

本项目介绍了计算机常见的一些硬件故障，并给出了故障原因的分析排查和解决方案。总的来说，要做到快速准确地找出计算机故障原因是一个长期熟悉和积累的过程。计算机出现故障应先冷静分析问题可能出现在什么地方，然后遵循先外后内、先软后硬的原则进行排查，即首先检查计算机外部电源、设备、线路，然后再开机箱；先从软件判断入手，然后再从硬件着手。

# 习题

1. 如何排除内存和显卡金手指造成的故障？
2. 由于散热问题容易引起故障的硬件设备有哪些？
3. 主板的常见故障和处理方法有哪些？
4. 总结排除计算机硬件故障的一般思路。
5. 根据本项目所讲述内容，排除身边计算机的硬件故障。

# 项目十一　常见软件故障的诊断及排除

计算机系统投入使用以后，由于用户的操作、病毒以及软件自身的漏洞等原因会导致各种各样的软件故障。这些故障会使计算机系统速度下降、频繁报错甚至死机，从而影响用户的正常使用。本项目介绍当前计算机系统中最常见的软件故障及其诊断和维护的方法。

学习目标

- ★　掌握常见系统软件故障的诊断和维护方法。
- ★　掌握常见应用软件故障的诊断和维护方法。

## 任务一　常见系统软件的故障诊断及排除

系统软件故障大多是指计算机操作系统自身出现的故障，对于普通用户来说，计算机出现系统软件故障后很难找到解决的方法，从而严重影响计算机的性能。本任务将介绍最常见的系统软件故障诊断和维护的方法。

### 操作一　计算机系统启动速度慢

**【故障现象】**

2010 年新配置的计算机，启动速度很慢。Windows XP 操作系统启动时，启动画面的滚动条要滚动十几次。

**【故障分析】**

此故障是由于 Windows XP 操作系统自动关闭了硬盘的 DMA 传输模式所造成的。在 Windows XP 操作系统中，如果硬盘或光驱连续接到 6 个错误或超时操作，就会自动降低硬盘速度并改变传输模式。这种故障有可能是使用休眠而引起的。

**【排除故障】**

**1. 设置硬盘传输模式减少滚动条的显示时间**

（1） 用鼠标右键单击【我的电脑】图标，在弹出的快捷菜单中选择【属性】命令，弹出【系统属性】对话框，切换到【硬件】选项卡，如图 11-1 所示。

（2） 单击 设备管理器(D) 按钮，打开【设备管理器】窗口，展开【IDE ATA/ATAPI 控制器】选项，如图 11-2 所示。

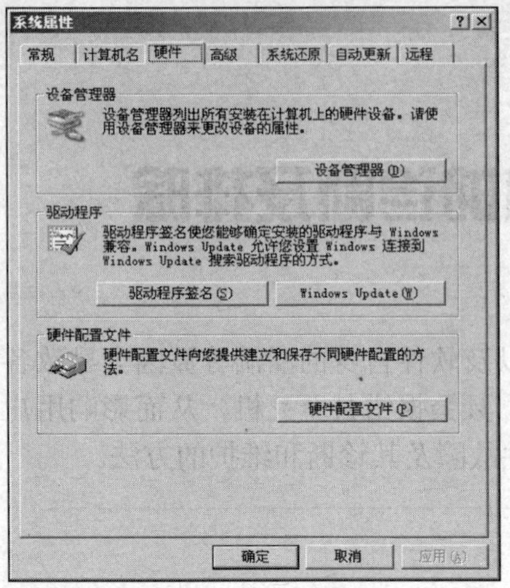
图11-1 【硬件】选项卡

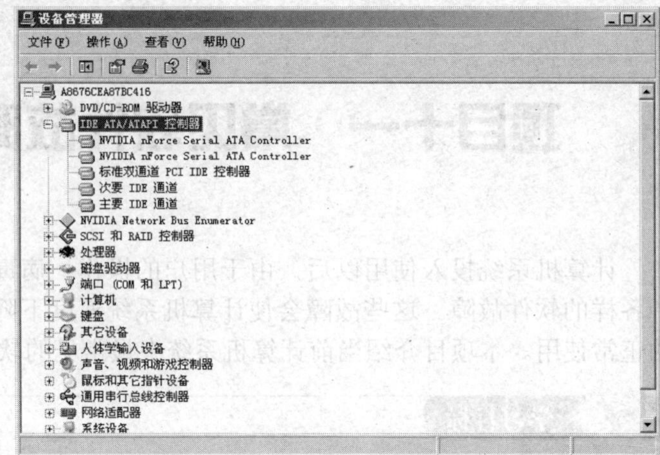
图11-2 展开【IDE ATA/ATAPI 控制器】选项

（3） 双击【主要 IDE 通道】选项，弹出【主要 IDE 通道 属性】对话框，切换到【高级设置】选项卡，设置【设备 0】和【设备 1】栏中的【传送模式】为“DMA（若可用）”，如图 11-3 所示。

**2. 修改注册表，减少滚动条的显示时间**

（1） 选择【开始】/【运行】命令，弹出【运行】对话框，输入“regedit”，如图 11-4 所示。

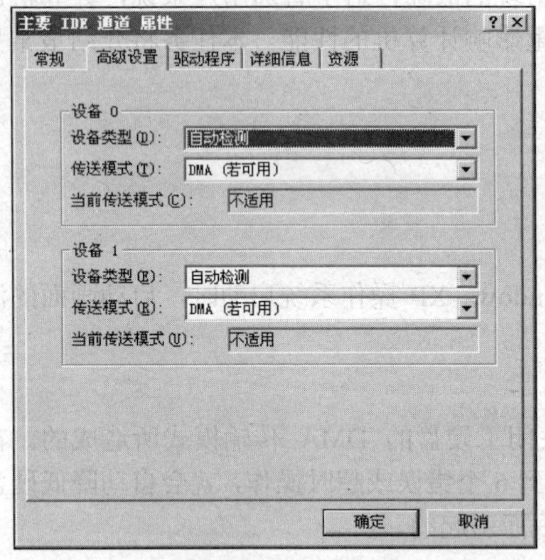
图11-3 设置 DMA 传输模式

图11-4 输入“regedit”

（2） 单击 确定 按钮，打开【注册表编辑器】窗口，依次展开【HKEY_LOCAL_MACHINE\SYSTEM\CurrentControlSet\Control\Session Manager\Memory Management\PrefetchParameters】项，如图 11-5 所示。

（3） 双击右侧的 EnablePrefetcher 项，弹出【编辑 DWORD 值】对话框，设置【数值数据】为“1”，如图 11-6 所示。

（4） 单击 确定 按钮完成设置，重启计算机使设置生效。

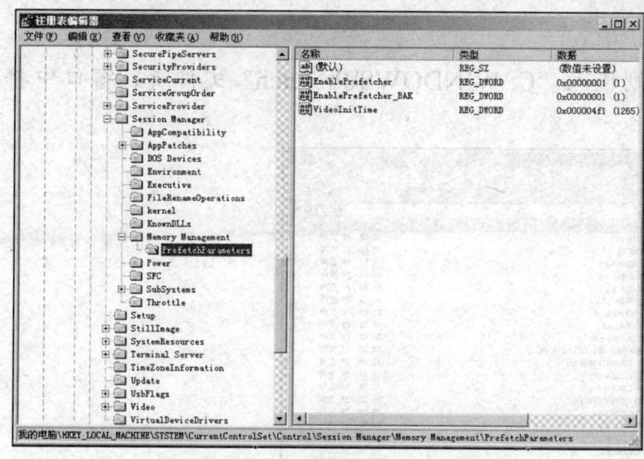

图11-5　展开【PrefetchParameters】项

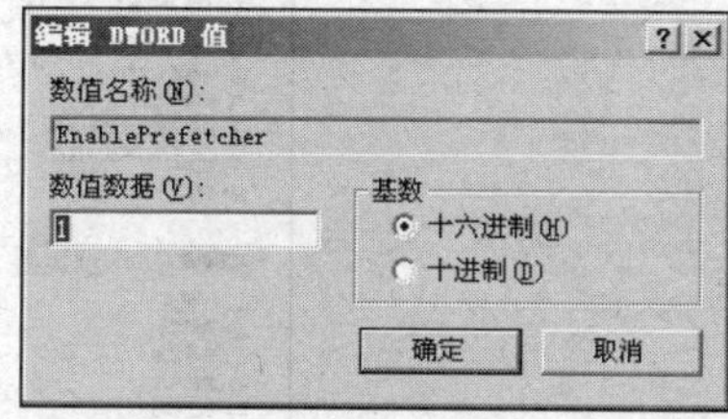

图11-6　编辑 DWORD 值

## 操作二　进入系统界面时打不开任何程序

**【故障现象】**

计算机启动后刚进入系统界面时，双击任何图标都无法打开程序，大概需要等 1min 左右才恢复正常。

**【故障分析】**

此故障可能是由于开机后系统自动搜索网络或是因系统过度臃肿，从而造成较大的负担所引起的。

**【排除故障】**

**1. 取消“自动搜索网络文件夹和打印机”**

（1） 双击【我的电脑】图标，打开【我的电脑】窗口，选择【工具】/【文件夹选项】命令，如图 11-7 所示。

（2） 弹出【文件夹选项】对话框，切换到【查看】选项卡，在【高级设置】栏中取消勾选【自动搜索网络文件夹和打印机】复选框，如图 11-8 所示。

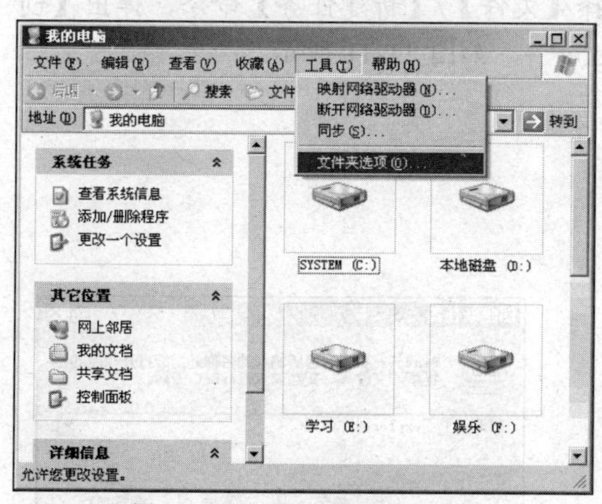

图11-7　选择【文件夹选项】命令

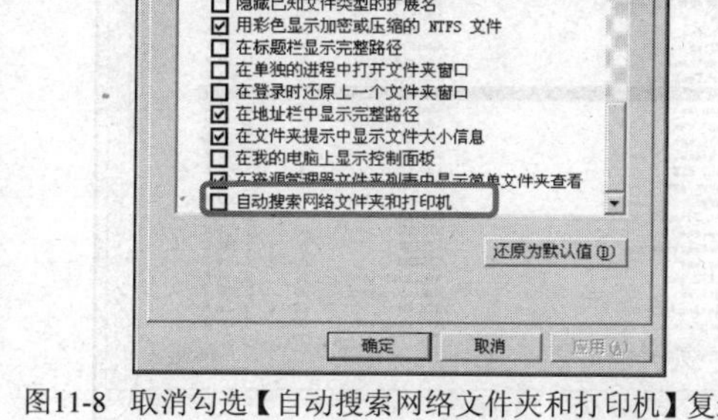

图11-8　取消勾选【自动搜索网络文件夹和打印机】复选框

（3） 单击 确定 按钮，完成设置。

### 2. 清除系统预取目录

（1） 如果用户的系统安装在C盘，则进入“C:\WINDOWS\Prefetch”文件夹，窗口中将显示系统预取目录，如图11-9所示。

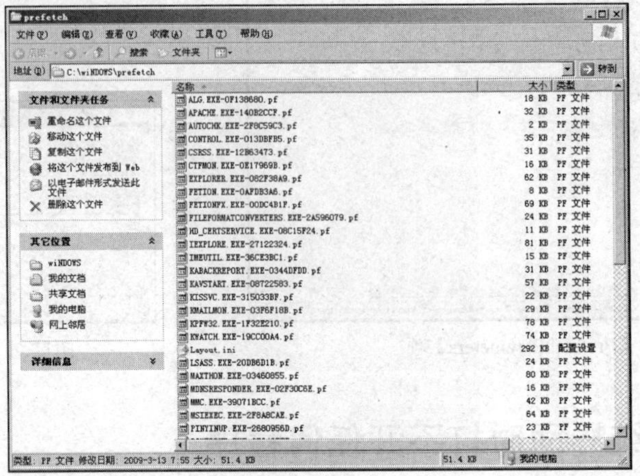

图11-9 系统预取目录

（2） 将此文件夹中的所有文件全部删除，重新启动计算机，即完成清除预取目录的内容。

## 操作三 进入系统界面之后没有任何图标

【故障现象】

进入系统界面时，发现桌面上没有任何图标，就连任务栏也没有，单击鼠标右键也没有反应。

【故障分析】

此类故障大多数情况是由于用户操作不当造成系统损坏引起的。

【排除故障】

（1） 按 Ctrl+Alt+Del 组合键，打开任务管理器，切换到【进程】选项卡，查看是否有“explorer.exe”这个进程，如图11-10所示。

（2） 如果没有“explorer.exe”这个进程，就选择【文件】/【新建任务】命令，弹出【创建新任务】对话框，在【打开】文本框中输入“explorer”，如图11-11所示。

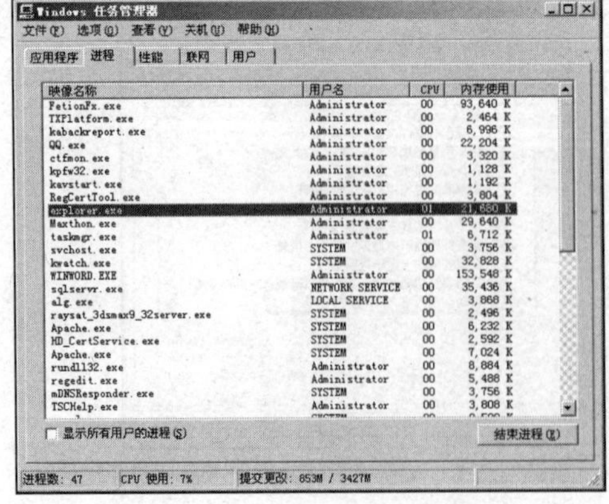

图11-10 查看“explorer.ext”进程

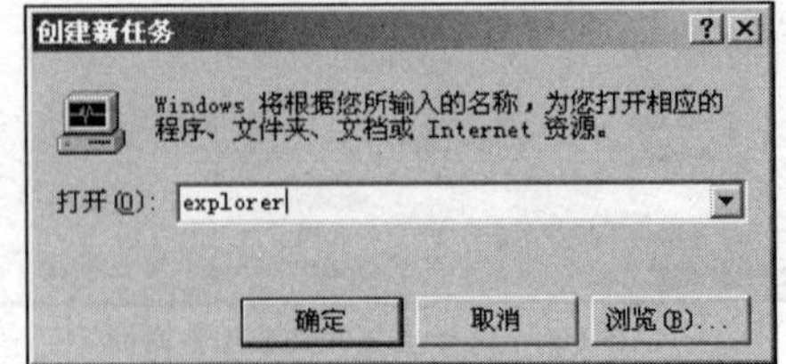



图11-11 输入“explorer”

（3） 单击 确定 按钮，一般情况下即可创建“explorer.exe”进程，从而解决没有图标的问题。

（4） 但如果创建“explorer.exe”进程失败，则可能是系统的“explorer.exe”进程丢失了，只需将其他安装相同操作系统的计算机上的“C:\Windows\explorer.exe”文件复制到该计算机的相应文件夹即可。

重要提示

“explorer”或者“explorer.exe”进程实际上是 Windows 操作系统程序管理器或者 Windows 操作系统资源管理器，主要用于管理 Windows 操作系统图形壳，包括开始菜单、任务栏、桌面和文件管理，一旦删除该程序会导致 Windows 操作系统图形界面无法使用。

## 操作四 STOP 消息 0x0000001E 故障

**【故障现象】**

计算机在启动时出现“STOP 消息 0x0000001E”故障，导致计算机无法启动。

**【故障分析】**

此故障多由于系统安装盘空间不足，或者使用的不是系统自带的显卡驱动程序所造成。

**【排除故障】**

（1） 开机进入安全模式，清理 C 盘（系统安装盘）空间，也可将 C 盘的数据转移到 D 盘或 E 盘，并保证 C 盘剩余空间至少在 1GB 以上。

（2） 如果 C 盘有充足的空间，那么基本上可以断定是显卡驱动程序故障所引起。

（3） 重启计算机，按 F8 键进入【Windows 高级选项菜单】界面，选择【启用 VGA 模式】选项，如图 11-12 所示。

（4） 按 Enter 键进入系统，卸载显卡驱动程序，然后重新安装显卡配套的驱动程序即可排除故障。

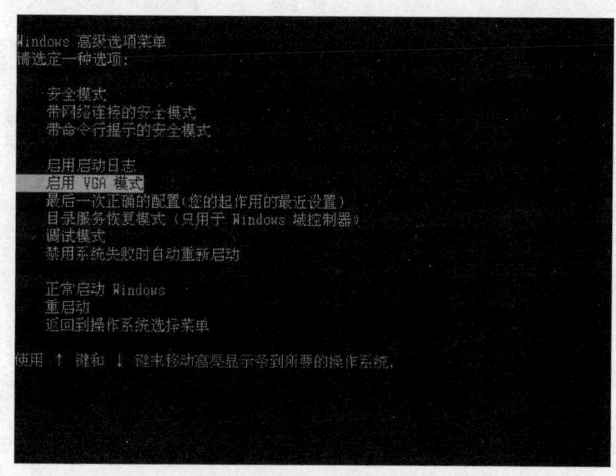


图11-12 选择【启用 VGA 模式】选项

## 操作五 STOP 消息 0x00000023 和 0x00000024 故障

**【故障现象】**

计算机在启动时出现“STOP 消息 0x00000023 和 0x00000024”故障，导致计算机无法启动。

**【故障分析】**

出现这个故障的原因一般是因为驱动器碎片太多，恢复了不适当的 Ghost 镜像文件或一些防病毒软件出错。

**【排除故障】**

（1） 重启计算机，按 F8 键进入【Windows 高级选项菜单】界面，选择【安全模式】选项，如图 11-13 所示。

（2） 按Enter键进入安全模式下的系统，然后对驱动器进行碎片整理。

（3） 禁用或卸载所有防病毒软件。

（4） 选择【开始】/【运行】命令，弹出【运行】对话框，然后输入“chkdsk /f”，如图 11-14 所示。

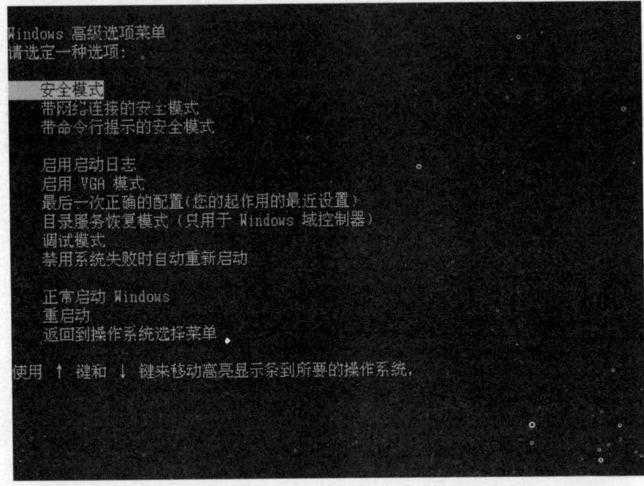


图11-13 选择【安全模式】选项

图11-14 输入“chkdsk /f”

（5） 单击 确定 按钮，开始对磁盘进行检查，完成后重启计算机就可以排除故障。

## 操作六 修改 BIOS 后出现死机故障

【故障现象】

对 BIOS 进行了一些设置后，计算机经常出现死机故障。

【故障分析】

这是由于用户为了提高计算机系统性能，在 BIOS 设置中改变了硬盘、内存、CPU 等参数，从而使系统变得不稳定甚至频繁死机，更严重时则根本进入不了 Windows 操作系统。

【排除故障】

### 1. 设置 BIOS 跳线

打开机箱盖，在主板上有一个钮扣电池，在它的附件中有一组跳线针脚，共 3 个针脚，如图 11-15 所示。将针脚上的跳线帽拔出，插在另外一个针和中间针上几秒。然后拔出跳线帽，重新插回原来的位置即可将 BIOS 恢复到出厂设置。

图11-15 BIOS 跳线

### 2. 拔出 CMOS 电池

（1） 在不能确定跳线针脚的情况下，可以通过拔 CMOS 电池来清除密码。

（2） 在主板上找到 CMOS 电池，并将其从电池盒中取出，如图 11-16 所示。

（3） 用金属物件将 CMOS 电池插座的正负极短路，快速放掉相应电容中的存电，从而达到恢复 BIOS 出厂设置的目的，如图 11-17 所示。

图11-16　拔掉 COMS 电池

图11-17　短路 CMOS 插座正负极

## 操作七　关机后系统却自动重启

**【故障现象】**

关机后，系统又自动重新启动。

**【故障分析】**

在一般情况下，当用户关机时出现错误则系统会自动重启。将该功能关闭往往可以解决自动重启的故障。

**【排除故障】**

（1） 用鼠标右键单击【我的电脑】图标，在弹出的快捷菜单中选择【属性】命令，弹出【系统属性】对话框，切换到【高级】选项卡，如图 11-18 所示。

（2） 单击【启动和故障恢复】栏中的 设置(T) 按钮，弹出【启动和故障恢复】对话框。在【系统失败】栏中取消勾选【自动重新启动】复选框即可，如图 11-19 所示。

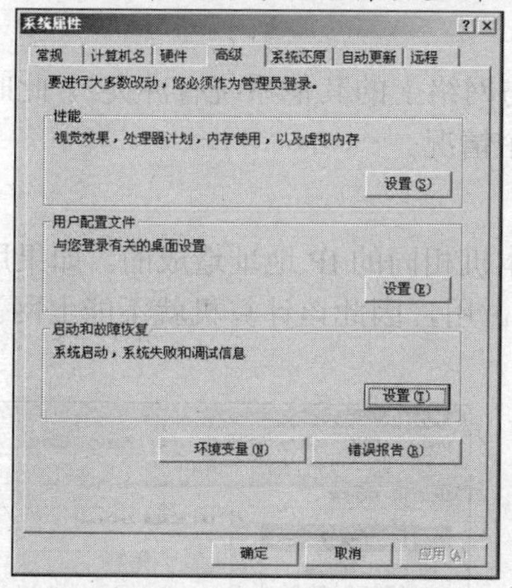


图11-18　切换到【高级】选项卡

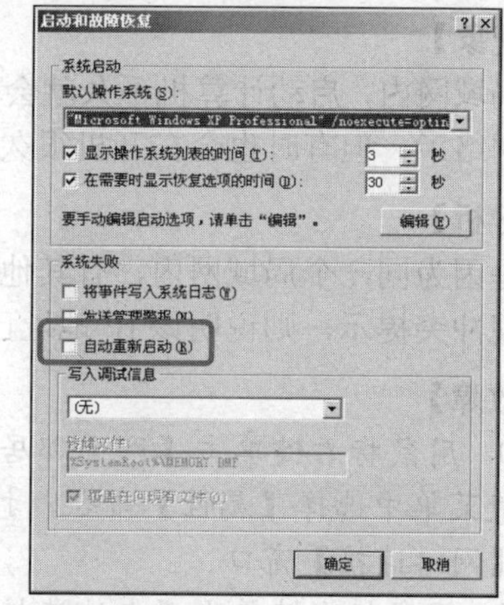


图11-19　取消勾选【自动重新启动】复选框

## 操作八　expiorer.exe 进程造成 CPU 使用率 100%

**【故障现象】**

计算机运行十分缓慢，打开任务管理器，存在一个名为“expiorer.exe”的进程占用 CPU 使用率达 100%，但“expiorer.exe”好像又是系统的必备程序。

【故障分析】

分析后发现，其实是计算机感染了病毒，只是病毒很好地隐藏了自己，将“expiorer.exe”伪装成系统正常程序 explorer。其第 4 个字母是英文字母“i”而不是英文字母“l”，两者仅一个字母之差，具有很强的迷惑性。

【排除故障】

（1） 选择【开始】/【运行】命令，弹出【运行】对话框，输入“regedit”。

（2） 单击 确定 按钮，打开【注册表编辑器】窗口，依次展开【HKEY_LOCAL_MACHINE\SOFTWARE\Microsoft\Windows\CurrentVersion\Run】项，如图 11-20 所示。

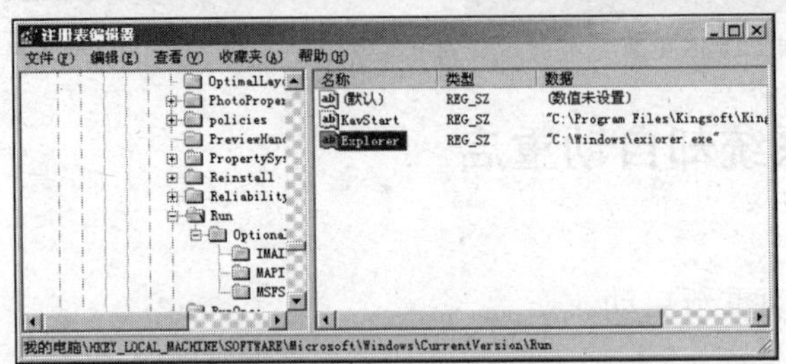

图11-20 打开注册表项

（3） 删除 Explorer=“C:\Windows\expiorer.exe”项，再进入到“C:\Windows”文件夹删除“expiorer.exe”文件，病毒就成功被清除了。

**重要提示** 这里删除“expiorer.exe”病毒的方式其实也可以用来删除其他病毒。希望读者能够融会贯通。

## 操作九 IP 地址与网络上的其他系统有冲突

【故障现象】

在局域网内，启动计算机不久就会提示“IP 地址与网络上的其他系统有冲突”，此时就无法连接网络了，但有时也会在开机很久后才会出现这个情况。

【故障分析】

这是因为同一个局域网内，有其他用户使用了和本机相同的 IP 地址造成的。如果用户开机时出现冲突提示，则说明该 IP 地址已经被其他用户占用，因此该计算机就不能上网。

【排除故障】

（1） 用鼠标右键单击【网上邻居】图标，在弹出的快捷菜单中选择【属性】命令，打开如图 11-21 所示的【网络连接】窗口。

（2） 用鼠标右键单击【本地连接】图标，弹出【本地连接 属性】对话框，在【常规】选项卡中选择【Internet 协议（TCP/IP）】选项，如图 11-22 所示。

（3） 单击 属性(R) 按钮，弹出【Internet 协议（TCP/IP）属性】对话框，选择【自动获得 IP 地址】和【自动获得 DNS 服务器地址】两个单选按钮，如图 11-23 所示。

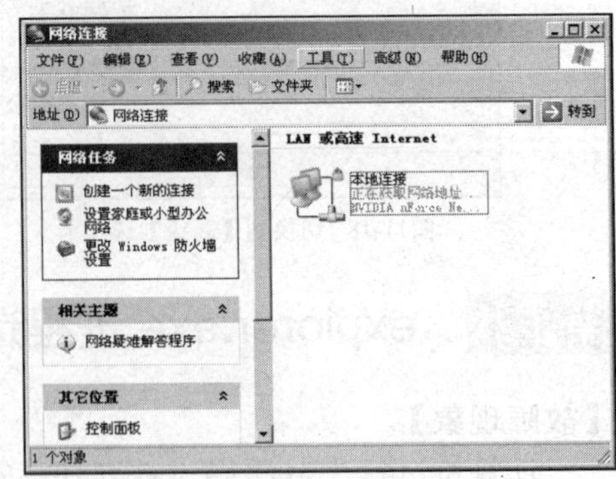

图11-21 【网络连接】窗口

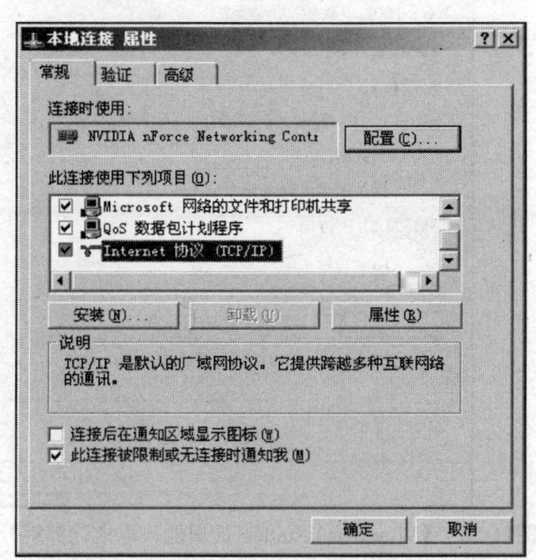

图11-22　选择【Internet 协议（TCP/IP）】选项

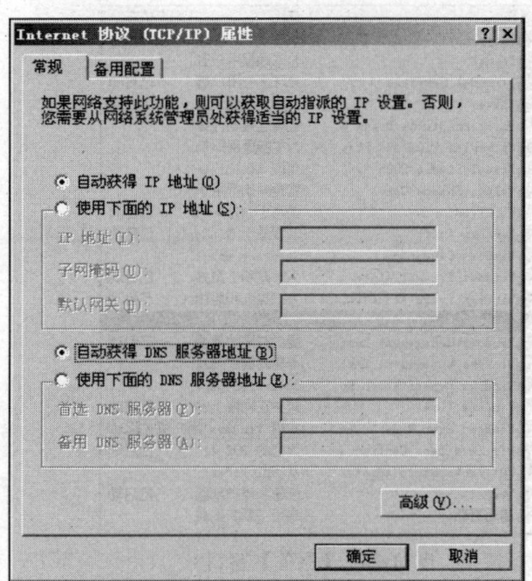

图11-23　设置自动获得 IP 地址

（4）单击 确定 按钮完成设置，这样在开机时系统就会自动获取一个局域网内的空闲 IP 地址，解决 IP 地址冲突的故障。

## 操作十　安装程序启动安装引擎失败

**【故障现象】**

安装应用程序时提示“安装程序启动安装引擎失败：不支持此接口”。

**【故障分析】**

引起这个问题的原因很多，但最有可能的还是安装软件需要的 Windows Installer 服务出现了问题。

**【排除故障】**

**1. 启动 Windows Installer 服务来排除故障**

（1）选择【开始】/【控制面板】命令，打开【控制面板】窗口，双击【管理工具】图标，打开如图 11-24 所示的【管理工具】窗口。

（2）双击【服务】图标，打开【服务】窗口，找到【Windows Installer】选项，如图 11-25 所示。

（3）双击【Windows Installer】选项，弹出【Windows Installer 的属性（本地计算机）】对话框，单击 启动(S) 按钮将其启动，如图 11-26 所示。

图11-24　【管理工具】窗口

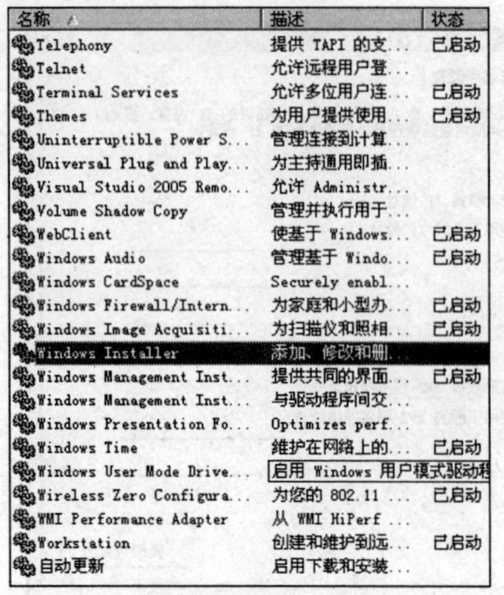

图11-25 【服务】窗口

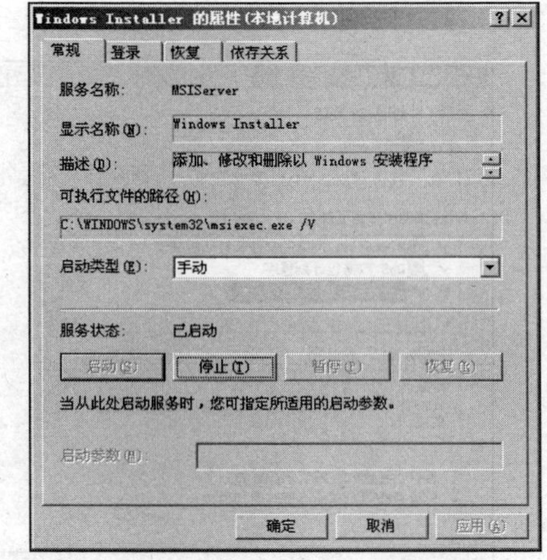

图11-26 【Windows Installer 的属性（本地计算机）】对话框

（4） 单击 确定 按钮，完成设置。一般情况下故障即被清除，但如果清除故障失败，则需要下载最新版本的 Windows Installer 进行安装。

**2. 双击 instmsiw.exe 文件排除故障**

一些安装程序并不是 EXE 文件，而是 MSI 文件。MSI 是脚本文件，如果运行 MSI 安装程序时出现不支持接口的提示信息，则需要通过双击安装包里面的“instmsiw.exe”文件来排除故障，如图 11-27 所示。

图11-27 MSI 类型安装文件

如果没有管理员权限或者系统文件被损坏，也有可能造成不支持此接口，从而无法进行软件安装。

## 操作十一 无法浏览网页

**【故障现象】**

使用 IE 浏览器上网时，无法打开网页，如图 11-28 所示。

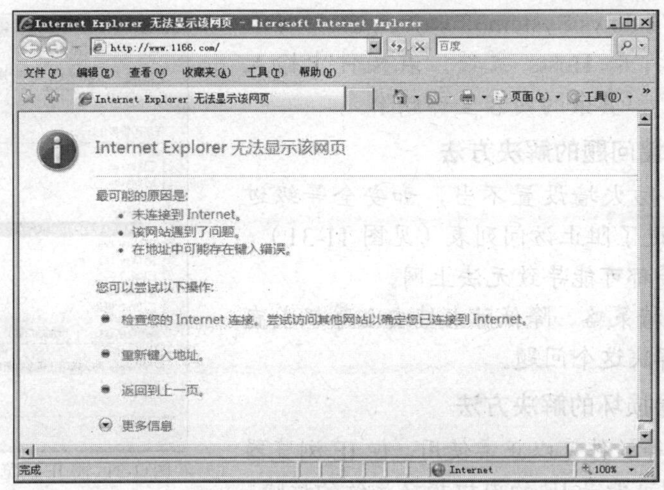


图11-28　无法显示网页

**【故障分析】**

网络设置不当、DNS 服务器故障、网络防火墙问题、IE 损坏等都可能导致用户无法上网。

**【排除故障】**

**1. 因网络设置不当的解决方法**

这种原因较多出现在手动指定 IP、网关、DNS 服务器的连网方式情况下。

（1） 在【Internet 协议（TCP/IP）属性】对话框中仔细检查计算机的网络设置，输入正确的 IP、网关和 DNS 即可解决问题，如图 11-29 所示。

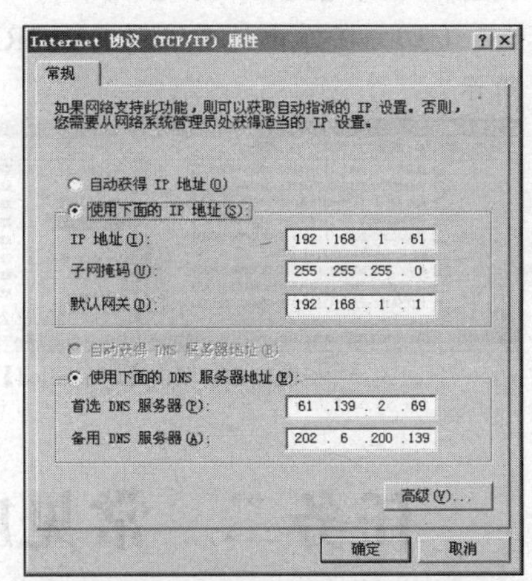


图11-29　设置 IP 地址

使用代理服务器上网时，代理服务器设置错误也可能导致网页无法打开。

（2） 在 IE 浏览器中选择【工具】/【Internet 选项】命令，弹出【Internet 选项】对话框，切换到【连接】选项卡，单击【如果要为连接设置代理服务器，请选择“设置”】右边的 设置(S)... 按钮，弹出【宽带连接 设置】对话框，在其中修改代理服务器的设置即可，如图 11-30 所示。

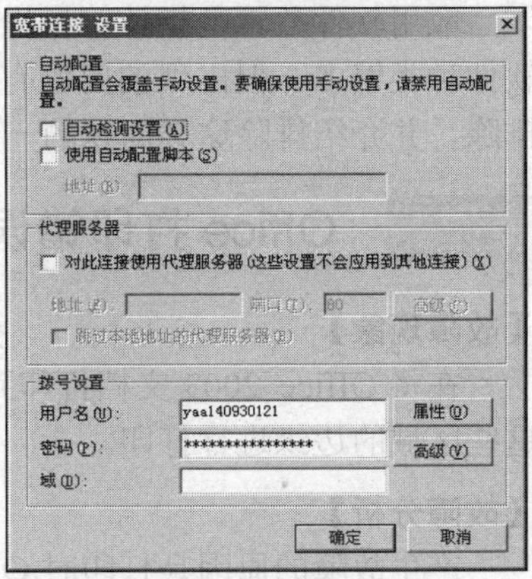

图11-30　设置代理服务器

**2. 因 DNS 服务器问题的解决方法**

（1） 在 IE 浏览器中通过域名不能访问网页，但是通过 IP 地址能访问网页，那么应该是 DNS 设置的问题。

（2） 在【Internet 协议（TCP/IP）属性】对话框中，选择【使用下面的 DNS 服务器地址】单选按钮，输入正确的 DNS 地址即可访问网络（也可选择【自动获得 DNS 服务器地址】单选按钮）。

（3） 如果还不能上网，也可能是域名解析错误造成不能打开网页。

（4） 在“C:\Windows\System32\Drivers\etc”目录下，用“记事本”打开 Hosts 文件。在文件中输入“127.0.0.1 localhost”，其余的内容全部删除。

**3. 因网络防火墙问题的解决方法**

（1） 如果网络防火墙设置不当，如安全等级过高，将IE浏览器放进了阻止访问列表（见图 11-31），错误的防火墙策略等都可能导致无法上网。

（2） 修改防火墙策略、降低防火墙安全等级或直接关闭防火墙可以解决这个问题。

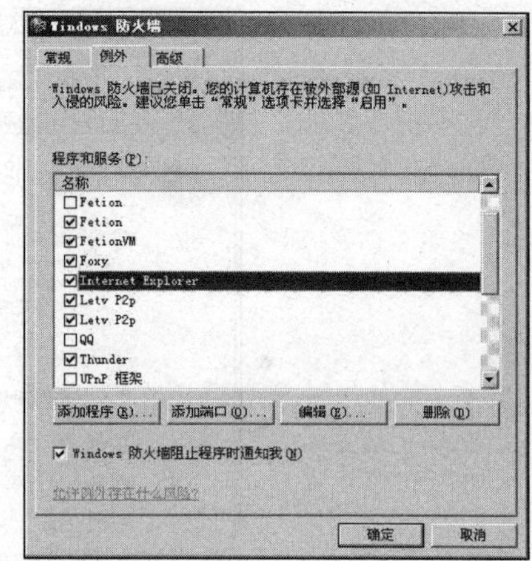

图11-31 将 IE 浏览器放进了阻止访问列表

**4. 因 IE 浏览器损坏的解决方法**

（1） 如果QQ等软件可以正常使用，但IE浏览器仍无法浏览网页，则可能是IE的内核损坏导致的故障。

（2） 选择【开始】/【运行】命令，弹出【运行】对话框，在【打开】文本框中输入“regedit”，打开【注册表编辑器】窗口，依次展开【HKEY_LOCAL_MACHINE\SOFTWARE\Microsoft\Active Setup\Installed Components\{89820200-ECBD-11cf-8B85-00AA005B4383}】项，双击右侧窗口中的【IsInstalled】选项，如图 11-32 所示。

（3） 在弹出的【编辑 DWORD 值】对话框中将【数值数据】改为“0”即可，如图 11-33 所示。

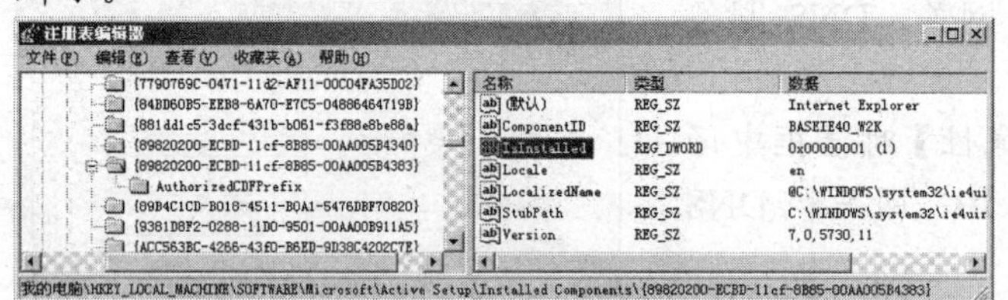

图11-32 双击【IsInstalled】选项

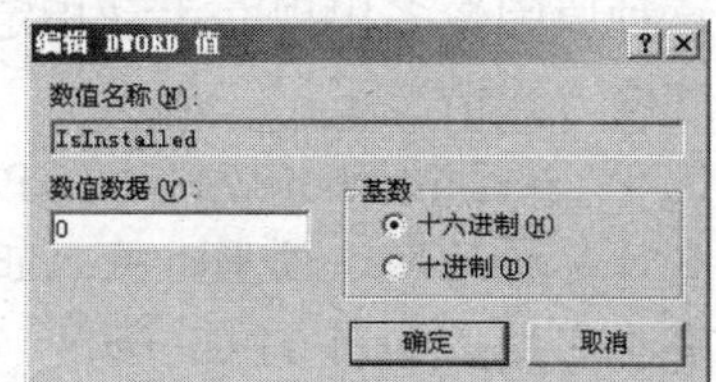

图11-33 编辑 DWORD 值

# 任务二 常见应用软件的故障诊断及排除

应用软件故障是指计算机操作系统上安装的各种应用软件出现的故障。目前，各种应用软件种类繁多，但出现的问题有很多的共同性。本任务将对常用的应用软件故障进行分析和排除，并介绍排除这类问题的一般方法。

## 操作一 Office 打印错误

**【故障现象】**

在将 Office 2003 文档打印到 PostScript 打印机时，具有透明区域的图形使用白色边框沿这些区域的边缘进行打印。

**【故障分析】**

产生故障的原因是打印时 Office 2003 的 GDI+（Graphics Device Interface Plus）将位图形式的透明呈现为 4 位模式，所以出现此问题。

【排除故障】

（1） 选择【开始】/【运行】命令，弹出【运行】对话框，输入“regedit”，打开【注册表编辑器】窗口，依次展开【HKEY_CURRENT_USER\Software\Microsoft\GDIPlus】项，在右侧窗口的空白处单击鼠标右键，在弹出的快捷菜单中选择【新建】/【二进制值】命令，如图 11-34 所示。

（2） 将其命名为“PSTransparencyValue”，设置其键值为“7f”即可，如图 11-35 所示。

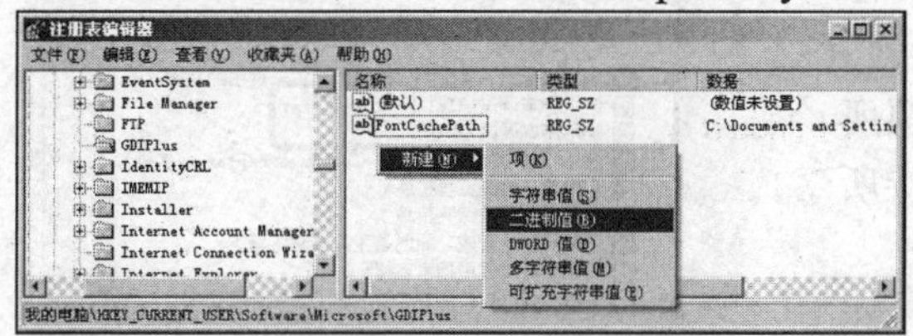


图11-34　新建二进制值

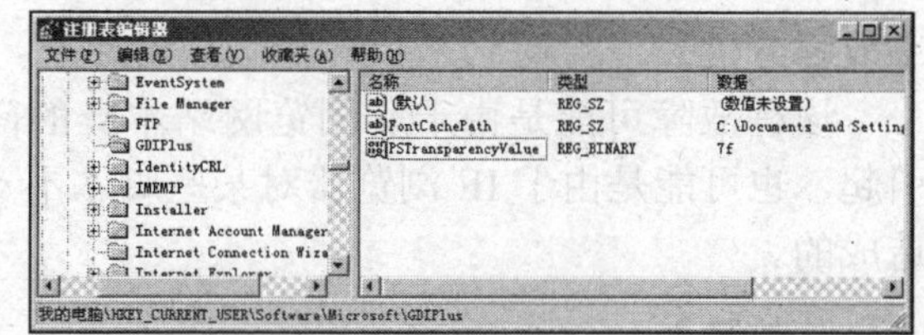


图11-35　设置参数

## 操作二　杀毒软件造成网页无法访问

【故障现象】

安装杀毒软件并对计算机进行全面杀毒之后，发现 ASP、JSP 网页不能正常访问了，而普通的 HTML 页面却可正常浏览。

【故障分析】

在杀毒软件运行之后，默认情况下它会对网页进行实时监控，导致一些网页无法正常浏览。

【排除故障】

只需要在杀毒软件的实时监控中，取消网页监控方面的设置，保存设置之后重新启动杀毒软件即可。

## 操作三　登录 QQ 时提示快捷键冲突

【故障现象】

正常启动 QQ 程序并登录到服务器时，出现快捷键冲突提示信息。

【故障分析】

在启动 QQ 前，用户可能启动了其他后台程序，而该程序中的相关快捷键设置与 QQ 的快捷键设置有所冲突（如 Photoshop 的撤销操作快捷键与 QQ 提取消息快捷键相同，均为 Ctrl+Alt+Z 组合键）。

【排除故障】

首先检查正在后台运行的程序，将引起冲突的程序关闭即可。也可以在【QQ2008 设置】对话框中，重新设置快捷键，如图 11-36 所示。

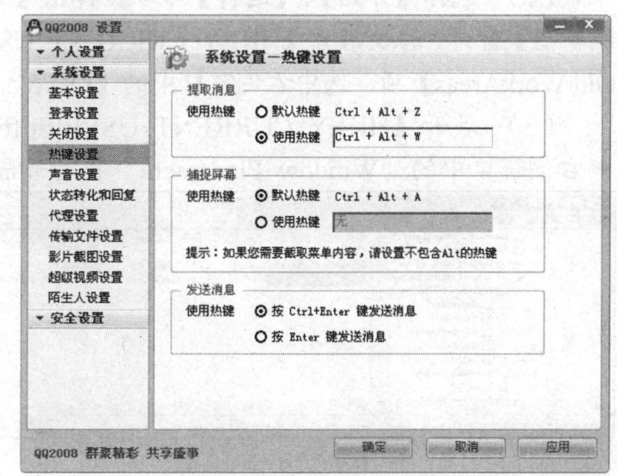


图11-36　设置 QQ 快捷键

## 操作四　IE 浏览器出现运行错误

【故障现象】

用 IE 浏览器浏览网页时弹出“出现运行错误，是否纠正错误”的提示对话框，单击 否(N) 按钮后，可以继续上网浏览。

【故障分析】

这种故障可能是由于所浏览网站本身的问题所引起，也可能是由于 IE 浏览器对某些脚本不支持所造成的。

【排除故障】

（1） 启动 IE 浏览器，选择【工具】/【Internet 选项】命令，弹出【Internet 选项】对话框。

（2） 切换到【高级】选项卡，在【设置】列表中勾选【禁用脚本调试（Internet Explorer）】和【禁用脚本调试（其他）】复选框，如图 11-37 所示。

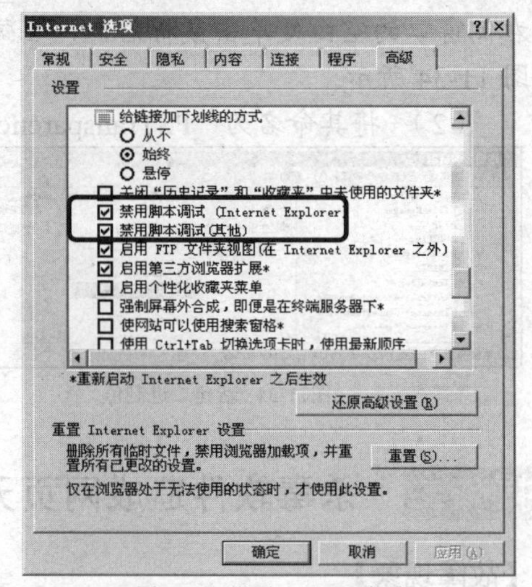

图11-37　设置 Internet 选项

（3） 单击 确定 按钮，完成设置，即可排除故障。

## 操作五　IE 窗口始终最小化

【故障现象】

每次打开新的 IE 窗口都是最小化窗口，即便单击“最大化”按钮后，下次启动 IE 后新窗口仍旧是以最小化打开。

【故障分析】

IE 具有“自动记忆功能”，它能保存上一次关闭窗口后的状态参数，IE 本身没有提供相关设置选项，但可以借助修改注册表来实现。

【排除故障】

（1） 选择【开始】/【运行】命令，弹出【运行】对话框，输入“regedit”，打开【注册表编辑器】窗口，依次展开【HKEY_CURRENT_USER\Software\Microsoft\Internet Explorer\Desktop\Old WorkAreas】项，选中右侧窗口中的【OldWorkAreaRects】选项将其删除，如图 11-38 所示。

（2） 展开【HKEY_CURRENT_USER\Software\Microsoft\Internet Explorer\Main】项，选中右侧窗口中的“Window_Placement”将其删除，如图 11-39 所示。

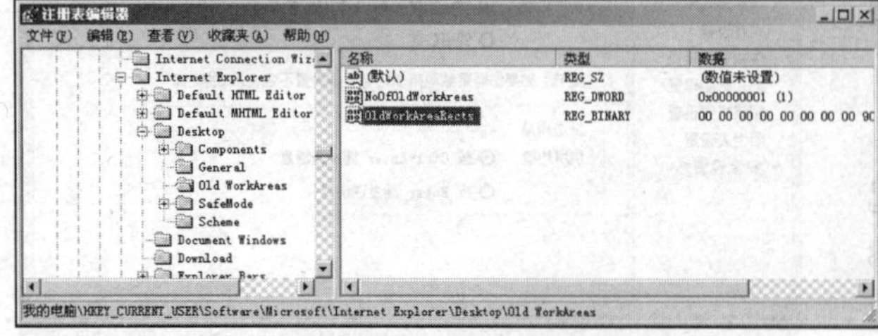

图11-38　删除“OldWorkAreaRects”

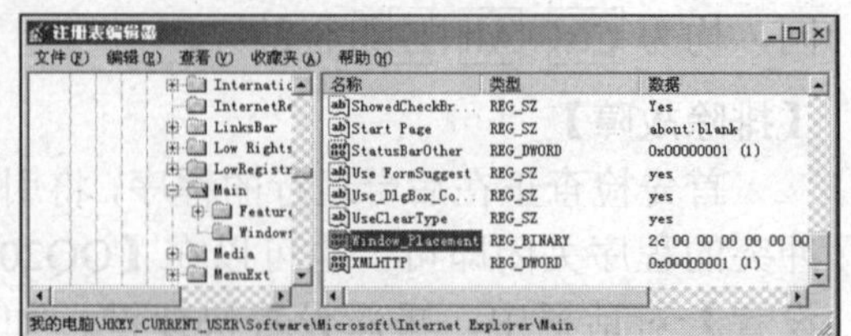

图11-39　删除“Window_Placement”

（3）退出【注册表编辑器】窗口，重启计算机，然后打开 IE，将其窗口最大化，再单击“向下还原”按钮将窗口还原，接着再次单击“最大化”按钮，最后关闭 IE 窗口。以后重新打开 IE 时，窗口就显示正常了。

## 操作六　IE 无法打开新窗口

【故障现象】

在浏览网页过程中，单击超链接无任何反应。

【故障分析】

出现此故障通常是因为 IE 新建窗口模块被破坏所致。

【排除故障】

（1）选择【开始】/【运行】命令，弹出【运行】对话框，依次运行“regsvr32 actxprxy.dll”和“regsvr32 shdocvw.dll”，将这两个 DLL 文件注册，然后重启计算机。

（2）如果还不行，则使用同样的方法将 mshtml.dll、urlmon.dll、msjava.dll、browseui.dll、oleaut32.dll、shell32.dll 也进行注册，重启计算机后故障排除。

## 操作七　IE 窗口标题栏被篡改

【故障现象】

在 IE 浏览器最上方的蓝色横条显示的是一些广告文字，而不是显示默认的“Microsoft Internet Explorer”。

【故障分析】

通常这是 IE 被一些流氓软件修改所致。

【排除故障】

（1）选择【开始】/【运行】命令，弹出【运行】对话框，输入“regedit”，打开【注册表编辑器】窗口，依次展开【HKEY_CURRENT_USER\Software\Microsoft\Internet Explorer\Main】项，选中右侧窗口中的“Window Title”将其删除。

（2）展开【HKEY_LOCAL_MACHINE\Software\Microsoft\Internet Explorer\Main】项，选中右侧窗口中的“Window Title”将其删除。

（3）若经过以上操作还不能完成正确的修改，则应用杀毒软件查杀系统中的流氓软件是否正在运行。

## 操作八　IE 主页被篡改并禁止修改

【故障现象】

每次打开 IE 浏览器都会打开一个页面，而且在【Internet 选项】对话框中【主页】组的修改按钮全为不可用，无法对主页进行修改，如图 11-40 所示。

【故障分析】

通常这是 IE 被一些流氓软件修改所致。

【排除故障】

选择【开始】/【运行】命令，弹出【运行】对话框，输入“regedit”，打开【注册表编辑器】窗口，依次展开【HKEY_CURRENT_USER\Software\Policies\Microsoft\Internet Explorer\Control Panel】项（正常情况下此项不存在），选中右侧窗口中的“HOMEPAGE”将其删除，如图 11-41 所示。

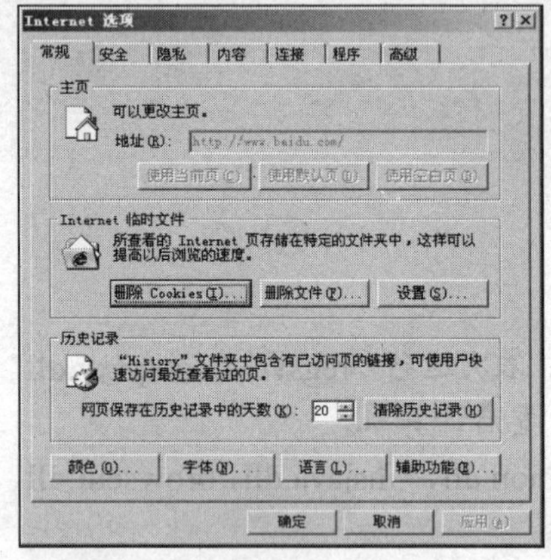


图11-40 主页无法修改

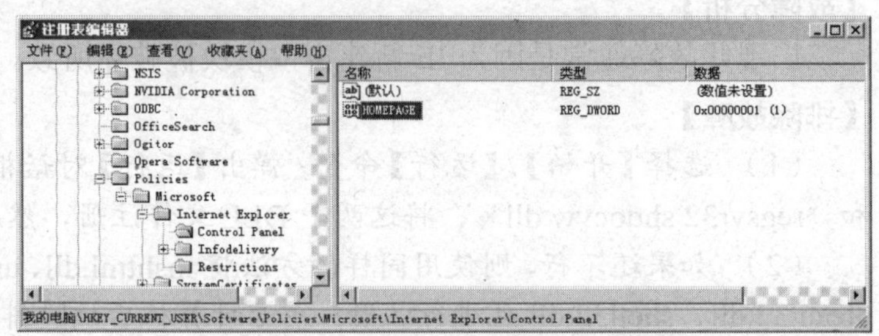


图11-41 删除“HOMEPAGE”

# 小结

软件故障分为系统软件故障和应用软件故障。引起系统软件故障的主要原因有系统文件损坏、驱动程序不兼容、系统设置不当等。引起应用软件故障的主要原因有应用软件设置不当、应用软件之间功能相互冲突、感染病毒或流氓软件等。遇到软件故障应耐心查找相关资料，再对故障原因进行一一排除，通常可以很快解决问题。

# 习题

1. 简述在处理计算机故障时应该有哪些步骤。
2. 简述 Explorer 进程在计算机中的作用。
3. 造成无法浏览网页的原因有哪些？
4. 简述 IP 地址与网络上其他系统有冲突时的解决办法。
5. 打开机箱，自行研究 BIOS 跳线和 COMS 放电。